普通高等教育“十一五”规划教材

AutoCAD 2008工程制图基础教程

刘善淑　胡爱萍　主编

化学工业出版社

·北京·

本书以技术制图国家标准为依据，以初学者为对象，以工程应用为目标，详细介绍 AutoCAD 2008 软件的基本操作与应用。全书共 8 章，主要内容包括 AutoCAD 的基本知识和基本操作、绘图环境设置与样板文件建立、绘图与编辑命令、文字与表格、尺寸标注、图块与属性、图形打印、工程图绘制实例。通过大量的实例，使读者在实践中掌握 AutoCAD 2008 的使用方法和操作技巧。

本书最大的特点是突出了 AutoCAD 软件的使用方法，始终围绕技术制图国家标准，强调操作的规范性，思路清晰，易于掌握。本书既可作为高等院校相关专业的教材，同时适合 AutoCAD 的初学者自学和参考。

图书在版编目（CIP）数据

AutoCAD 2008 工程制图基础教程 / 刘善淑，胡爱萍主编.
北京：化学工业出版社，2009.12（2021.8 重印）
普通高等教育“十一五”规划教材
ISBN 978-7-122-06812-5

Ⅰ. A…　Ⅱ. ① 刘…② 胡…　Ⅲ. 工程制图：计算机制图－应用软件，AutoCAD 2008－高等学校－教材
Ⅳ. TB237

中国版本图书馆 CIP 数据核字（2009）第 182530 号

责任编辑：高　钰　　文字编辑：张绪瑞
责任校对：徐贞珍　　装帧设计：尹琳琳

出版发行：化学工业出版社（北京市东城区青年湖南街 13 号　邮政编码 100011）
印　　装：北京捷迅佳彩印刷有限公司
787mm×1092mm　1/16　印张 10¾　字数 254 千字　　2021 年 8 月北京第 1 版第 6 次印刷

购书咨询：010-64518888　　售后服务：010-64518899
网　　址：http: // www. cip. com. cn
凡购买本书，如有缺损质量问题，本社销售中心负责调换。

定　　价：**36.00** 元

前　　言

AutoCAD（Auto Computer Aided Design）是由美国 Autodesk 公司开发的通用计算机辅助绘图与设计软件包，是在 CAD 业界用户最多、使用最广泛的图形软件。目前，已成为工科院校学生的一门必修课程、从事工程设计的专业技术人员的一项工具。

本书以技术制图国家标准为依据，以初学者为对象，以工程应用为目标，首先介绍 AutoCAD 的基础知识和基本操作规范，然后介绍绘制一幅标准工程图的作图步骤：从建立样板文件、积累图库开始，到绘制图形、标注尺寸、添加图框、确定比例、标注各类技术要求符号、编写零件序号以及最后打印图纸等一系列操作过程，由浅入深，以典型实例引领读者逐步提高 CAD 应用能力。特别是 CAD 打印出图问题，一直困扰着初学者，本书详细介绍了模型空间、图纸空间打印图纸的具体设置步骤，思路清晰，易于掌握。

本书共分 8 章，第 1 章主要介绍 AutoCAD 2008 的基本知识及基本操作，包括 CAD 界面组成、坐标输入、对象选择、命令启用与执行、各种辅助工具的应用、文件管理等基础知识；第 2 章介绍绘图环境设置以及建立样板文件的必要性、样板文件的建立及调用设置；第 3 章是重要的二维绘图基础，结合图例介绍了绘制二维图形的所有绘图与编辑命令；第 4 章介绍了在 CAD 中注写文字与编制表格的方法；第 5 章介绍进行尺寸标注的有关内容；第 6 章介绍块的有关知识，包括一般块、属性块的制作与应用、块编辑的方法；第 7 章主要介绍 CAD 打印出图问题；第 8 章是本书内容的综合应用，介绍标准工程图的绘制过程。

本书由刘善淑、胡爱萍主编，黄胜、林慧珠副主编，参加编写工作的还有柳铭、朱科铃、赵庆梅、陈晶、刘福华、施昱、陈娟等。

由于编者水平有限，不足之处在所难免，望广大读者批评指正。

编者

2009 年 9 月

目　录

第 1 章　AutoCAD 2008 的基本知识及基本操作

本章主要介绍 AutoCAD 2008 的界面组成、图形绘制的基本知识及基本操作方法。

1.1　启动 AutoCAD 2008

启动 AutoCAD 2008 软件通常有以下两种方式。

- 双击桌面上 AutoCAD2008 快捷方式图标。
- 单击 Windows 任务栏上的【开始】→【程序】→【Autodesk】→【AutoCAD 2008 Simplified Chinese】→【AutoCAD 2008】。

1.2　AutoCAD 2008 工作界面

AutoCAD 2008 提供了【二维草图与注释】、【三维建模】和【AutoCAD 经典】3 种工作空间模式。其中【二维草图与注释】为默认的工作空间，其界面形式如图 1-1 所示。

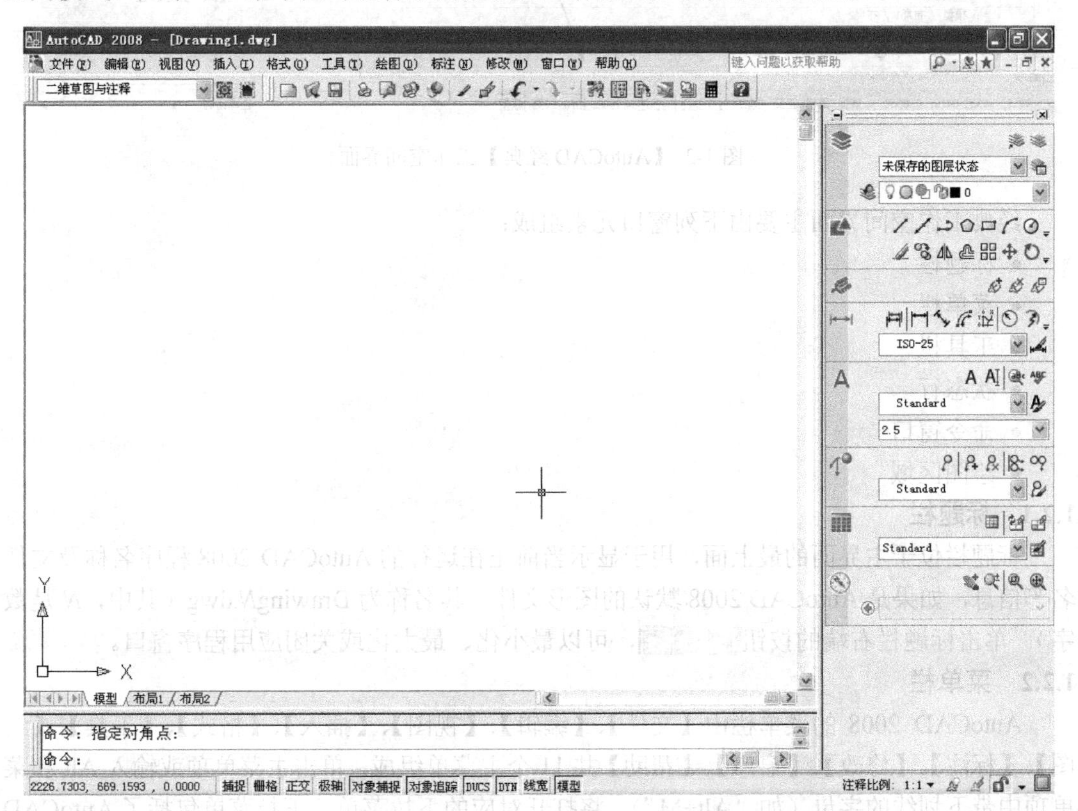

图 1-1 【二维草图与注释】工作空间界面

单击【工作空间】工具条的下拉箭头，选择【AutoCAD 经典】，出现图 1-2 所示的 AutoCAD 经典工作界面，该界面与 AutoCAD 前期版本类似，是本教程选用的操作空间。

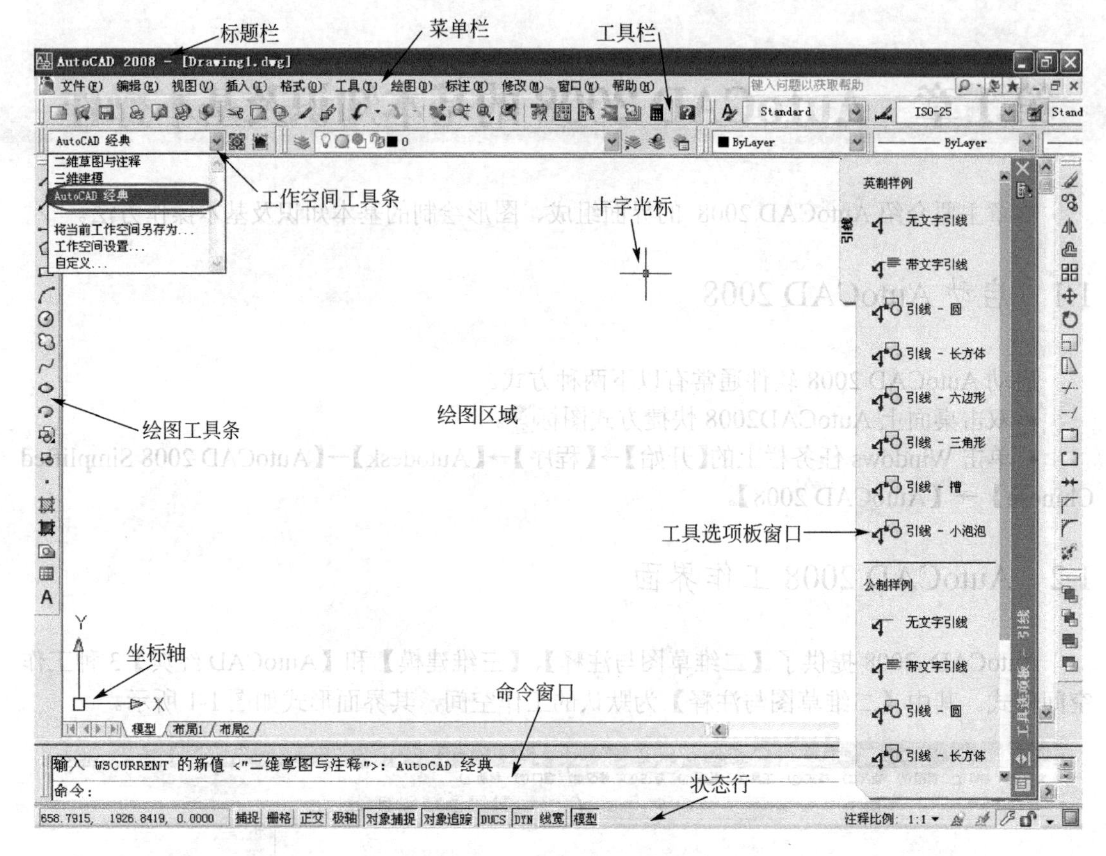

图 1-2 【AutoCAD 经典】工作空间界面

经典工作空间界面主要由下列窗口元素组成：

- 标题栏
- 菜单栏
- 工具栏
- 状态行
- 命令窗口
- 绘图区域

1.2.1 标题栏

标题栏位于主界面的最上面，用于显示当前正在运行的 AutoCAD 2008 程序名称及文件名等信息，如果是 AutoCAD 2008 默认的图形文件，其名称为 Drawing*N*.dwg（其中，*N* 是数字）。单击标题栏右端的按钮，可以最小化、最大化或关闭应用程序窗口。

1.2.2 菜单栏

AutoCAD 2008 的菜单栏由【文件】、【编辑】、【视图】、【插入】、【格式】、【工具】、【绘图】、【标注】、【修改】、【窗口】、【帮助】共 11 个主菜单组成，单击主菜单项或输入 Alt 和菜单项中带下划线的字母（如“Alt+M”），将打开对应的下拉菜单。下拉菜单包括了 AutoCAD

的绝大多数命令，具有以下特点。

- 菜单项带“▶”符号，表示该菜单项还有下一级子菜单。如图 1-3 所示。
- 菜单项带“…”符号，表示执行该菜单项命令后，将弹出一个对话框。如图 1-4 所示。
- 菜单项带按键组合，则该菜单项命令可以通过按键组合来执行，如图 1-3 中的【全屏显示】可以使用“Ctrl+O”执行。

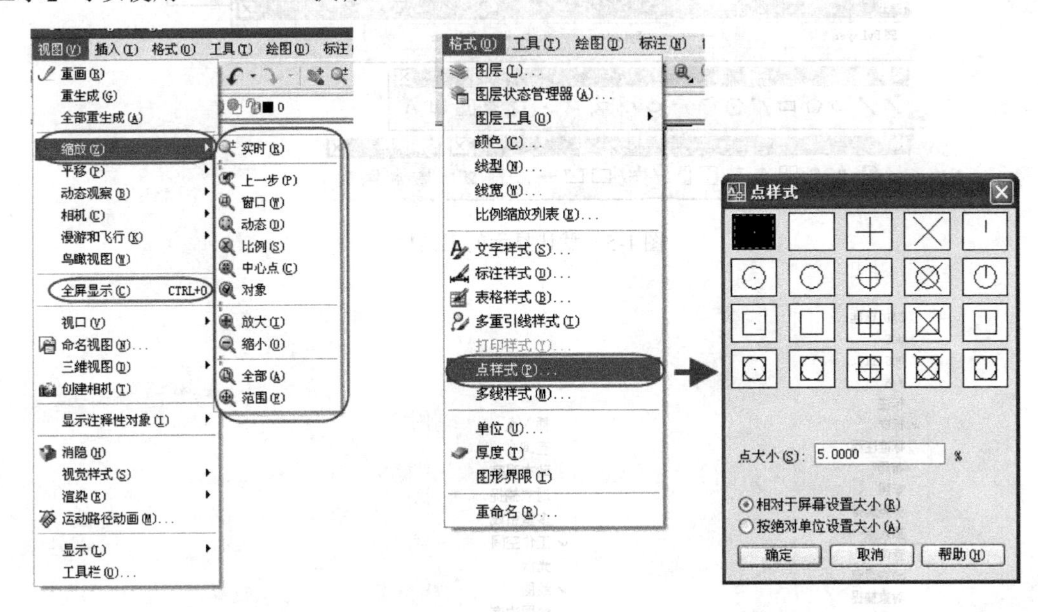

图 1-3　带有子菜单的菜单命令　　　　图 1-4　带有对话框的菜单命令

- 菜单项带快捷键，则表示该下拉菜单打开时，输入该字母即可启动该项命令，如“直线（L）”。

AutoCAD 还提供了另外一种菜单即快捷菜单。当光标在屏幕上不同的位置或不同的进程中按右键，将弹出不同的快捷菜单。

1.2.3　工具栏

工具栏是 AutoCAD 为用户提供的另一种调用命令方式。将各种命令以形象的图标方式设成按钮，操作时，单击图标按钮，即可执行该图标按钮对应的命令。图标按钮的识别也很方便，只要将光标移动到某个按钮上停留片刻，则该按钮对应的命令名就会显示出来，同时，在状态栏中也会显示对应的说明和命令名（以英文显示）。

【AutoCAD 经典】工作空间默认显示的工具栏有【标准】、【样式】、【工作空间】、【图层】、【特性】、【绘图】、【修改】和【绘图次序】共 8 个（如图 1-5 所示），其他工具栏在默认设置中是关闭的。

另外，用户可以根据使用需要，调用或隐藏其他工具栏，方法如下。

- 在 CAD 界面的任一工具栏上单击鼠标右键，弹出如图 1-6 所示的快捷菜单，显示 CAD 所有的工具栏。其中，名称前打“√”，则表明该工具栏已被调用。
- 在该快捷菜单中，单击要选择的工具栏，则该工具栏被调用。

AutoCAD 工具栏可以是浮动的，用户可以根据自已的使用习惯定制桌面，并可以锁定各工具栏的位置。步骤为：单击鼠标右键，在弹出的快捷菜单中选择【锁定位置】或单击状态行右下角锁定按钮 →【全部】→【锁定】。如图 1-7 所示。

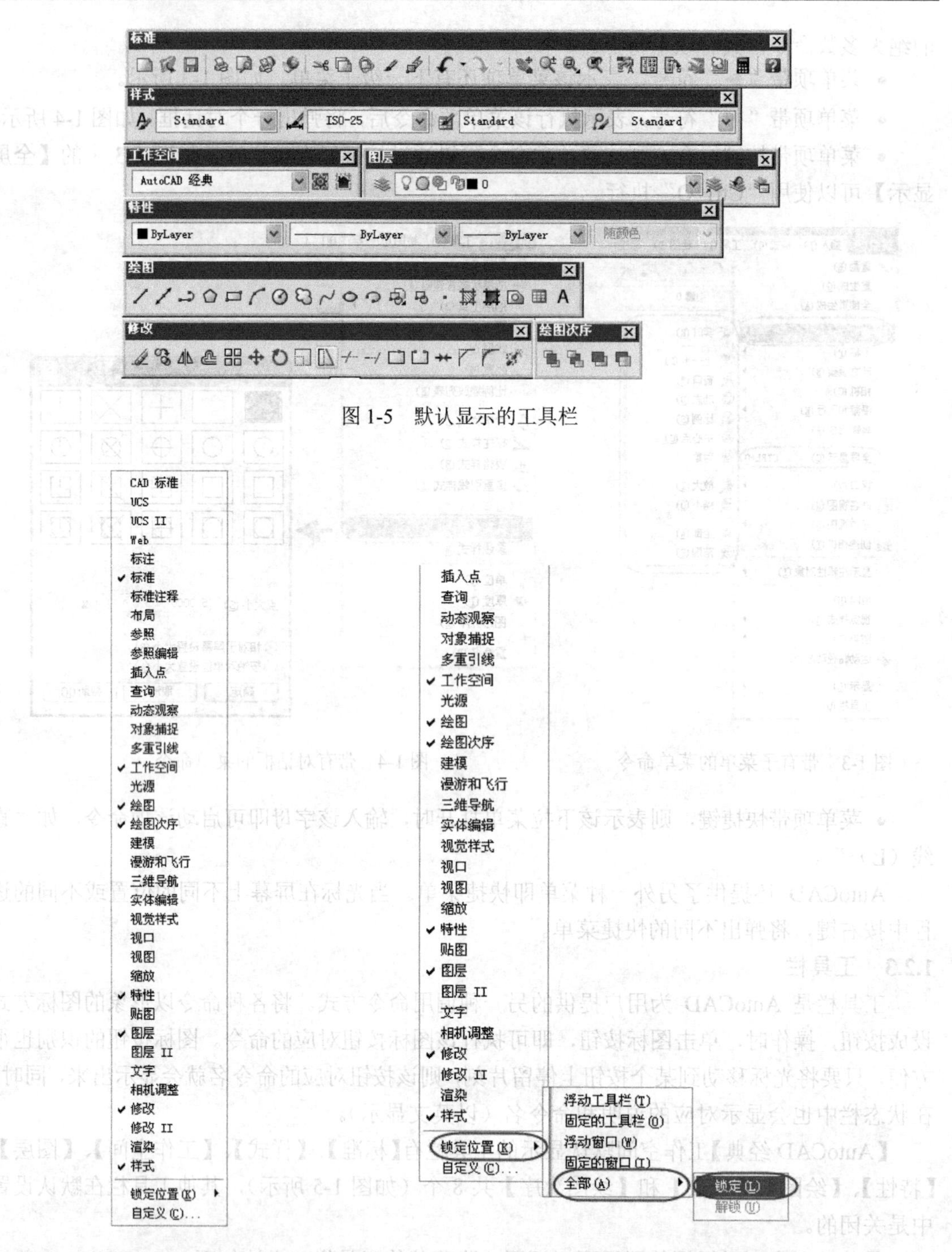

图 1-5　默认显示的工具栏

图 1-6　设置工具栏的快捷菜单　　　　图 1-7　锁定工具栏

1.2.4　状态行

状态行位于屏幕的最底端。其左侧用来显示当前光标的坐标值、工具栏或图标按钮的说明等信息。右侧依次排列着【捕捉】、【栅格】、【正交】、【极轴】、【对象捕捉】、【对象追踪】、【DUCS】、【DYN】、【线宽】和【模型/图纸】共 10 个辅助绘图工具按钮，如图 1-8 所示。单击这些按钮，可以打开或关闭相应的功能。另外单击其最右侧的【状态行菜单】按钮▼，在弹出的快捷菜单中（图 1-9），可以设置相应辅助工具在状态栏行中的显示。

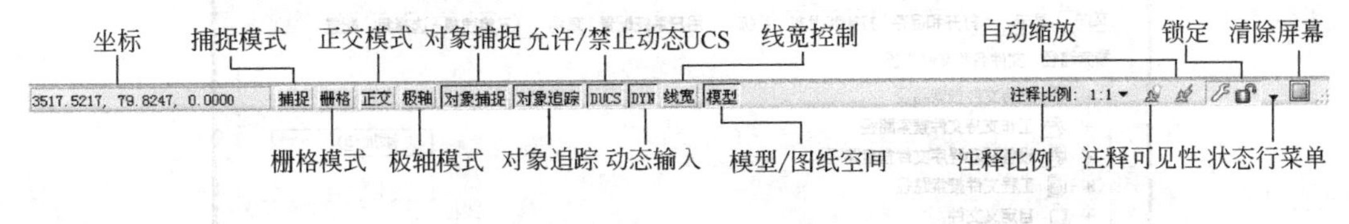

图 1-8　设置工具栏的快捷菜单

1.2.5　命令行窗口

命令行窗口是 AutoCAD 进行人机交互、输入命令和显示相关信息与提示的区域，如图 1-10 所示。该窗口是浮动的，既可以调整窗口大小，也可以移动窗口的位置；有时，为了增大绘图区域，该窗口还可以被隐藏，过程如下：单击菜单【工具】→【命令行】，此时命令行窗口即被隐藏。重复上述操作，命令行又显现。

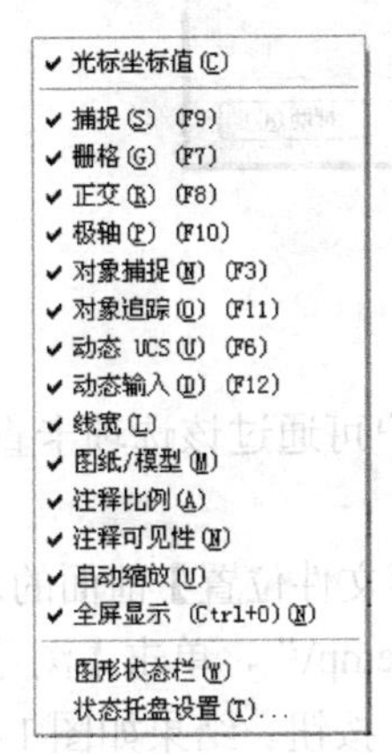

图 1-9　设置辅助工具的快捷菜单

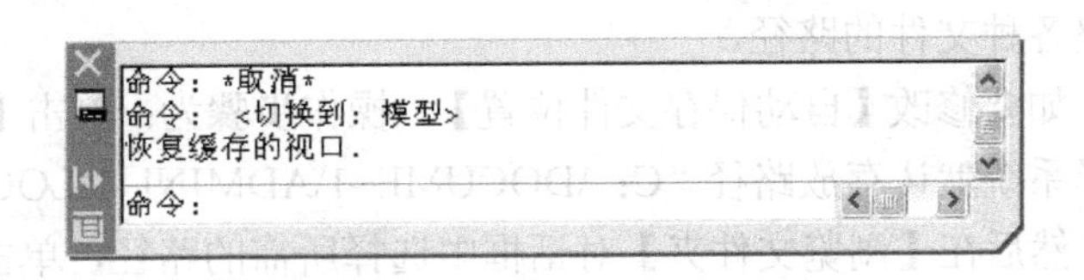

图 1-10　【命令行】窗口

1.2.6　绘图区域

界面中间的空白区域是绘图区域，图形的绘制与编辑的大部分工作都在这里完成。该区域可以理解为一张没有边界的图纸，无论实物尺寸大小，都可以采用 1∶1 的比例在此绘出图形；并可以通过缩放、平移等命令或拖动窗口右边与下边的滚动条来观察绘图区中的图形。

在绘图区域，除了显示当前的绘图结果外，还显示了当前使用的坐标系类型、坐标原点以及 X、Y、Z 轴的方向等。默认情况下，坐标系为世界坐标系（WCS）。

绘图区域底部，还有【模型】、【布局】选项卡，单击它们可以在模型空间或图纸空间之间切换。

1.3　配置绘图系统

如果对 AutoCAD 2008 默认的绘图系统不满意，用户还可以执行菜单【工具】→【选项】命令，在弹出的【选项】对话框中（图 1-11），来定制符合自己要求的 AutoCAD 系统。

【选项】对话框共包含了【文件】、【显示】、【打开和保存】、【打印和发布】、【系统】、【用户系统配置】、【草图】、【三维建模】、【选择集】和【配置】10 个选项卡。下面主要介绍其中的四个选项卡。

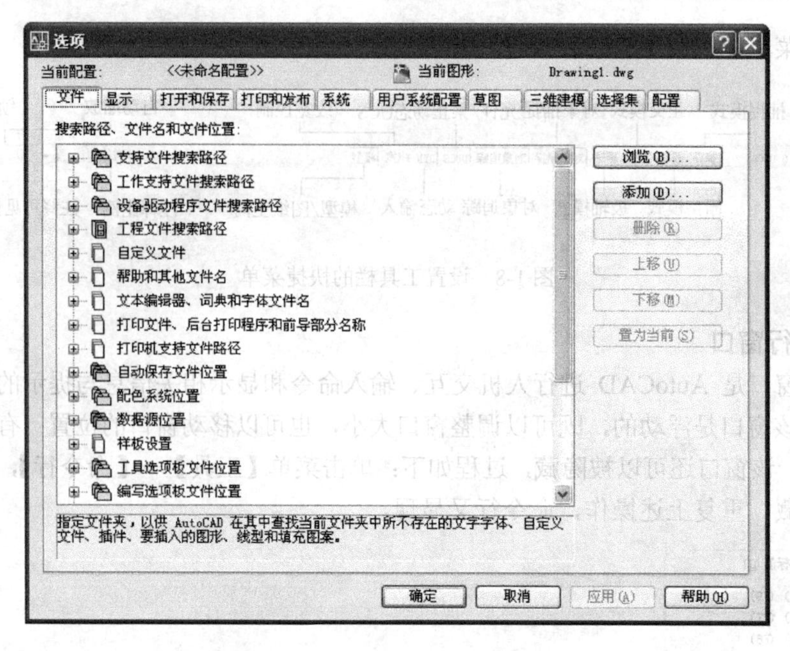

图 1-11 【选项】对话框

1.3.1 文件

【文件】选项卡用于设置各类文件的搜索路径及安放路径。用户可通过该选项卡查看或调整各种文件的路径。

如要修改【自动保存文件位置】，操作步骤为：单击【自动保存文件位置】前面的加号，选择系统默认存放路径“C：\DOCUME~1\ADMINI~1\LOCALS~1\Temp\”，单击【浏览】按钮，然后在【浏览文件夹】对话框中选择所需的路径，单击【确定】按钮。结果如图 1-12 所示，AutoCAD 自动保存的文件将保存到用户设定的路径及文件夹中。

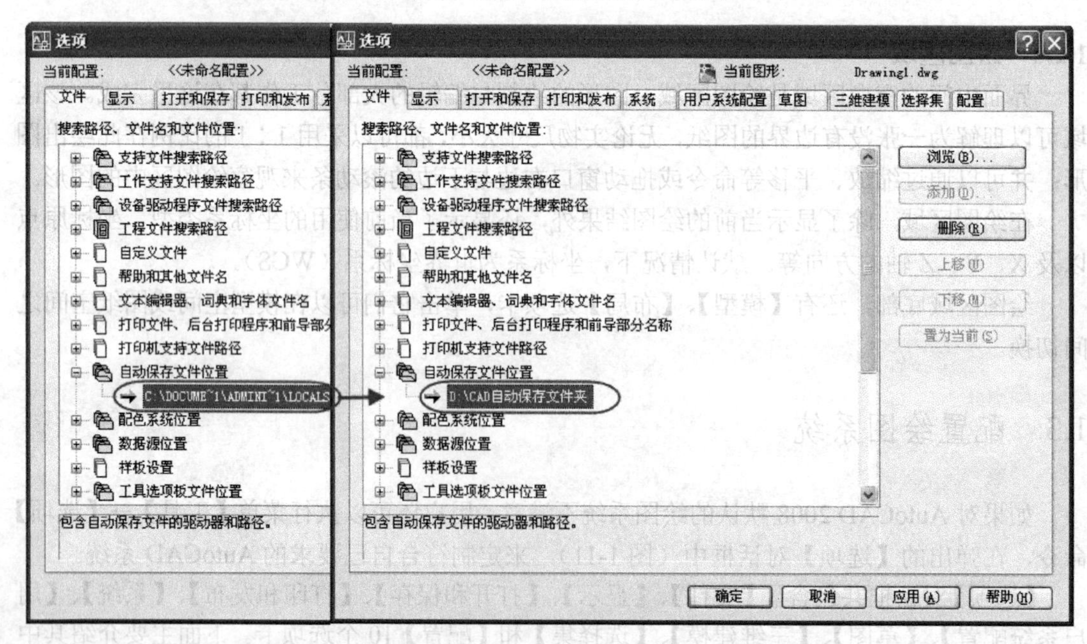

图 1-12 【文件】选项卡

1.3.2 显示

【显示】选项卡可用于设置窗口各元素，如是否显示 AutoCAD 屏幕菜单；是否显示滚动条；当光标移动到工具栏的按钮上时，是否显示工具栏提示及快捷键；AutoCAD 图形窗口、文本窗口的颜色和字体等。也可用于设置十字光标大小、布局、控制对象的显示质量等各选项，如图 1-13 所示。

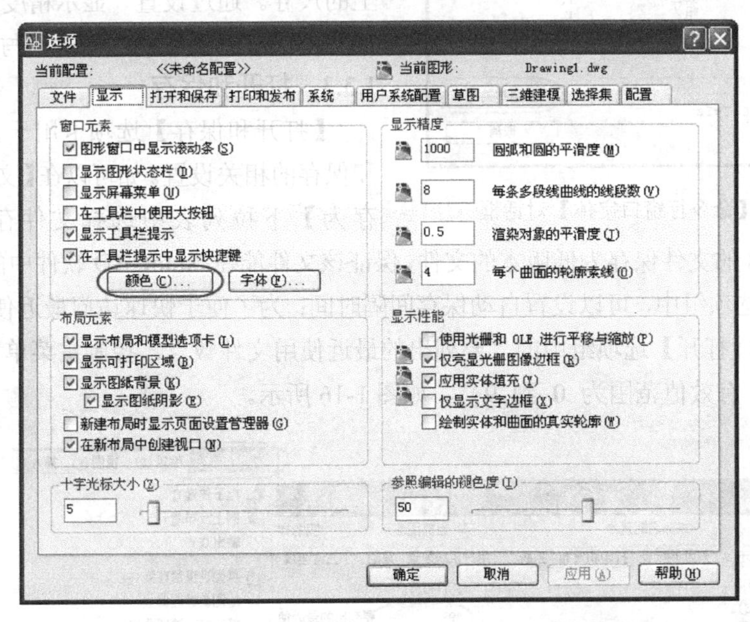

图 1-13 【显示】选项卡

例如，在绘图区中，系统默认显示颜色为黑色，可以将绘图区设置为其他颜色，其操作步骤如下：单击图 1-13 中的【颜色】按钮，在弹出的【图形窗口颜色】对话框中（图 1-14），选择【背景】窗口中的“二维模型空间”；选择【界面元素】窗口中的“统一背景”；单击【颜色】窗口下拉列表，选择一种新颜色（如白色）；最后单击【应用并关闭】按钮退出。

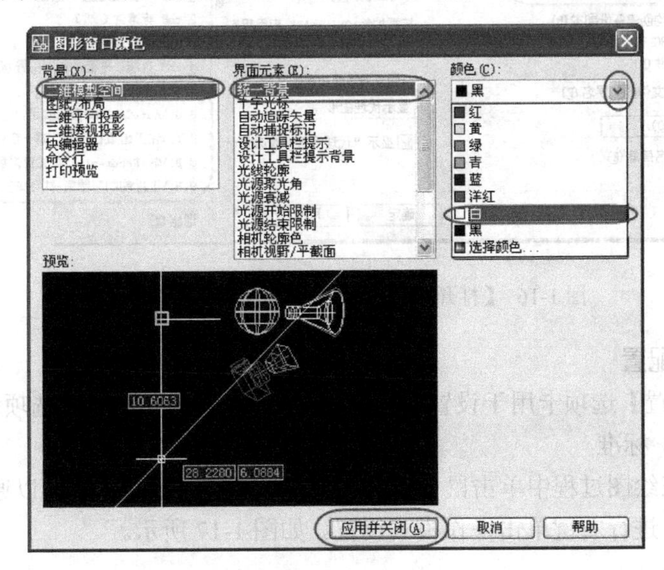

图 1-14 【图形窗口颜色】对话框

单击【字体】按钮将显示【命令行窗口字体】对话框，可以在其中设置命令行文字的字体、字号和样式，如图 1-15 所示。

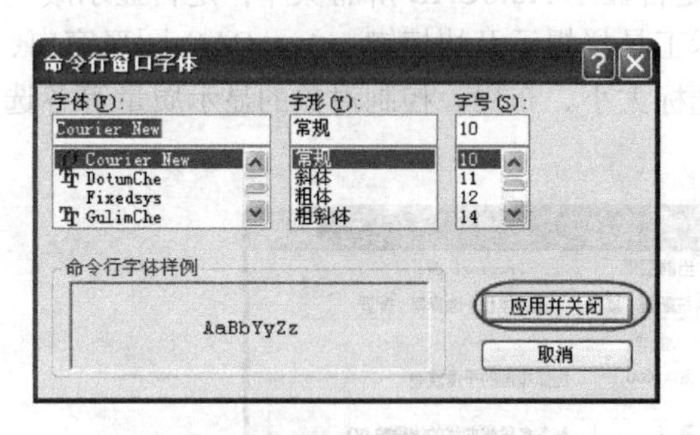

图 1-15 【命令行窗口字体】对话框

另外可以调整“十字光标大小”框中光标与屏幕大小的百分比，来改变十字光标在屏幕上的尺寸。通过设置“显示精度”和“显示性能”可以改变系统的刷新时间与速度。

1.3.3 打开和保存

【打开和保存】选项卡用于控制文件打开和保存的相关设置。如可以在【文件保存】【另存为】下拉列表中选择文件存储类型，将 AutoCAD 2008 的文件保存为低版本的文件，保证该文件能在 AutoCAD 软件中的运行；在【文件安全措施】选项组中，可以设置自动保存间隔时间；为了便于快速访问最近使用过的文件，通过修改【文件打开】选项组中的“要列出的最近使用文件数”，控制主菜单【文件】中文件显示数目（ 有效值范围为 0 到 9），如图 1-16 所示。

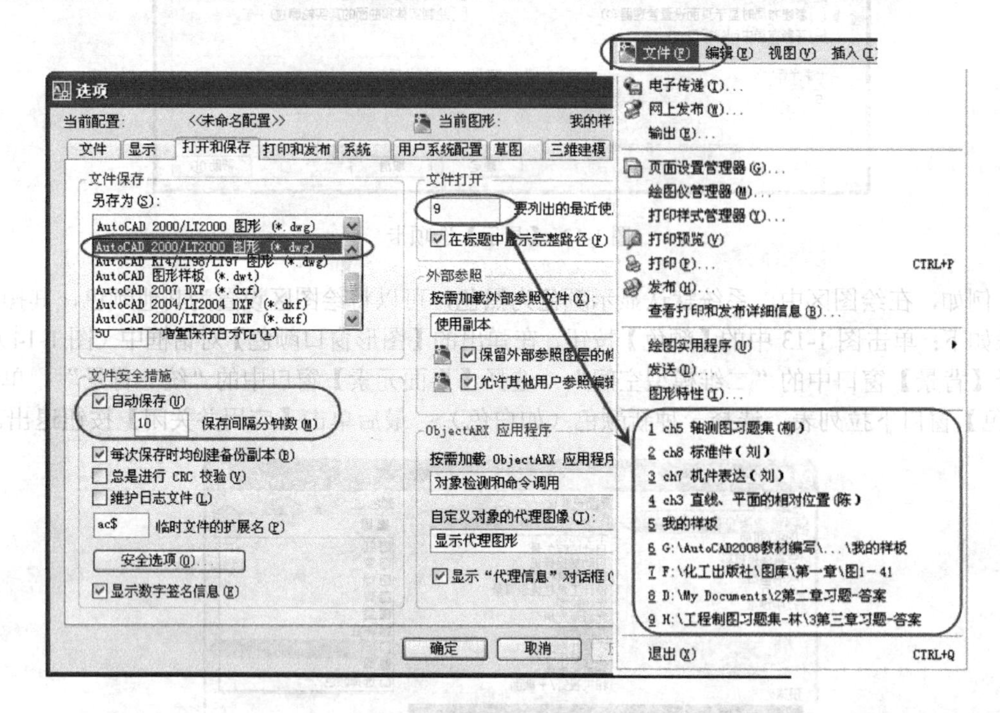

图 1-16 【打开和保存】选项卡与主菜单【文件】

1.3.4 用户系统配置

【用户系统配置】选项卡用于设置优化 AutoCAD 工作方式的一些选项。

（1）Windows 标准

该选项控制在绘图过程中单击鼠标右键时是否显示快捷菜单，并可以通过单击“自定义右键单击”按钮，进行右键单击操作模式设置。如图 1-17 所示。

（2）关联标注

该选项用于设置是否建立关联标注：选择【使新标注可关联】，所标注的尺寸将随着几何对象的变化而改变。如图 1-18 为关联前后的比较。

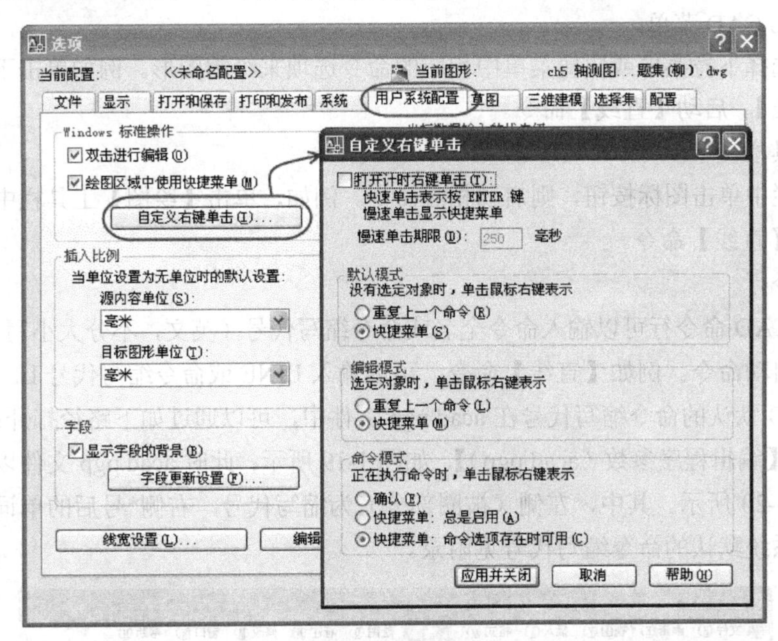

图 1-17 【用户系统配置】选项卡

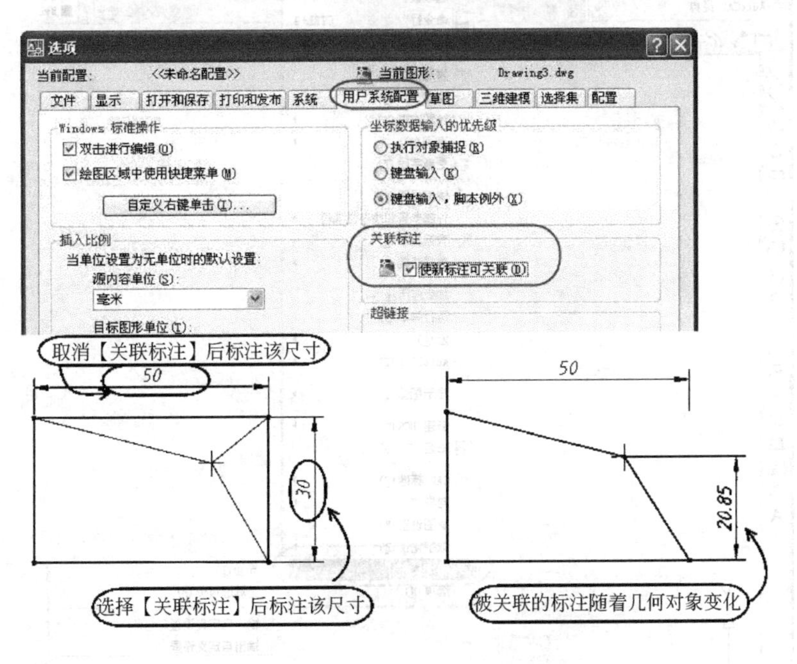

图 1-18 【关联标注】效果演示

1.4　命令的基本操作

1.4.1　命令的启动

AutoCAD 的每一个动作都对应着一个命令，想要执行某个操作，必须发出明确的命令。

AutoCAD 命令的启动方式有以下几种。

（1）Auto CAD 菜单

即通过选择下拉菜单或快捷菜单中相应的命令选项来绘制图形。例如单击下拉菜单【绘图】→【直线】，启动【直线】命令。

（2）工具栏

在工具栏中单击图标按钮，则启动相应命令。例如，单击【绘图】工具栏中的图标按钮 ，则启动【直线】命令。

（3）命令行

在 AutoCAD 命令行可以输入命令全名或命令缩写代号（英文，不分大小写），并按回车键或空格键启动命令。例如【直线】命令，可以输入 LINE 或命令缩写代号 L。

AutoCAD 默认的命令缩写代号在 acad.pgp 文件中，可以通过如下路径打开：【工具】→【自定义】→【编辑程序参数（acad.pgp）】，如图 1-19 所示；此时 acad.pgp 文件以记事本方式打开，如图 1-20 所示。其中，左侧（被圈部分）为缩写代号，右侧*号后的单词为对应的完整命令名。系统默认的命令缩写代号见附录。

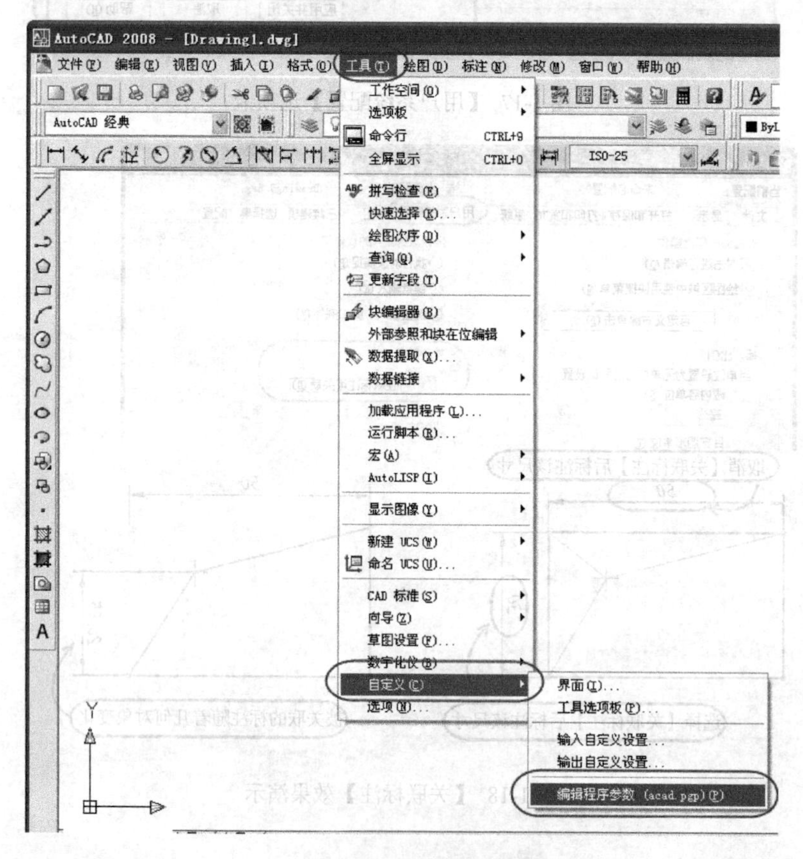

图 1-19 【acad.pgp】文件打开路径

（4）快捷菜单

在绘图区或命令行按鼠标右键，可以在弹出的快捷菜单的【近期使用的命令】中，选择刚使用过的命令，使用该方法启动命令较快捷。

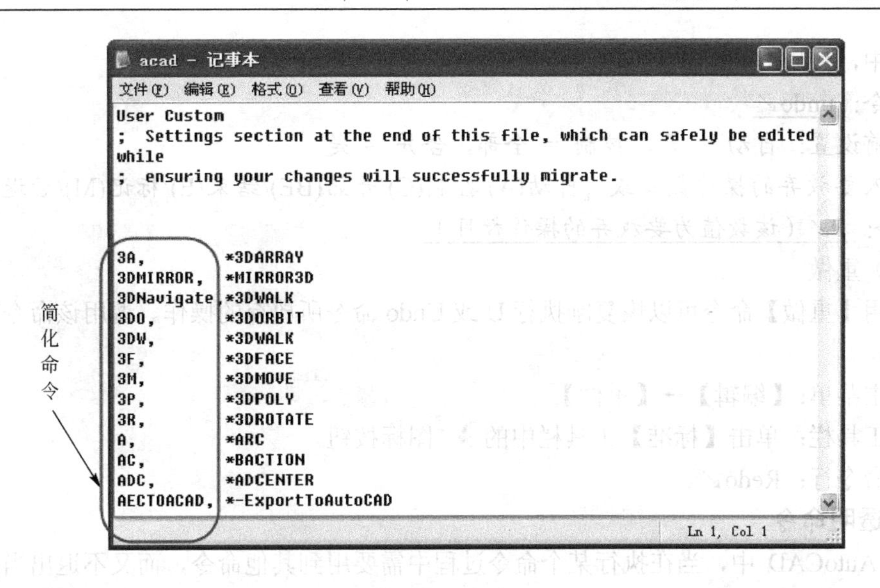

图 1-20 【acad.pgp】文件显示

1.4.2　命令的执行

启动命令后，命令行显示了下一步操作的方式，此时需要用户做出明确的指示，AutoCAD 则严格按照用户的指令，完成相应动作。

例如要绘制直径为 50 的圆，其操作过程如下：

命令：C↙（键入圆的命令简写，回车）

CIRCLE 指定圆的圆心或 [三点(3P)/两点(2P)/相切、相切、半径(T)]:（鼠标在屏幕上任取一点即为圆心点）

指定圆的半径或 [直径(D)] <20.0000>:　d↙（选择圆的绘制方式）

指定圆的直径 <40.0000>: 50↙（输入圆的直径）

命令提示选项中不带括号的为默认选项，可以直接操作，因此上例在屏幕上指定的点就是圆心点；命令提示“[ ]”中的选项为执行该命令的各种操作方式，必须通过键盘输入“()”中的关键字母，选择相应的操作。如上例选择 D，再输入 50，则告诉系统所输入数值为直径尺寸；命令提示“<>”中的数值为系统默认值。

1.4.3　命令的重复、放弃、重做

在 AutoCAD 中，用户可以方便地重复执行同一条命令，或撤消前面执行的一条或多条命令。此外，撤消前面执行的命令后，还可以通过重做来恢复前面执行的命令。

（1）重复命令

AutoCAD 中，若要重复执行上一个命令，可以直接按 Enter 或空格键，也可以单击鼠标右键，选择快捷菜单中的“重复××”命令。

（2）放弃命令

在命令执行过程中，若要终止该命令，通常按 Esc 键；若要撤消前面所进行的操作，可以通过以下几种方式。

- 主菜单：【编辑】→【放弃】。
- 工具栏：单击【标准】工具栏中的图标按钮。
- 命令行：U↙或 Undo↙。

其中，使用 Undo 命令可以一次撤销多个操作，其命令行显示如下：

命令：undo↙

当前设置：自动 = 开，控制 = 全部，合并 = 是

输入要放弃的操作数目或 [自动(A)/控制(C)/开始(BE)/结束(E)/标记(M)/后退(B)] <1>：5↙（该数值为要放弃的操作数目）

（3）重做

使用【重做】命令可以恢复刚执行 U 或 Undo 命令所放弃的操作。调用该命令有以下几种方式：

- 主菜单：【编辑】→【重做】。
- 工具栏：单击【标准】工具栏中的图标按钮。
- 命令行：Redo↙。

1.4.4 透明命令

在 AutoCAD 中，当在执行某个命令过程中需要用到其他命令，而又不退出当前执行的命令时，就需要用到透明命令。透明命令是可以在不中断其他命令的情况下被执行的命令。例如 SNAP、GRID、ZOOM、PAN、REDRAW 等是经常使用的透明命令。

要以透明方式使用命令，可以通过单击工具栏上相应的命令图标（如【实时平移】），或在命令行输入的透明命令名前加单引号"'"，此时，透明命令的提示前有一个双折">>"，完成透明命令后，将继续执行原命令。例如：若想移动一个实体，但由于该实体太小，此时，可以在不中断【移动】命令的情况下，使用透明命令 zoom 将图形放大，然后再继续执行【移动】命令，该过程如下：

命令：　move ↙（输入移动命令）

选择对象：'zoom↙（输入透明命令，注意命令之前先输入'）

>>指定窗口的角点，输入比例因子 (nX 或 nXP)，或者

[全部(A)/中心(C)/动态(D)/范围(E)/上一个(P)/比例(S)/窗口(W)/对象(O)] <实时>：w（执行透明命令，选择【窗口】选项）

>>指定第一个角点：>>指定对角点：（执行透明命令，放大图形窗口）

正在恢复执行 MOVE 命令。

选择对象：（继续执行 MOVE 命令）

1.5 数据的输入方法

在 AutoCAD 的二维绘图中，点的位置通常使用直角坐标和极坐标表示。

1.5.1 直角坐标表示法

用 X、Y 坐标值表示点的位置的方法，称为直角坐标表示法。根据点的直角坐标是否相对于坐标原点，又分为绝对直角坐标和相对直角坐标。

① 绝对直角坐标：是指相对于坐标原点的直角坐标数值，其命令行输入方式为：X，Y。如图 1-21（a）中的点 A，指定该点时，命令行应输入：10，12。

② 相对直角坐标：是指后一个点相对于前一个点的直角坐标增量，其命令行输入方式为：@X，Y。如图 1-21（b）中的点 B，相对于点 A 的 ΔX=44、ΔY=35，若 A 点已确定，需要指定 B 点时，命令行应输入：@44，35。

应用直角坐标输入法绘制如图 1-22 图形（按 *ABCD* 绘图顺序），其过程如下：

命令：_line↙（输入直线命令）

指定第一点：200,160↙（输入 *A* 点的绝对直角坐标）

指定下一点或 [放弃(U)]：@–27,0↙（输入 *B* 点的相对直角坐标）

指定下一点或 [放弃(U)]：@0,–25↙（输入 *C* 点的相对直角坐标）

指定下一点或 [闭合(C)/放弃(U)]：@32,0↙（输入 *D* 点的相对直角坐标）

指定下一点或 [闭合(C)/放弃(U)]：c↙（选择“闭合”选项）

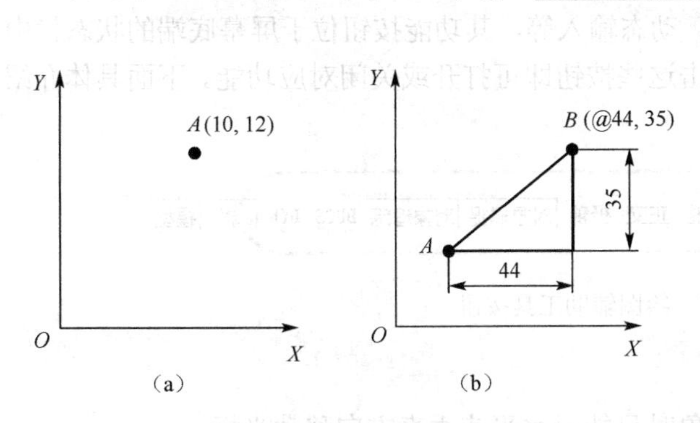

图 1-21　直角坐标输入法

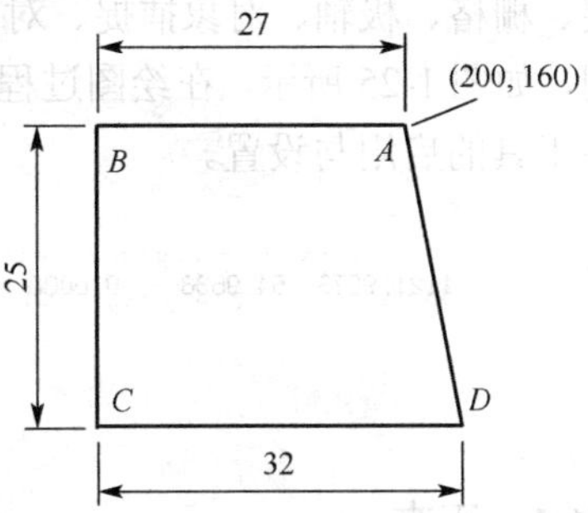

27
(200, 160)
B
A
25
C
D
32

图 1-22　直角坐标输入法练习

1.5.2　极坐标表示法

用长度和角度表示点的位置的方法，称为极坐标表示法。同样根据点是否相对于坐标原点，也将极坐标分为绝对极坐标和相对极坐标。

① 绝对极坐标：点与坐标原点连线的长度为 ρ，该线与 *X* 轴正向夹角为 θ，该点的命令行输入方式为：$\rho<\theta$。如图 1-23（a）中的点 *C*，指定该点时，命令行应输入：70<50。

② 相对极坐标：是指后一个点与前一个点的连线长度为 ρ，该线与 *X* 轴正向夹角为 θ，该点的命令行输入方式为：@$\rho<\theta$。如图 1-23（b）中的点 *D*，*DC*=50、θ=30°，需要指定 *D* 点时，命令行应输入：@50<30。

使用极坐标绘制如图 1-24 图形（按 *ABCD* 绘图顺序），其过程如下：

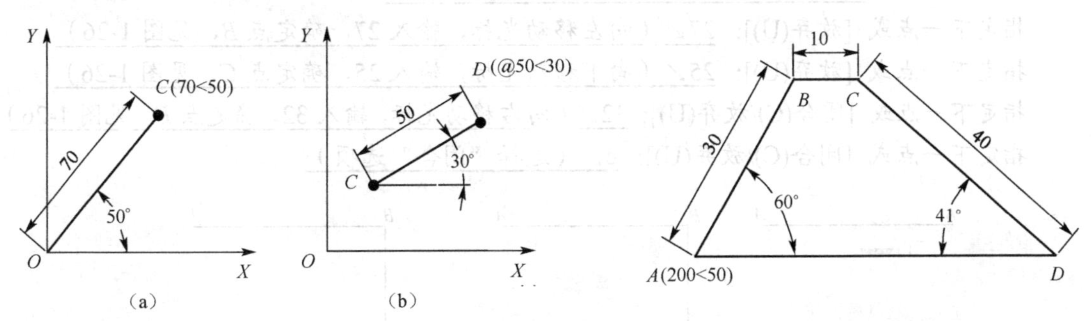

图 1-23　极坐标输入法　　　　图 1-24　极坐标输入法练习

命令：_line↙（输入直线命令）

指定第一点：200<50↙（输入 *A* 点的绝对极坐标）

指定下一点或 [放弃(U)]：@30<60↙（输入 *B* 点的相对极坐标）

指定下一点或 [放弃(U)]：@10<0↙（输入 *C* 点的相对极坐标）

指定下一点或 [闭合(C)/放弃(U)]: @40<–41↙（输入 *D* 点的相对极坐标）

指定下一点或 [闭合(C)/放弃(U)]: c（选择“闭合”选项）

1.6 绘图辅助工具

AutoCAD 绘图优于手工绘图的主要表现在于绘图的高速度与图面的高质量，其中各种辅助工具的设置，为精确、高效绘图提供了保证。AutoCAD 最常用的辅助工具包括正交、捕捉、栅格、极轴、对象捕捉、对象追踪、动态输入等，其功能按钮位于屏幕底端的状态栏中间，如图 1-25 所示。在绘图过程中，单击这些按钮即可打开或关闭对应功能。下面具体介绍各工具的启用与设置。

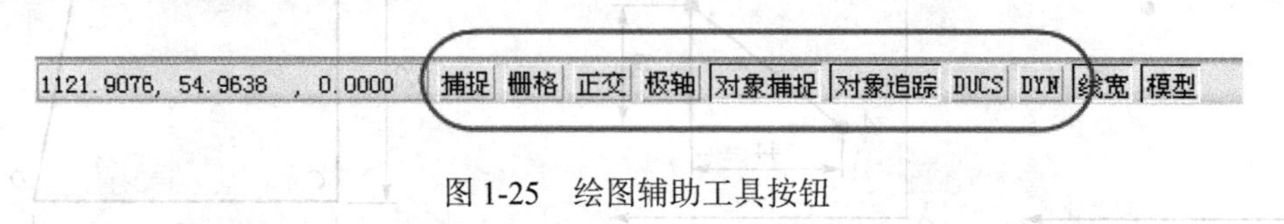

图 1-25 绘图辅助工具按钮

1.6.1 正交

若启用了正交功能，画线或移动对象时只能沿水平或垂直方向移动光标。

【运行方式】

- 状态栏：单击【正交】按钮正交。
- 快捷键：按 F8 键。
- 命令行：ORTHO。

【操作过程】

以上操作可以开启或关闭正交功能。

绘制如图 1-22 图形时，开启正交功能，可以简化输入方式，提高绘图速度，其过程如下：

命令: <正交 开>（单击正交按钮，打开正交功能）

命令: _line↙（输入直线命令）

指定第一点: 200, 160↙（输入 *A* 点的绝对直角坐标）

指定下一点或 [放弃(U)]: 27↙（向左移动光标，输入 27，确定点 *B*，见图 1-26）

指定下一点或 [放弃(U)]: 25↙（向下移动光标，输入 25，确定点 *C*，见图 1-26）

指定下一点或 [闭合(C)/放弃(U)]: 32↙（向右移动光标，输入 32，确定点 *D*，见图 1-26）

指定下一点或 [闭合(C)/放弃(U)]: c↙（选择“闭合”选项）

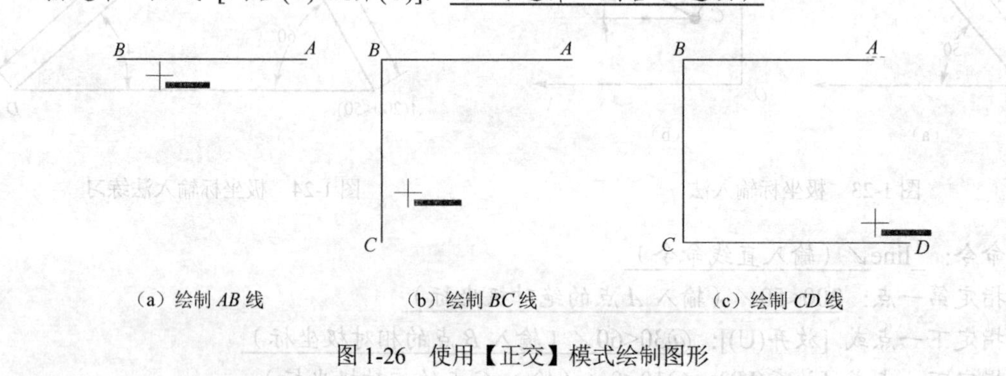

（a）绘制 *AB* 线　（b）绘制 *BC* 线　（c）绘制 *CD* 线

图 1-26 使用【正交】模式绘制图形

1.6.2　捕捉和栅格

捕捉工具，用以控制光标移动的最小步距，打开捕捉功能时，光标便只能在捕捉点上跳动；栅格是由点构成的矩形图案，利用栅格工具可以对齐对象，并直观地显示对象之间的距离。栅格不会出现在打印图形中。当打开栅格功能时，栅格点布满了设定的绘图区域。捕捉和栅格二者通常配合使用，而且设置栅格间距与捕捉间距成整数倍，能够强制光标只能在栅格的节点上跳动。利用【草图设置】命令可以对【捕捉和栅格】进行设置。

【运行方式】

- 菜　单：【工具】→【草图设置】。
- 状态栏：在【捕捉】、【栅格】、【极轴】、【对象捕捉】、【对象追踪】或【动态输入】等任一按钮上按右侧，弹出如图 1-27 所示的快捷菜单，选择【设置】选项。
- 命令行：DSETTINGS 或 DS。

【操作过程】

以上操作弹出【草图设置】对话框，单击【捕捉和栅格】选项卡，如图 1-28 所示，可以设置捕捉和栅格的相关参数，各选项功能如下。

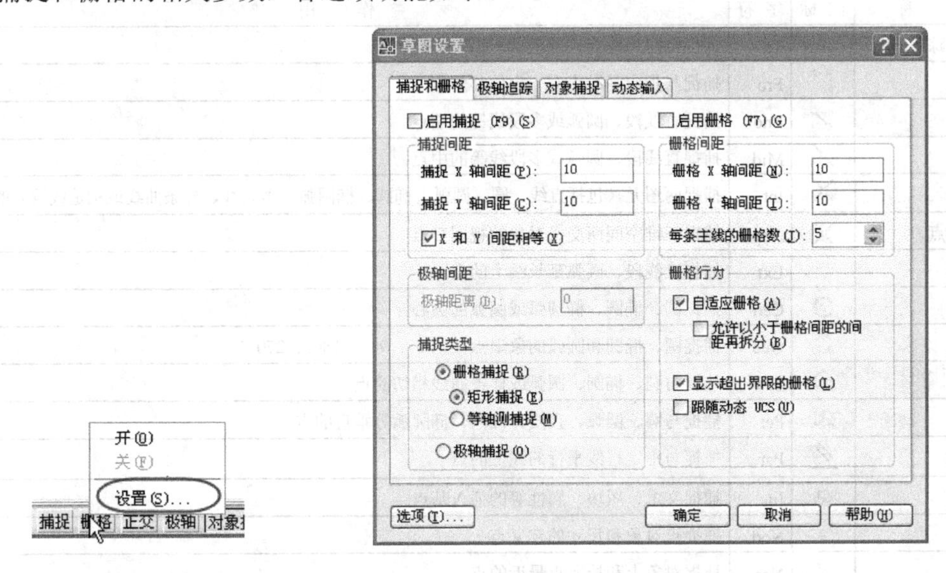

图 1-27　从状态行启动【草图设置】过程　　　　图 1-28　【捕捉和栅格】选项卡

①【启用捕捉】复选框：用于控制是否开启捕捉模式。其功能与单击状态栏上的【捕捉】按钮或按 F9 键相同。

②【捕捉间距】选项组：用于设置 X、Y 方向的捕捉间距，其中输入的间距值必须为正值。

③【捕捉类型】选项组：可以设置捕捉类型。

【栅格捕捉】：设置捕捉样式为栅格。该样式下有两种方式：当选择【矩形捕捉】时，可将捕捉样式设置为标准的矩形，光标可以捕捉一个矩形栅格；当选择【等轴测捕捉】时，栅格点及光标变成等轴测捕捉模式，如图 1-29 所示。

【极轴捕捉】：设置捕捉样式为极轴捕捉。该选项必须在启用了【极轴追踪】或【对象捕捉追踪】的情况下使用。

④【极轴间距】：设置极轴捕捉的增量距离。该选项只有在【极轴捕捉】被选中时才可

用，如果该值设为 0，则极轴捕捉距离采用【捕捉 X 轴间距】的值。

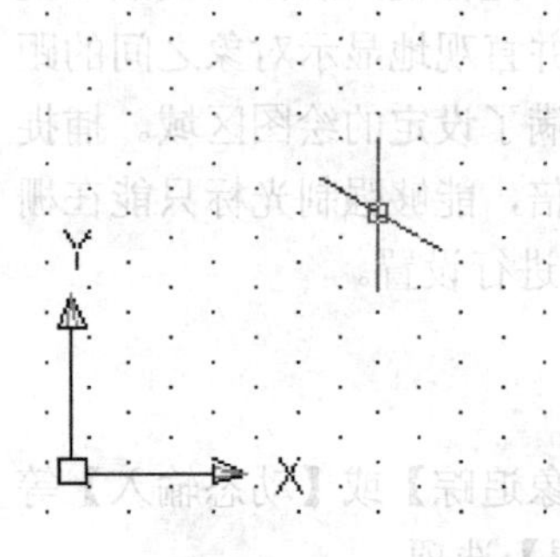

图 1-29 【等轴测捕捉】样式

⑤【启用栅格】复选框：用于控制是否开启栅格模式。其功能与单击状态栏上的【栅格】按钮或按 F7 键相同。

⑥【栅格间距】选项组：用于设置 X、Y 方向的栅格间距，如果【栅格 X 轴间距】和【栅格 Y 轴间距】为 0，则栅格采用捕捉 X 轴和 Y 轴间距的值。

以上操作也可以分别通过 snap（捕捉）和 grid（栅格）命令在命令行设置。

1.6.3 对象捕捉

利用对象捕捉功能，可以迅速、准确地捕捉到已经绘制的图形上的某些特殊点，如端点、圆心和两个对象的交点等，从而精确地绘制图形。AutoCAD 2008 中，对象捕捉方式共有 16 种，如表 1-1 所示。

表 1-1 对象捕捉方式

名　称	图 标	字 符	作　用
临时追踪点		Tt	捕捉临时追踪点，并沿某一追踪方向定点
捕捉自		Fro	捕捉与指定基准点有一定偏移的点
端点		End	捕捉直线段、圆弧或多段线等的端点
中点		Mid	捕捉直线段、圆弧或多段线等的中点
交点		Int	捕捉两图元（包括直线、圆、圆弧、椭圆、椭圆弧、多段线、样条曲线或构造线等）的交点
外观交点		App	捕捉三维空间两交叉对象的视图交点
延长线		Ext	捕捉直线段、圆弧延长线上的点
圆心		Cen	捕捉圆、椭圆、椭圆弧或圆弧的圆心
象限点		Que	捕捉圆、椭圆和圆弧的象限点（即 0°、90°、180°、270°）
切点		Tan	捕捉与圆、椭圆、圆弧或样条曲线相切的点
垂足		Per	捕捉与圆、圆弧、直线、椭圆、椭圆弧等垂直的点
平行线		Par	捕捉与指定直线平行的线上的点
插入点		Ins	捕捉文本、图块、属性等的插入基点
节点		Nod	捕捉点对象和尺寸的定义点
最近点		Nea	捕捉对象上和拾取点最近的点
两点之间的中点	无	M2P	捕捉任意两点的中点

在 AutoCAD 中，可以通过【对象捕捉】工具栏和【草图设置】对话框等方式调用对象捕捉功能。

【运行方式】

- 菜　单：【工具】→【草图设置】。
- 状态栏：右键单击状态栏上【对象捕捉】按钮，选择快捷菜单中的【设置】选项。
- 工具栏：单击【对象捕捉】工具栏中的图标按钮。
- 命令行：OSNAP 或 OS。

【操作过程】

以上操作弹出【对象捕捉】选项卡，如图 1-30 所示。

① 通过选择对象捕捉模式旁边的复选框，设置运行对象捕捉模式。最常用的捕捉模式

为：端点、中点、圆心、节点、象限点、交点、延伸点，因此选中它们前面的复选框。注意：不要将所有的捕捉模式都打开，否则，会给作图过程带来很大麻烦。

② 选择【启用对象捕捉】和【启用对象捕捉追踪】选项。

1.6.4　极轴追踪

极轴追踪功能可以相对于前一点，沿预先指定角度的追踪方向获得所需的点。该功能启用时，按预先设置的角度增量显示一条无限延伸的辅助线（一条虚线），如图 1-31 所示。在绘图过程中，该功能可以随时打开或关闭。

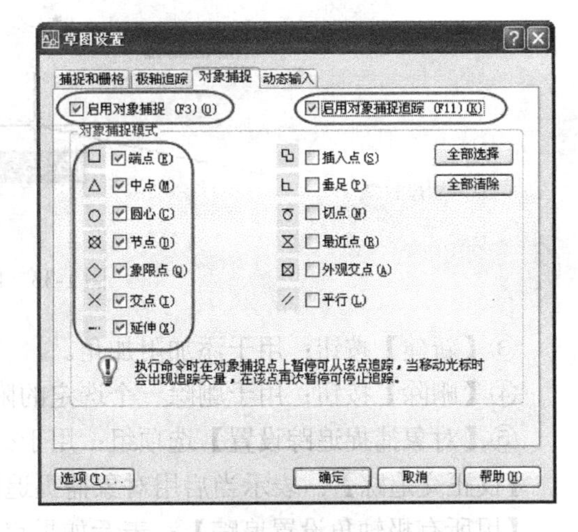

图 1-30　【对象捕捉】选项卡

【运行方式】

• 菜单：【工具】→【草图设置】，单击【极轴追踪】选项卡。

• 状态栏：右键单击状态栏上【极轴】按钮，选择快捷菜单中的【设置】选项。

【操作过程】

以上操作打开如图 1-32 所示的【草图设置】对话框，通过设置极轴角度增量和极轴角测量单位来确定极轴追踪方向。各选项功能如下。

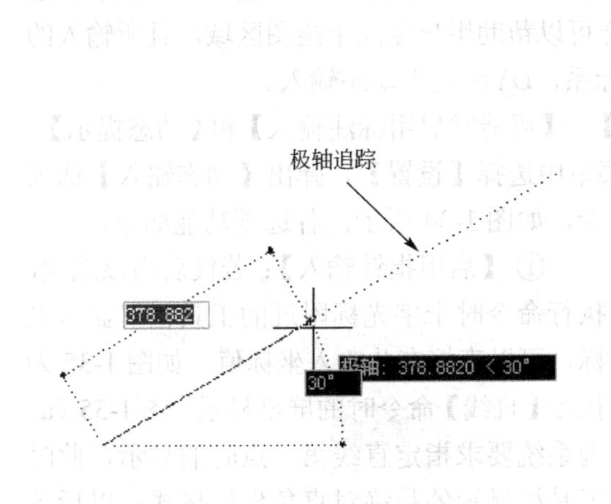

图 1-31　启用【极轴追踪】屏幕显示

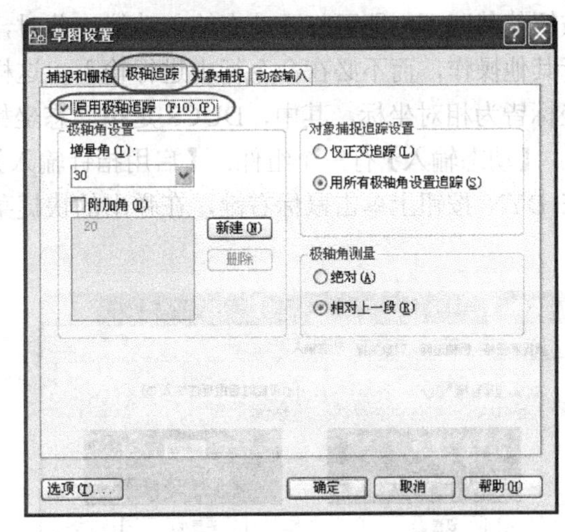

图 1-32　【极轴追踪】选项卡

①【启用极轴追踪】（F10）复选框：用于控制极轴追踪方式的打开和关闭。

②【极轴角设置】选项组。

【增量角】：用于设置角度增量的大小。在下拉列表中选择或输入某一增量角后，系统将沿与增量角成整数倍的方向上出现追踪矢量（图 1-31），以指定点的位置。例如，增量角为 60°，系统将沿着 0°、60°、120°、180°、240°和 300°方向出现极轴追踪线。

【附加角】：用于设置附加角度。附加角不同于增量角，启动极轴追踪后，当系统提示指定点时，拖动光标会在增量角及其整数倍位置出现追踪线，而附加角只是追踪单独的极轴角，它没有增量。如键入附加角为“12.25°”，那么只有当光标拖动到 12.25°附近时，出现追踪线，如图 1-33 所示，而不会在 12.25°的整数倍处显示追踪。当继续拖动光标，则按增量角设置显示追踪。

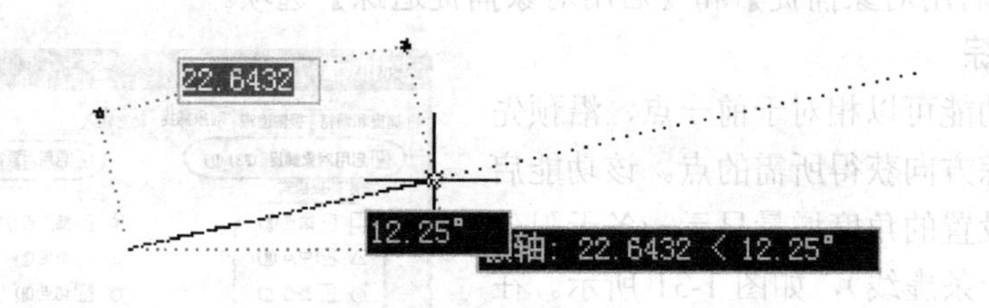

图 1-33　附加角追踪

③【新建】按钮：用于添加附加角。

④【删除】按钮：用于删除一个选定的附加角。

⑤【对象捕捉追踪设置】选项组：用于确定对象捕捉追踪的模式。

【仅正交追踪】：表示当启用对象捕捉追踪时，仅显示正交形式的追踪矢量。

【用所有极轴角设置追踪】：表示如果启用对象捕捉追踪，当指定追踪点后，系统允许光标沿任何极轴角进行矢量追踪。

1.6.5　动态输入

动态输入是一种比命令行输入更友好的人机交互方式。单击状态栏上的 DUCS 和 DYN 按钮使其凹下，即可打开动态输入功能。此时，可以在工具栏提示中直接输入坐标值或者进行其他操作，而不必在命令行中进行输入，这样可以帮助用户专注于绘图区域。且所输入的坐标皆为相对坐标，其中，DUCS 是指动态坐标系，DYN 是指动态输入。

【动态输入】有三个组件：【启用指针输入】、【可能时启用标注输入】和【动态提示】。在 DYN 按钮上单击鼠标右键，在弹出的快捷菜单中选择【设置】，弹出【动态输入】选项卡，如图 1-34 所示。各选项功能如下。

图 1-34【动态输入】选项卡

①【启用指针输入】：若仅启用该选项，执行命令时十字光标附近的工具栏仅显示坐标，可以直接在此输入坐标值。如图 1-35 为执行【直线】命令时的屏幕显示，图 1-35（a）为系统要求指定直线第一点时的显示，此时工具栏显示的是绝对直角坐标格式；以后各点则皆以默认的相对极坐标显示，如图 1-35（b）所示。单击指针输入下方的【设置】按钮，可以调出如图 1-36 所示的【指针输入设置】对话框，在该对话框中可以设置坐标显示格式及控制何时显示指针输入工具栏提示。系统默认格式为第二个点和后续点采用相对极坐标（对于 RECTANG 命令，为相对笛卡儿坐标）以及当命令需要一个点时显示坐标工具栏提示，即在工具栏输入数值时，不需要输入 @ 符号。

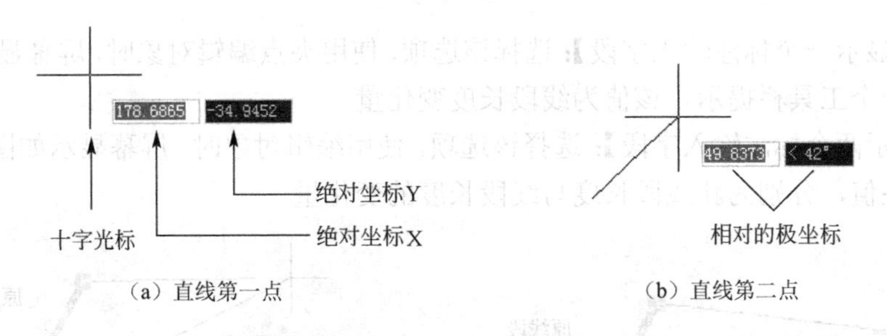

（a）直线第一点　　（b）直线第二点

图 1-35　仅启用【指针输入】时，执行【直线】的屏幕显示

当在绘图过程中需要使用绝对坐标时，只要在工具栏中输入：#X，Y，如图 1-37 所示，直线的第 3 点采用绝对直角坐标（100，50）的输入方式。

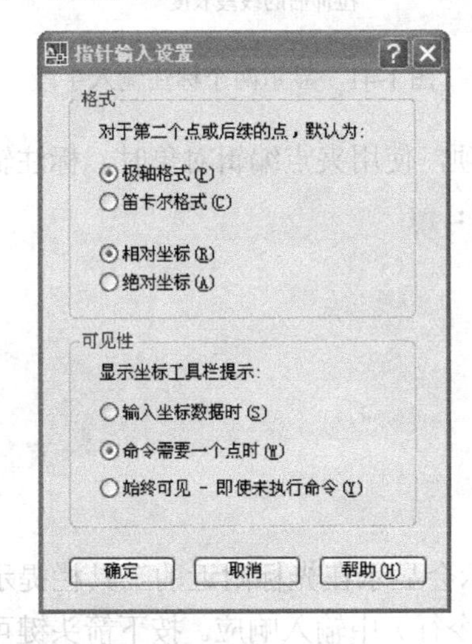

图 1-36 【指针输入设置】对话框

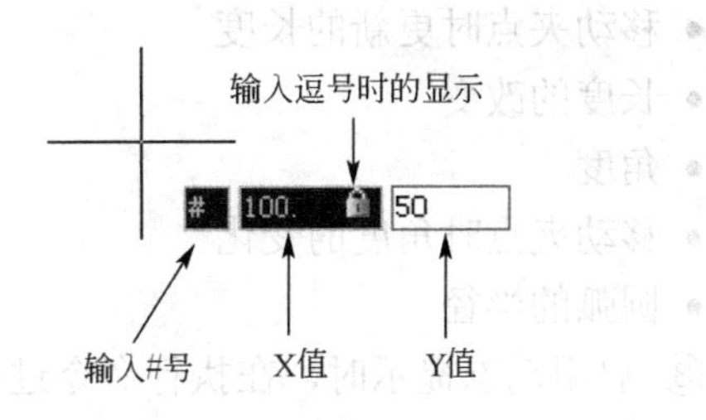

图 1-37　强制使用绝对直角坐标的屏幕显示

②【可能时启用标注输入】：若启用该选项，当命令提示输入第二点时，工具栏提示将显示距离和角度值，在工具栏提示中的值将随着光标移动而改变，若按 TAB 键可在这些值之间切换，如图 1-38 所示。单击该选项下【设置】按钮，弹出【标注输入的设置】对话框，如图 1-39 所示，可以设置控制夹点拉伸时工具栏提示显示信息。其中有三种选项，每种选项效果说明如下。

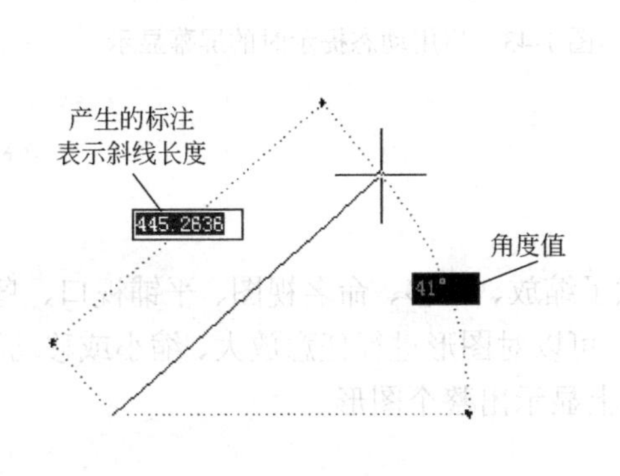

图 1-38　启用【可能时启用标注输入】屏幕显示

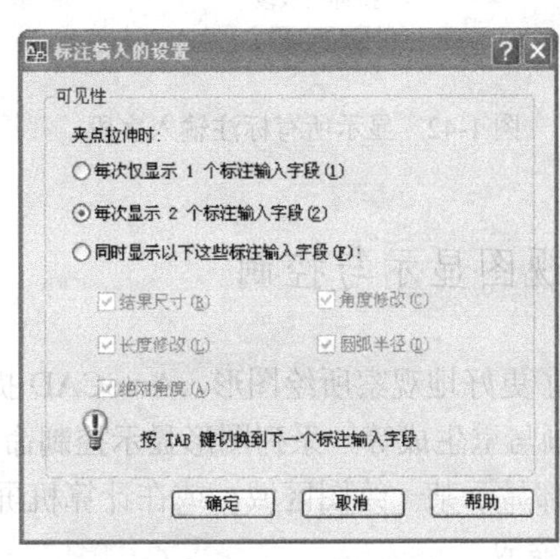

图 1-39 【标注输入的设置】对话框

【每次仅显示一个标注输入字段】：选择该选项，使用夹点编辑对象时，屏幕显示如图1-40所示，仅有一个工具栏提示，该值为线段长度变化量。

【每次显示两个标注输入字段】：选择该选项，使用编辑对象时，屏幕显示如图1-41所示，产生两个标注值，分别为新线段长度与线段长度的变化量。

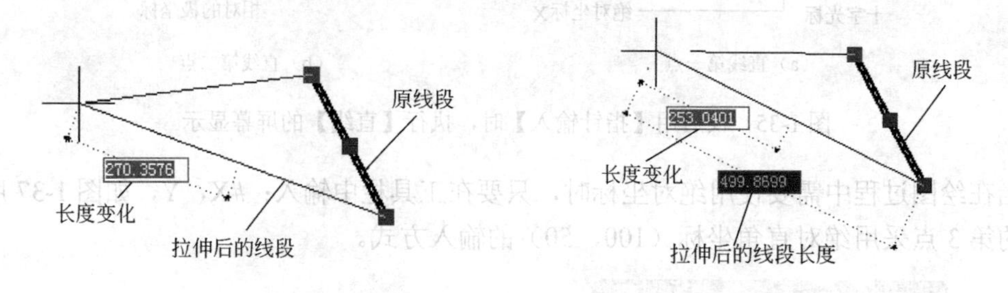

图1-40　显示一个标注输入字段　　　　图1-41　显示两个标注输入字段

【同时显示以下这些标注输入字段】：选择该选项，使用夹点编辑对象时，标注输入工具栏提示会显示以下信息（屏幕显示如图1-42所示）：

- 旧的长度
- 移动夹点时更新的长度
- 长度的改变
- 角度
- 移动夹点时角度的变化
- 圆弧的半径

③ 启用动态提示时，在执行命令过程中，提示会显示在光标附近的工具栏提示中，如图1-43所示。用户可以在工具栏提示（而不是在命令行）中输入响应。按下箭头键可以查看和选择选项，按上箭头键可以显示最近的输入。

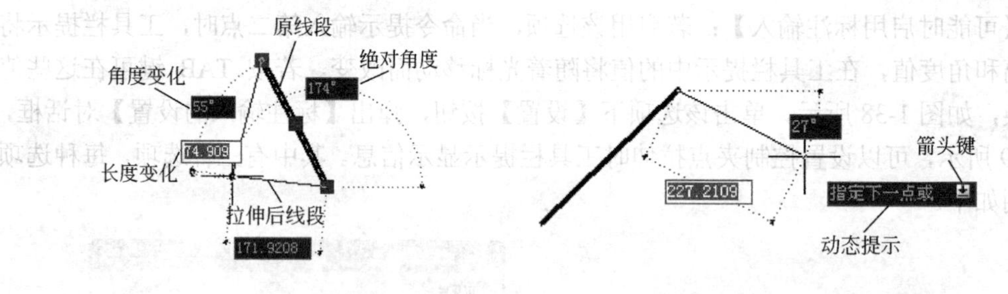

图1-42　显示所有标注输入字段　　　　图1-43　启用动态提示时的屏幕显示

1.7　视图显示与控制

为了更好地观察所绘图形，AutoCAD提供了缩放、平移、命名视图、平铺视口、鸟瞰视图、重画与重生成等一系列图形显示控制命令，可以对图形进行任意放大、缩小或移动屏幕，以便局部显示某一绘图区域，或在计算机屏幕上显示出整个图形。

1.7.1　缩放

利用【缩放】命令可以控制图形的显示。

【运行方式】

- 菜单：【视图】→【缩放】→缩放子菜单，如图 1-44 所示。
- 工具栏：单击【标准】工具栏中的图标按钮或单击【缩放】工具栏中的图标按钮。
- 命令行：ZOOM 或 Z。

【操作过程】

以上操作命令行显示如下：

命令：ZOOM↙（输入命令）

指定窗口的角点，输入比例因子 (nX 或 nXP)，或者

[全部(A)/中心(C)/动态(D)/范围(E)/上一个(P)/比例(S)/窗口(W)/对象(O)] <实时>：（选择相应的缩放类型）↙

各选项含义如下。

① 全部缩放（A）　在当前视口中显示整个图形。在视口中所看到的图形范围是绘图区域界限和图形实际所占范围中较大的一个，如图 1-45 所示，栅格部分为绘图界限。

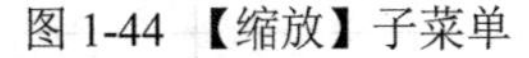

图 1-44 【缩放】子菜单

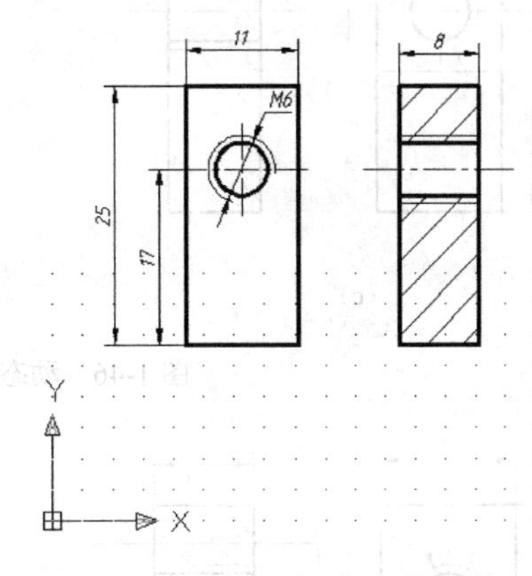

图 1-45　全部缩放的屏幕显示

② 中心缩放（C）　指定一点为当前绘图窗口中心点，再指定比例系数（如 1X、2X）等确定图形相对当前图形的缩放倍数或直接输入数值，指定窗口显示的高度。

③ 动态缩放（D）　选择该选项后，屏幕显示如图 1-46（a）所示，出现一个平移观察框，移动鼠标观察框会随之一起移动。单击鼠标左键出现一向右箭头[图 1-46（b）]，左右移动鼠标以改变观察框的大小，再次单击左键，并将其拖放至图形中要放大的位置[图 1-46（c）]；按回车键，则观察框区域内的图形被放大，如图 1-46（d）所示。

④ 范围缩放（E）　选择该选项，能将所绘图形在当前视口中最大限度地显示出来。

⑤ 上一个（P）　将视口显示的内容恢复到前一次显示的图形。最多可恢复 10 个图形显示。

⑥ 比例缩放（S）　以当前视口中心作为中心点，根据输入的比例大小显示图形。如果键入的数值是 *n*，则图形缩放为最原始图形的 *n* 倍；如果键入的数值是 *n*X，则图形缩放为视口中当前所显示图形的 *n* 倍；数值后加 XP 表示当前视口中所显示图形在图纸空间的缩放比例。

⑦ 窗口缩放（W）　该选项是系统用鼠标操作时的缺省方式。定义两对角点，如图 1-47（a）所示，以此确定窗口的边界，把窗口内的图形放大到整个视口范围，如图 1-47（b）所示。

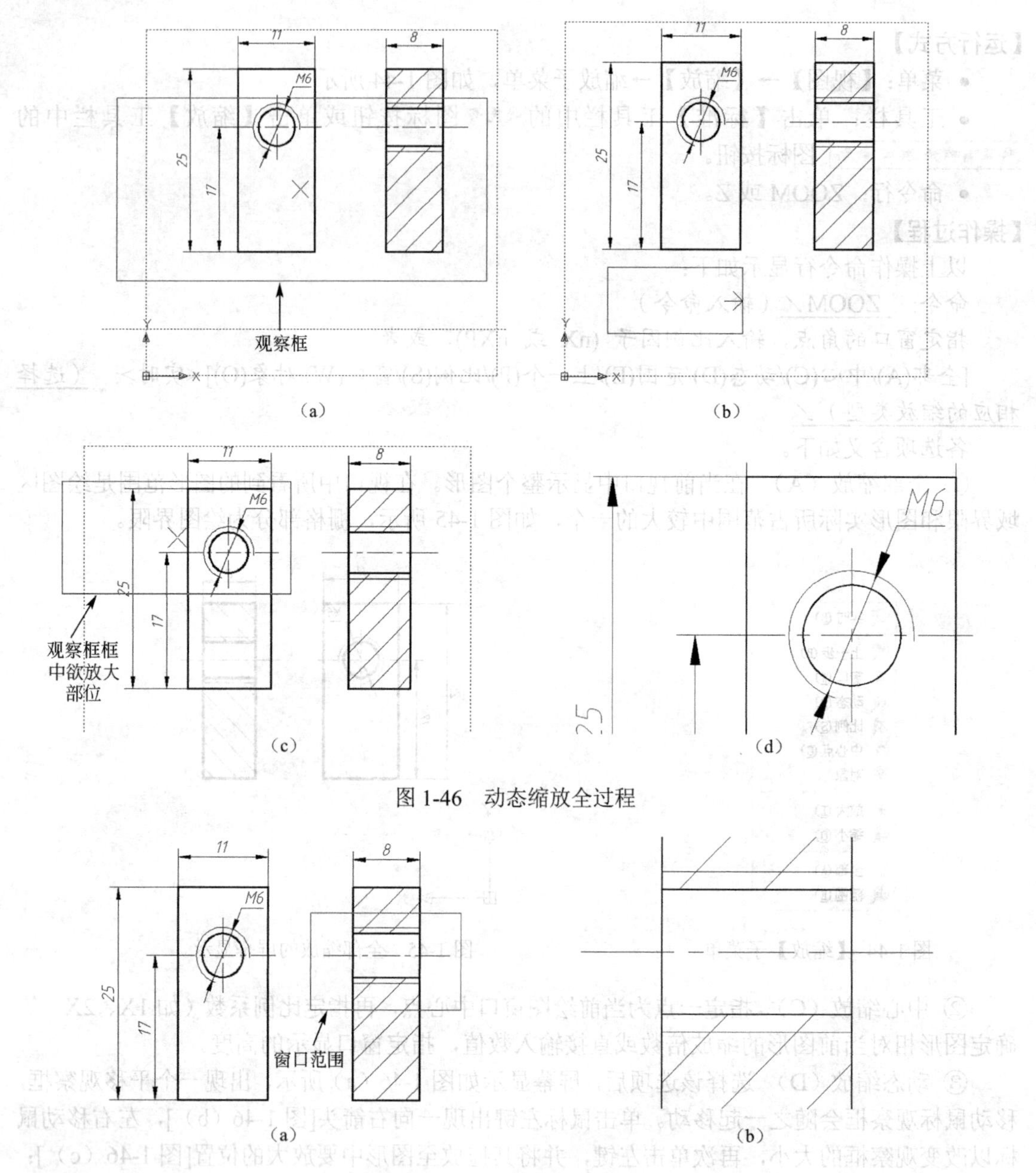

图 1-46　动态缩放全过程

图 1-47　窗口缩放全过程

⑧ 对象缩放（O）　以图形中某个图元为缩放对象，即该图元会充满整个视口，如图 1-48（a）所示，以图中圆为缩放对象，结果如图 1-48（b）所示，所选对象放大到整个视口。

⑨ 实时缩放　执行缩放命令时，直接按回车键，即进入实时缩放状态。此时，光标呈带“+”和“−”的放大镜形状显示。按住鼠标左键向上放大图形显示，按住鼠标左键向下缩小图形显示。

实际使用中，可以直接转动鼠标中键，实现图形的放大或缩小效果。

1.7.2　平移

平移命令是在不改变图形显示比例的情况下，移动图形，以便查看图形的其他部分。

【运行方式】

- 菜单：【视图】→【平移】→【实时】。

- 工具栏：单击【标准】工具栏中的 图标按钮。
- 命令行：PAN 或 P。

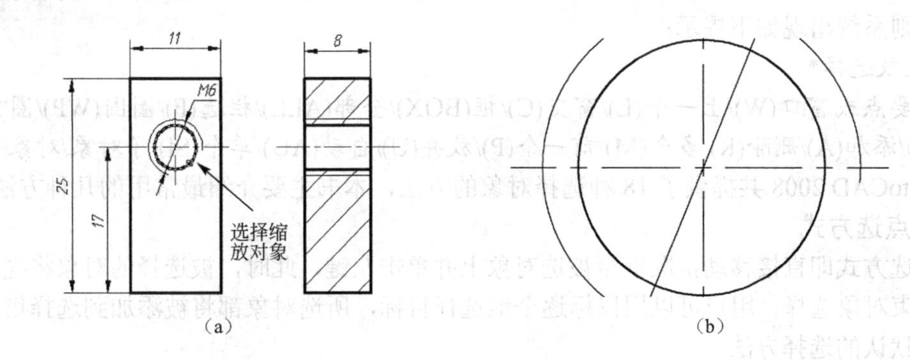

图 1-48　对象缩放全过程

【操作过程】

以上操作，屏幕上光标呈小手形状显示，按住鼠标左键并移动，使图形平移。实际使用中，通常按住鼠标中键，并移动鼠标可以实现平移图形的目的。

1.7.3　重画

在绘图和编辑过程中，屏幕上常常留下对象的拾取标记，这些临时标记并不是图形中的对象，有时会使当前图形画面显得混乱，这时就可以使用【重画】清除这些临时标记。

【运行方式】

- 菜单：【视图】→【重画】。
- 命令行：REDRAW 或 R。

1.7.4　重生成

【重生成】命令也用于刷新视口。

当图形进行缩放时，有的图形可能变形，如图 1-49（a）所示，直径较小的圆放大后显示为多边形，此时，使用【重生成】命令可以使图形恢复光滑，如图 1-49（b）所示。

【运行方式】

- 菜单：【视图】→【重生成】。
- 命令行：REGEN 或 RE。

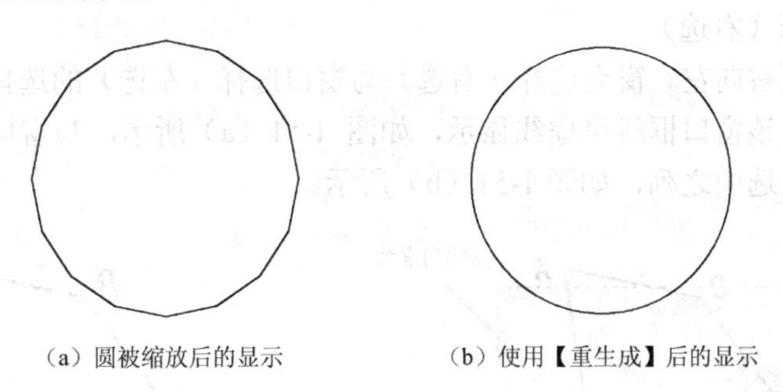

（a）圆被缩放后的显示　　（b）使用【重生成】后的显示

图 1-49　【重生成】命令的使用

1.8　选择对象的方法

对图形进行编辑、修改或查询时，命令行提示“选择对象:”，光标也由“+”字变成一正方形拾取框“□”。此时可以直接在提示后输入一种选择方式，如输入“W”以窗方式进行选择。如果对各种选择方式不熟悉，可以在“选择对象：”提示后直接输入问号“？”并按回车键，则系统出现如下提示：

无效选择

需要点或窗口(W)/上一个(L)/窗交(C)/框(BOX)/全部(ALL)/栏选(F)/圈围(WP)/圈交(CP)/编组(G)/添加(A)/删除(R)/多个(M)/前一个(P)/放弃(U)/自动(AU)/单个(SI)/子对象/对象

AutoCAD 2008 共提供了 18 种选择对象的方法，本书主要介绍最常用的几种方法。

1.8.1 点选方式

点选方式即直接移动拾取框至被选对象上并单击左键，此时，被选择的对象将亮显，回车则结束对象选择。用户可以用鼠标逐个地选择目标，所选对象都将被添加到选择集中。这是系统默认的选择方法。

1.8.2 以窗口方式选择

在默认情况下，命令提示为“选择对象：”时，可以直接单击拾取两个角点，如果从左向右构成窗口则等同于窗口方式；如果从右向左构成窗口则等同于窗交方式。

（1）窗口选择（左选）

即窗口设置至左向右。选择过程为：单击鼠标左键作为窗口起点，向右移动鼠标，再次单击。如图 1-50（a）所示，所形成的选择窗口以实线显示，只有完全包含在窗口内的对象才被选中，如图 1-50（b）中的 *CD*、*DE* 线段，呈亮闪状态。

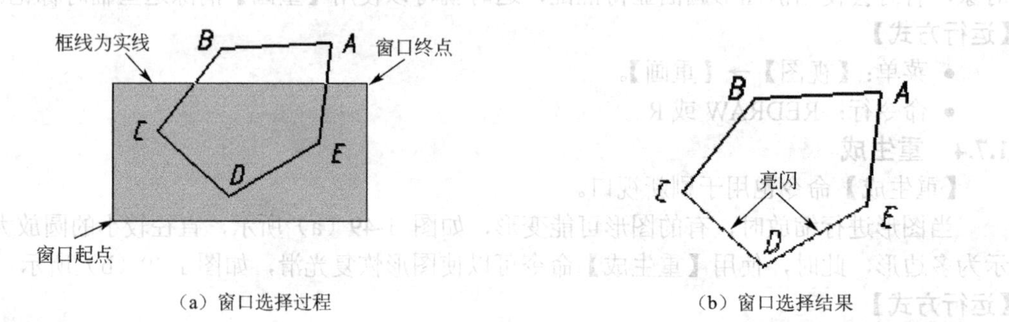

（a）窗口选择过程　　（b）窗口选择结果

图 1-50　窗口选择对象

（2）窗交选择（右选）

即窗口设置至右向左。窗交选择（右选）与窗口选择（左选）的选择方式类似，只是窗口设置方向相反，该窗口框线呈虚线显示，如图 1-51（a）所示，与窗口相交的对象和窗口内的所有对象都在选中之列，如图 1-51（b）所示。

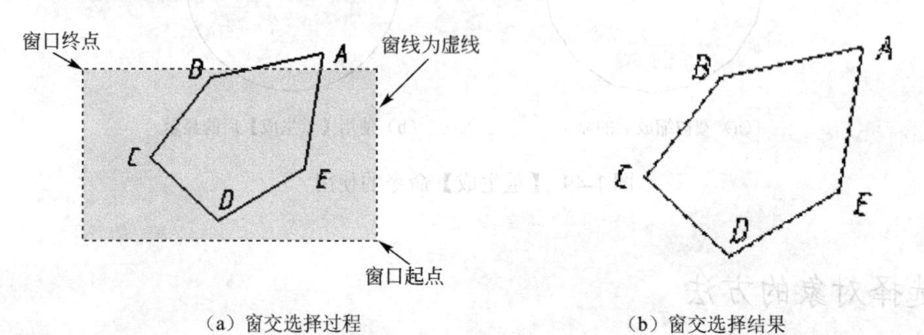

（a）窗交选择过程　　（b）窗交选择结果

图 1-51　窗交选择对象

1.8.3　全部方式

除了锁定、关闭或冻结图层上的目标不能被选择，该方式将选取当前窗口中的所有实体。当命令提示为“选择对象：”时，输入 ALL，回车。

1.8.4　删除

在选择目标时，有时会误选一些不该选择的对象，用户可以在命令行提示“选择对象：”后键入 R 并回车，此时，提示由“选择对象”变为“删除对象”，再次选择被误选的那些对象，即可从选择集中将其剔除。

另外，按住键盘上的【Shift】键，单击误选中的对象，也可快速将其从选择集中删除。

1.8.5　添加

在选择对象时，若执行“删除”后，还需继续选择，可以在命令行提示“选择对象：”后键入 A 并回车，此时，提示由“删除对象”变为“选择对象”，可以继续进行选择操作。

【注意事项】

在进行选择对象操作时，有时只能选中最后一次选择操作所选中的对象，产生该现象的原因是【选项】对话框中的【选择集】模式下的【用 Shift 键添加到选择集】复选框被选中，如图 1-52 所示，系统默认是不选中；如果选中，则一次只能选中一个对象，必须同时按住 Shift 键才能选择多个对象。

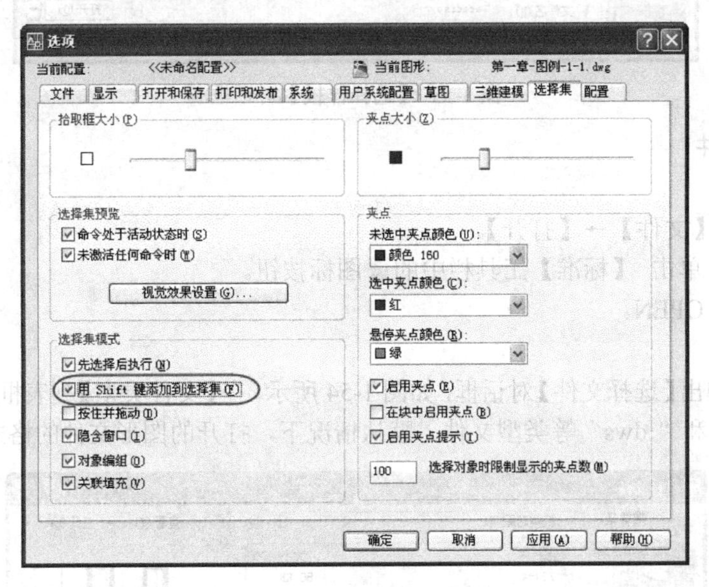

图 1-52　【选项】对话框【选择集】选项卡

1.9　图形文件管理

AutoCAD 中图形文件的管理与 Office 中的文件管理基本相同，包括新建文件、打开已有文件、保存文件、加密保存文件和关闭文件等，其操作方法也非常类似。

1.9.1　创建新文件

【运行方式】

- 菜　单：【文件】→【新建】。

- 工具栏：单击【标准】工具栏中的□图标按钮。
- 命令行：NEW 或 QNEW。

【操作过程】

以上操作弹出如图 1-53 所示【选择样板】对话框。在 AutoCAD 给出的样板文件名称列表框中，选择系统默认的样板文件或由用户自行创建的专用样板文件。如本例选择 acadiso.dwt 样本文件；单击【打开】按钮。

图 1-53 【选择样板】对话框

1.9.2 打开文件

【运行方式】

- 菜　单：【文件】→【打开】。
- 工具栏：单击 【标准】工具栏中的图标按钮。
- 命令行：OPEN。

【操作过程】

以上操作弹出【选择文件】对话框，如图 1-54 所示。在【文件类型】列表框中可选“.dwg”、“.dwt”、“.dxf”和“.dws”等类型文件。默认情况下，打开的图形文件的格式为“.dwg”。

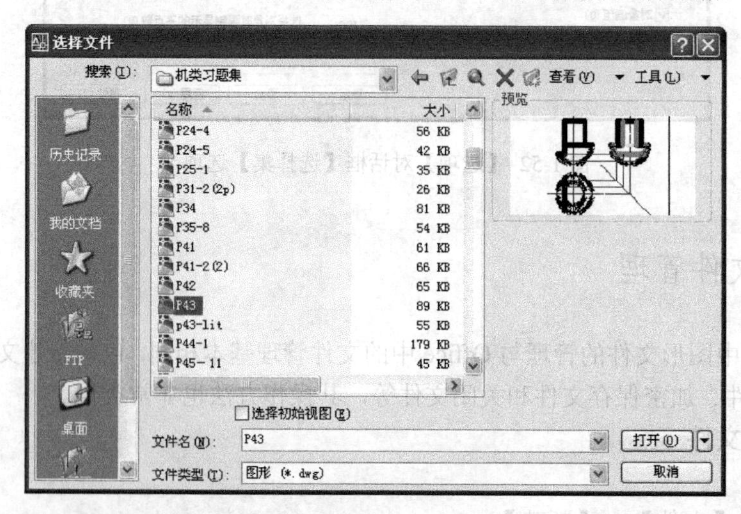

图 1-54 【选择文件】对话框

1.9.3　保存文件

【运行方式】

- 菜　单：【文件】→【保存】。
- 工具栏：单击 【标准】工具栏中的图标按钮。
- 命令行：QSAVE 或 SAVE。

【操作过程】

若文件已命名，则 AutoCAD 以当前使用的文件名保存图形。

若文件未命名，则弹出图 1-55 所示【图形另存为】对话框，在【保存于】下拉列表框中可以指定文件保存的路径；在【文件类型】下拉列表框中选择保存文件的格式或不同的版本；文件名可以用默认的 Drawingn.dwg 或者由用户自己输入，最后单击【保存】按钮。此过程相当于执行【文件】→【另存为】(SAVE AS)。

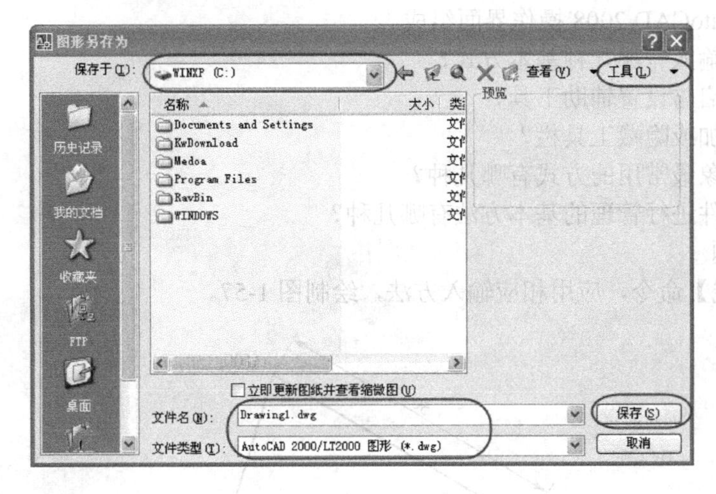

图 1-55 【图形另存为】对话框

1.9.4　加密保存图形文件

选择【图形另存为】对话框中【工具】下的【安全选项】命令，弹出图 1-56 所示【安全选项】对话框，在此输入密码。当下次打开该图形文件时，系统将弹出一个对话框，要求用户输入正确的密码，否则无法打开文件。

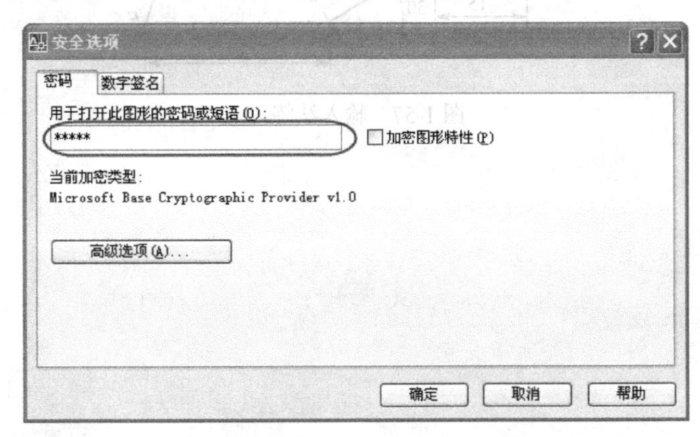

图 1-56 【安全选项】对话框

1.9.5 关闭图形文件

【运行方式】

- 菜　单：【文件】→【退出】。
- 工具栏：单击标题栏右侧的 × 图标按钮。
- 命令行：EXIT 或 QUIT 或 CLOSE。

以上操作可以关闭当前图形文件。

1.10 习题

（1）思考题

① 怎样启动、关闭 AutoCAD 2008？

② 简述 AutoCAD 2008 操作界面组成。

③ 命令的输入有哪几种基本方式？

④ 如何开启与设置辅助工具？

⑤ 如何添加或隐藏工具栏？

⑥ 选择对象最常用的方式有哪几种？

⑦ 图形文件进行管理的基本方法有哪几种？

（2）上机题

使用【直线】命令，应用相应输入方法，绘制图 1-57。

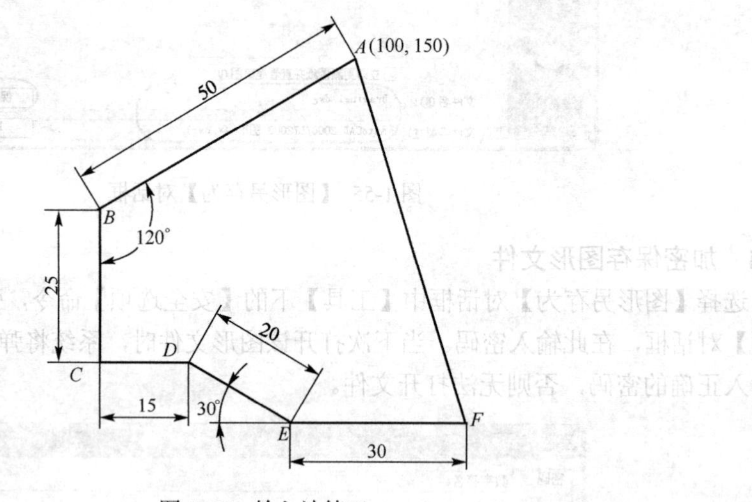

图 1-57　输入法练习

第2章　绘图环境设置与样板文件

使用 AutoCAD 软件绘图，最关键的是要养成好的绘图习惯，使所绘图形既正确、规范又能提高绘图效率。

设置绘图环境是 AutoCAD 绘图的第一步，包括图层、线型、绘图界限、图形单位等基本设置和文字、标注等样式设置以及文件输出打印等设置。然后，将设置好的绘图环境保存为样板文件，作为以后绘制新图时的基础环境，这样，既避免了不必要的重复劳动，又能保证同一单位内部图形设置的统一性，有利于相互之间的图形数据交换和交流。

2.1　绘图环境设置

2.1.1　设置图层

（1）图层的使用背景

所有的工程图形都是由各种图线构成的，国家制图标准规定了绘制各种技术图样共有15种基本线型，其中常用的线型如表2-1所列。同时规定：在同一张图样中，相同线型的线宽应一致；机械制图采用两种线宽，即粗线∶细线＝2∶1；且粗线宽度优先采用0.5mm、0.7mm。

表2-1　线型、线宽与应用

线型名称	线　宽	应　用
粗实线	*d*	可见轮廓线、螺纹牙顶线、螺纹终止线
细实线	*d*/2	尺寸线及尺寸界线、指引线、剖面线、重合剖面的轮廓线
虚线	*d*/2	不可见轮廓线
细点划线	*d*/2	轴线、对称中心线、齿轮的节圆、轨迹线等
双点划线	*d*/2	相邻辅助零件的轮廓线、极限位置轮廓线等

为了绘制符合规范的工程图，AutoCAD 通常将不同线型的图线放置在不同的图层上。

（2）图层的建立

根据常用线型种类或对象性质，分别建立相应图层，并赋予对应的线型、线宽及颜色。在绘图过程中，能够方便地控制对象的显示和编辑，提高绘图效率。

在图层命名时，建议图层名称最好与该层所放置的线型或使用性质相符，以便于识别。本例所建图层见表2-2。

表2-2　图层设置

图层名称	线型名称	线　宽	颜　色
粗实线	实线	0.5	绿色
细实线	实线	0.25（默认）	白色
虚线	虚线	0.25（默认）	黄色

续表

图 层 名 称	线 型 名 称	线　　宽	颜　　色
中心线	点划线	0.25（默认）	红色
双点划线	双点划线	0.25（默认）	洋红
尺寸标注	实线	0.25（默认）	蓝色

【运行方式】

- 菜　单：【格式】→【图层】。
- 工具栏：单击【图层】工具栏中的图标按钮。
- 命令行：LAYER 或 LA。

【操作过程】

以上操作开启【图层特性管理器】对话框，此时，系统只有一个“0”图层，它的各种设置皆为默认值，如图 2-1 所示。在该对话框中可以进行如下操作。

图 2-1 【图层特性管理器】对话框

① 建立图层　单击对话框中的【新建图层】按钮，图层列表中出现一个新的图层名称【图层 1】，连续按 6 次回车，即建立了 6 个图层，如图 2-2 所示；根据表 2-2，更改各图层名称分别为“粗实线”、“细实线”、“虚线”、“中心线”、“双点划线”、“尺寸标注”。

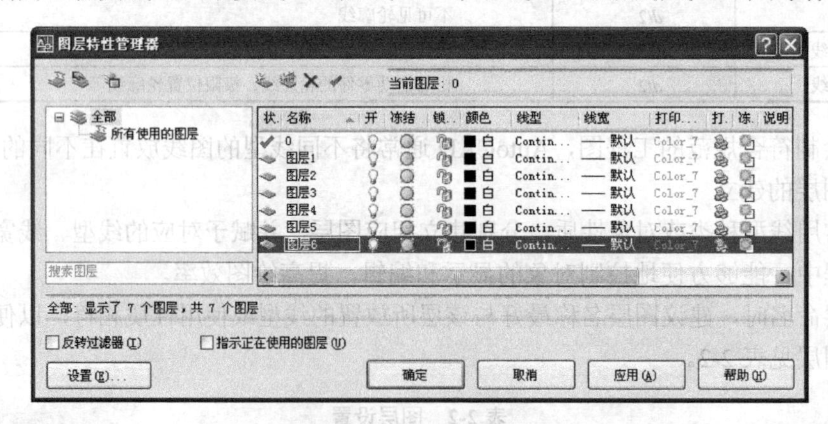

图 2-2　建立图层过程

② 设置颜色　选择某个图层，单击颜色图标■ 白，调出如图 2-3 所示的【选择颜色】对话框，从中选择一种颜色，单击【确定】按钮，即将该颜色赋予指定图层。对应表 2-2，

为各图层设置对应颜色。

③ 设置线型　选择一个图层，单击该图层的线型图标 Contin... ，打开【选择线型】对话框，在该对话框中，显示了已加载的所有线型，如图 2-4 所示，初始状态下，系统仅有一种线型 Continuous。单击【加载】按钮，打开【加载或重载线型】对话框，如图 2-5 所示。从线型列表中选择所需线型，单击【确定】按钮，则所选线型被加载到【选择线型】对话框；重复操作，直至将所需线型全部加载。也可以按 Ctrl 键选择几种线型同时加载。

图 2-3 【选择颜色】对话框

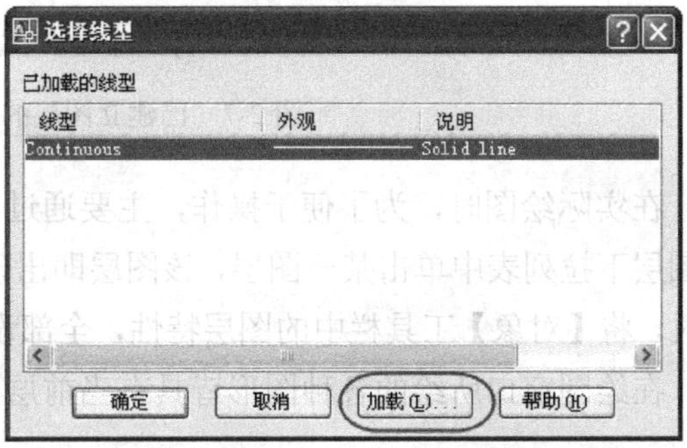

图 2-4 【选择线型】对话框

④ 设置线宽　选择一个图层，单击该图层的线宽图标 —— 默认 ，打开【线宽】对话框（如图 2-6 所示），在该对话框的列表中选择相应线宽，其中"默认"值相当于 0.25mm。

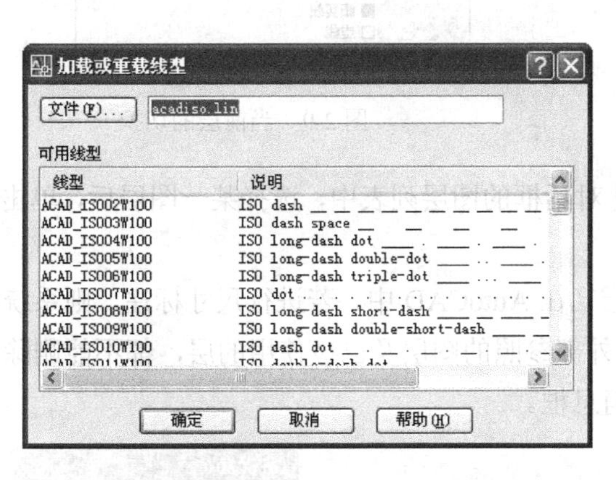

图 2-5 【加载或重载线型】对话框

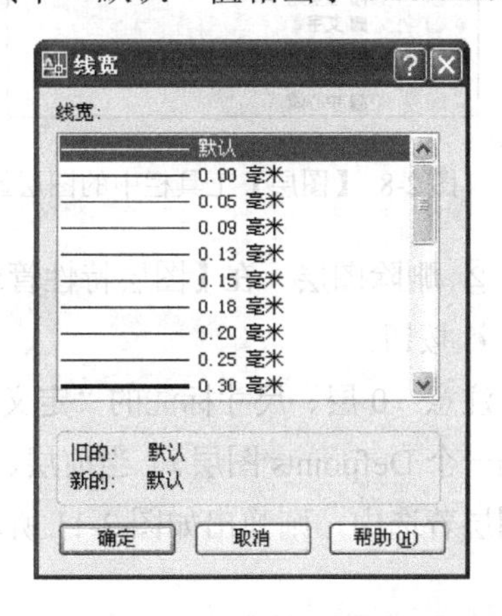

图 2-6 【线宽】对话框

按照表 2-2 设置各图层，结果如图 2-7 所示。单击【确定】按钮，系统返回绘图界面，单击图层工具栏窗口的下拉箭头（如图 2-8 所示），文档中所有图层以列表方式显示。

（3）图层的控制

① 切换当前图层　AutoCAD 中，图形绘制工作只能在当前层上进行。在【图层特性管理器】对话框的图层列表中，选择某一图层后，单击【当前图层】✔ 按钮，即可将该层设置为当前层。

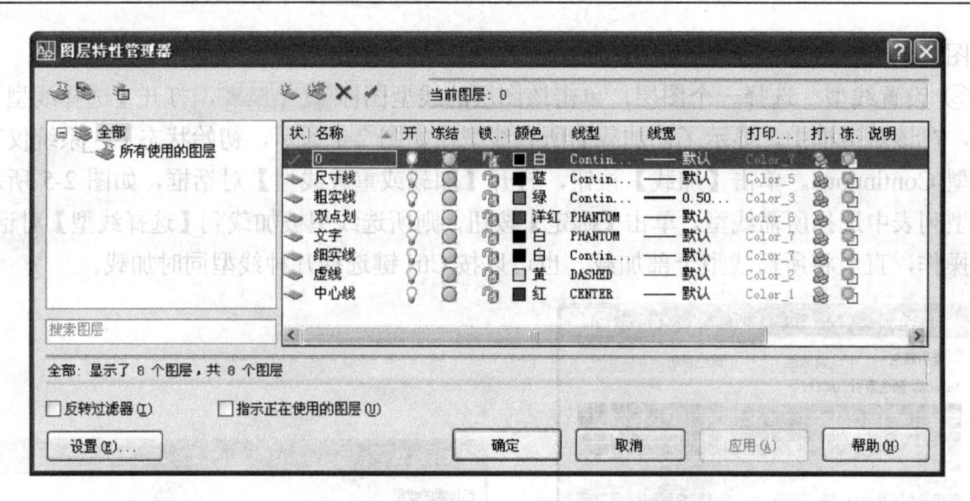

图 2-7 已建立图层的【图层特性管理器】

在实际绘图时，为了便于操作，主要通过【图层】工具栏来进行切换，如图 2-9 所示，在图层下拉列表中单击某一图层，该图层即出现在【图层】工具栏窗口，则该图层为当前层。同时，将【对象】工具栏中的图层特性，全部设置为【Bylayer】(随层)，如图 2-10 所示。此时，在绘图窗口所绘的各种图形皆具有当前层的各种特性。

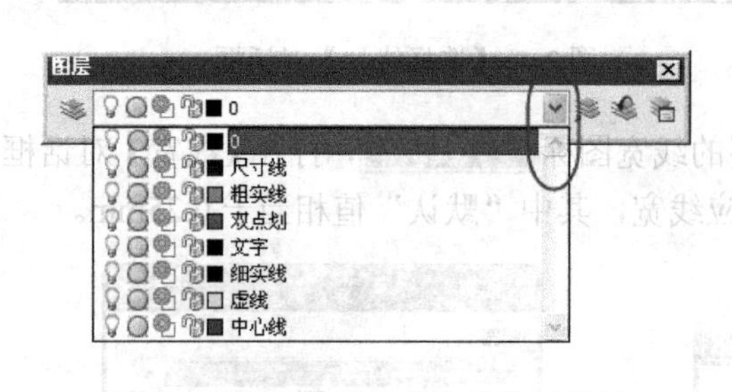

图 2-8 【图层】工具栏中的图层显示

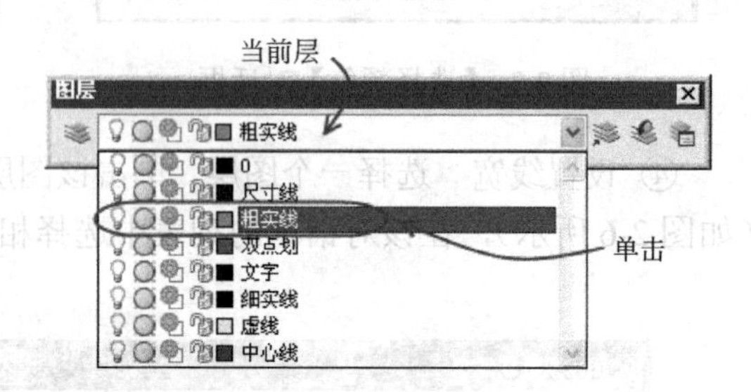

图 2-9 当前层的切换

② 删除图层 在【图层特性管理器】对话框的图层列表中，选择某一图层后，单击【删除】按钮。

注意：0 层、尺寸标注的“定义点”层（在 AutoCAD 中，若进行尺寸标注，则系统自动添加一个 Defpoints 图层）、当前层、依赖外部参照的图层及已被使用的层，都不能删除。以上图层若选中，则弹出如图 2-11 所示的消息框。

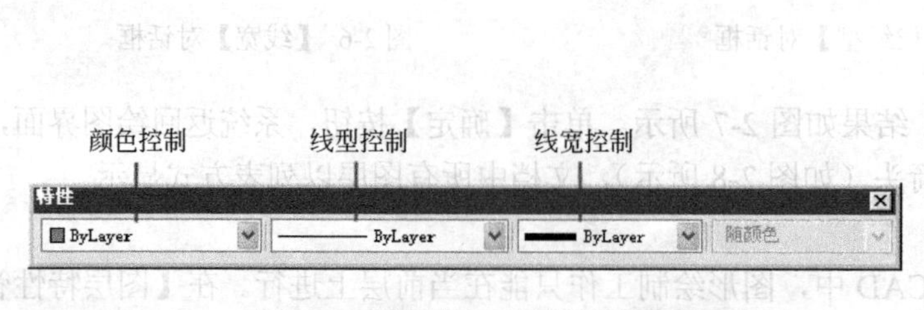

图 2-10 【特性】工具栏的设置

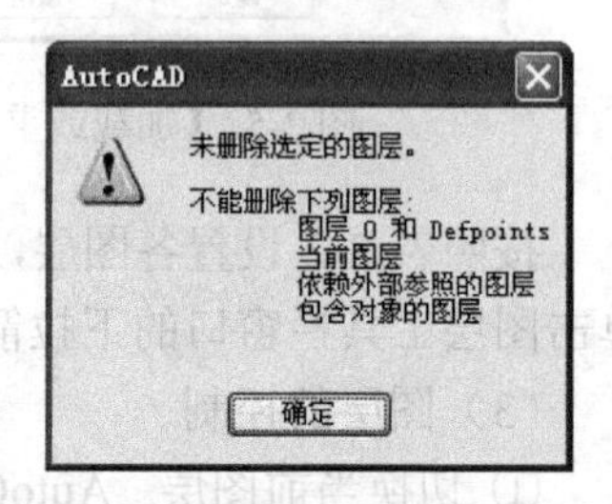

图 2-11 不能删除图层消息框

③ 打开/关闭图层 在【图层特性管理器】对话框的图层列表中，单击 按钮，即可控

制图层的开或关。打开图层时，图层可见，并可被编辑或打印输出；关闭图层时，图层不可见，其上对象隐藏并且不可编辑或打印。

④ 冻结/解冻图层　在【图层特性管理器】对话框的图层列表中，单击 按钮，即可以将图层冻结或解冻。冻结的图层不可见，其上对象隐藏且不可编辑或打印，也不能被刷新。因此，为加快图形重生成的速度，可以将那些与编辑无关的图层冻结。当前层不能被冻结。

⑤ 锁定/解锁图层　在【图层特性管理器】对话框的图层列表中，单击 按钮，即可以将图层锁定或解锁，锁定图层时，该层上的对象可显示和打印，但不能被编辑；此外可以对该层上的对象使用查询和对象捕捉。为了防止某图形对象被误修改，可将该对象所在图层锁定。

2.1.2　设置图形单位

【运行方式】

- 菜　单：【格式】→【单位】。
- 命令行：UNITS 或 UN。

【操作过程】

以上操作弹出【图形单位】对话框，如图 2-12 所示，可以用于设置长度和角度的单位格式及精度。

①【长度】选项组　主要用于设置长度单位的类型和精度。单击【类型】下拉列表选择单位格式；单击【精度】下拉列表，选择绘图精度。

②【角度】选项组　主要用于控制角度单位类型和精度。同样，单击【类型】下拉列表选择角度的类型；单击【精度】下拉列表，选择角度精度。【顺时针】复选框是用来控制角度增角量的正负方向的。默认值为不选中，即角度以逆时针方向为正。

③【方向】按钮　主要用于确定 0°的起点。单击该按钮，打开 【方向控制】对话框，如图 2-13 所示。在该对话框中选取“东、南、西、北”的某个单选框，表示以该方向作为角度测量的基准 0°角。

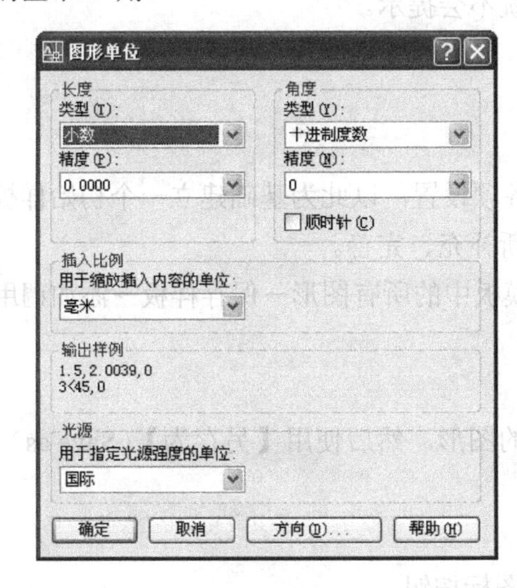

图 2-12 【图形单位】对话框

图 2-13 【方向控制】对话框

对于绘制机械图形用户，该项设置全部采用默认格式。

2.1.3 图形界限

在使用 CAD 绘图时，有时会遇到这样情况：按给定尺寸绘出的图形，在屏幕上却没有了踪影，很多初学者对此感到非常困惑。图到哪里去了？究其原因：当图形尺寸相对系统默认的绘图界限较大或较小时，所绘制的图要么跑到屏幕外，要么因为太小，在屏幕上显现不出。因此，在绘制图形时，一般要根据图形尺寸设置图形界限，以控制绘图的范围。进行绘图界限的设置命令是 Limits。

【运行方式】

- 菜　单：【格式】→【图形界限】。
- 命令行：LIMITS。

【操作过程】

以上操作命令行显示如下：

命令：limits↙（输入命名）

重新设置模型空间界限：

指定左下角点或 [开(ON)/关(OFF)] <0.0000,0.0000>：↙（直接回车，则默认图形界限左下角点坐标为原点）

指定右上角点 <420.0000,297.0000>：↙（直接回车，则默认尖括号中的值为图形界限右上角点坐标）

【注意事项】

① AutoCAD 2008 系统默认的绘图区域为 420×297（即 A3 图幅），重设时，通常绘图区域左下角默认坐标原点。

② 新的绘图区域设置完成之后，必须执行【缩放】ZOOM 命令中的【全部】ALL 选项，对绘图区域重新进行调整。

③ 执行【图形界限】时，若回应【ON】，则打开界限检查开关。此时，如果输入的点超过了绘图界限，则系统会提示“**Outside limits**”；若回应“OFF”，表示关闭界限检查开关。此时，如果输入的点超过了绘图界限，则系统不会提示。

2.2 样板文件

通过以上各种操作，完成了绘图环境的各项设置，以此为基础建立一个初始样板文件，通过学习的深入，该样板文件的内容可以不断补充、完善。

建立一个样板文件的完整步骤为：删除模板中的所有图形→保存样板→添加调用样板文件的路径。

2.2.1 保存样板

保存样板文件之前，应删除屏幕上所有的图形，然后使用【另存为】（Save as）命令。

【运行方式】

- 菜　单：【文件】→【另存为】。
- 工具条：单击【标准】工具栏中的图标按钮。
- 命令行：SAVE AS。

【操作过程】

以上操作弹出【图形另存为】对话框，如图 2-14 所示。在【文件类型】栏中，选择【AutoCAD 图形样板文件（*.dwt)】；在【文件名】后，键入样板文件名称；在【保存于】后，选择存放路径。本例样板文件保存路径及文件名为：D：\我的样板.dwt。然后，单击【保存】按钮，弹出【样板选项】对话框，如图 2-15 所示。根据需要输入说明文字，单击【确定】按钮，完成样板保存操作。

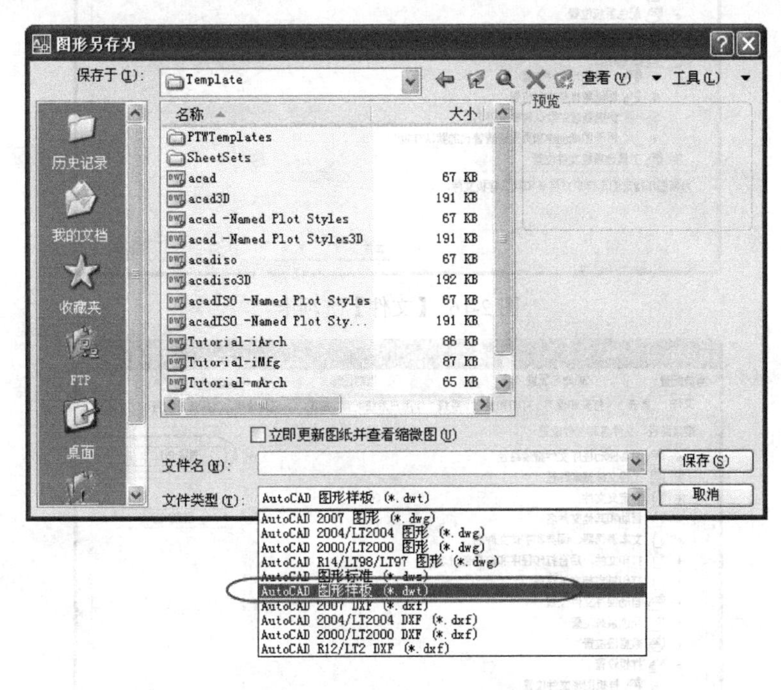

图 2-14　文件类型的选择

注意：自制的样板文件最好保存到 C 盘以外的分区，以防系统重装时文件丢失。

2.2.2　设置调用样板文件的路径

样板文件虽已保存，如果不进行设置，AutoCAD 系统并不能自动调用该样板，启动 AutoCAD 时，系统还是按照默认方式加载原有的样板。为了保证开启 AutoCAD 时能自动装载自己选定的样板，必须设置样板文件调用路径，步骤如下。

① 打开【选项】对话框。

- 菜　单：【工具】→【选项】。
- 命令行：OPTION。

② 在弹出的【选项】对话框中，单击【文件】选项卡，在【搜索路径、文件名和文件位置】列表框中，双击【样板设置】(或单击其前面的+号)，如图 2-16 所示。

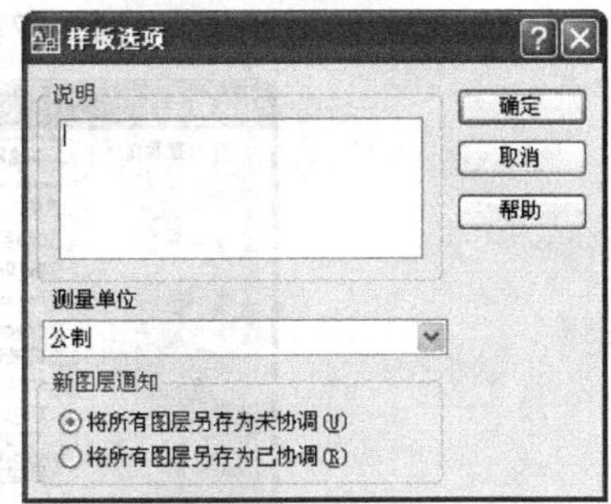

图 2-15　【样板选项】对话框

③ 双击【快速新建的默认样板文件名】，使之展开，如图 2-17 所示。

④ 单击【无】，并单击右侧【浏览】按钮，弹出【选择文件】对话框，如图 2-18 所示。找到自制的样板文件，单击【打开】按钮，系统自动返回到【选项】对话框。结果显示如图 2-19 所示。

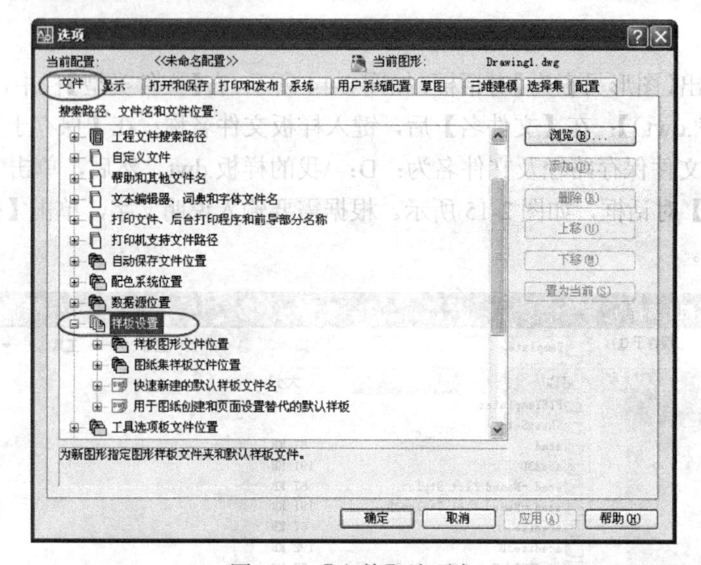

图 2-16 【文件】选项卡

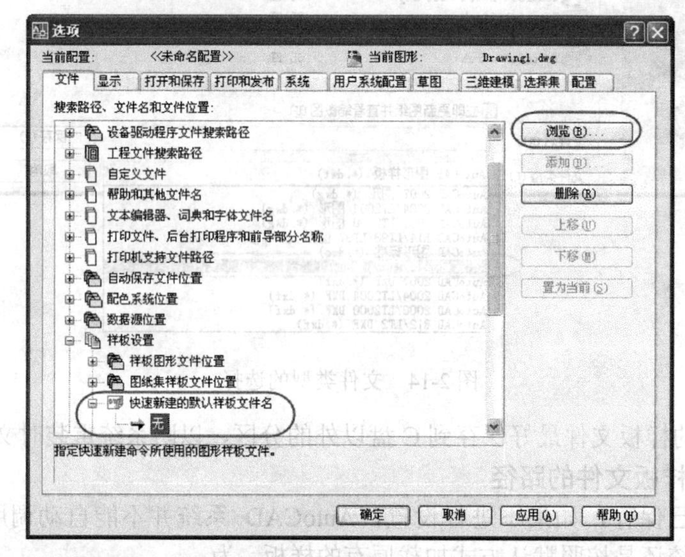

图 2-17 设置【快速新建的默认样板文件名】

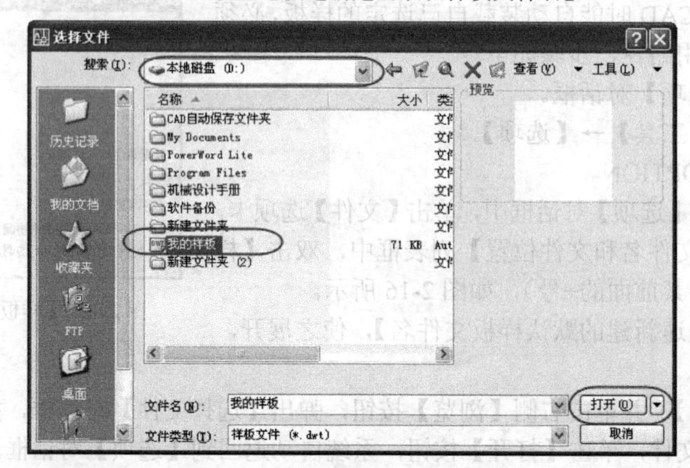

图 2-18 【选择文件】对话框

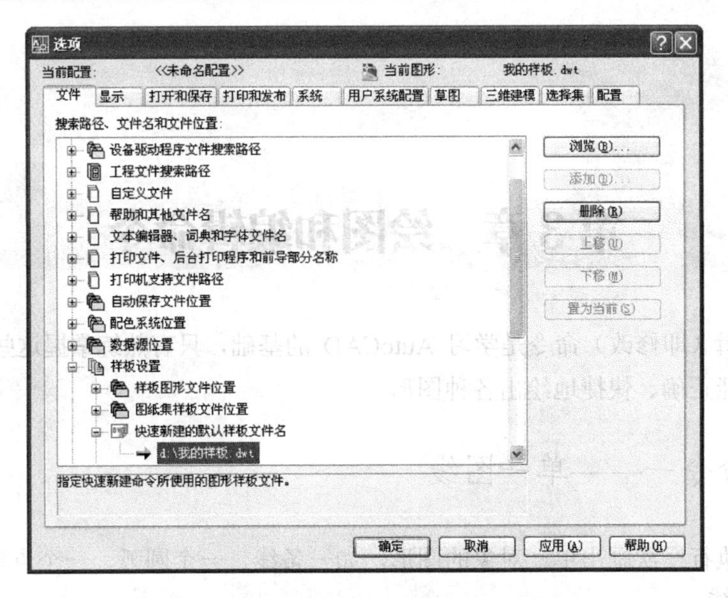

图 2-19 【快速新建的默认样板文件名】设置显示

当重启 CAD 或新建文件时，系统将自动调入【我的样板】文件。

2.3　习题

（1）建立样板文件

① 建立图层（参照表 2-2）。

② 设置绘图单位。

③ 设置图形界限（左下角 0，0，右上角 594，420）。

（2）保存样板文件，并设置调用样板文件的路径

第3章　绘图和编辑命令

绘图和编辑（即修改）命令是学习 AutoCAD 的基础，只有熟练掌握这些命令的使用方法和技巧，才能正确、快捷地绘出各种图形。

3.1　绘图命令一——单一图线

此类命令执行一次画出单一对象的图形，如一条线、一个圆弧、一个点等。

3.1.1　绘制直线

【运行方式】

- 菜　单：【绘图】→【直线】。
- 工具栏：单击【绘图】工具栏中的图标按钮。
- 命令行：LINE 或 L。

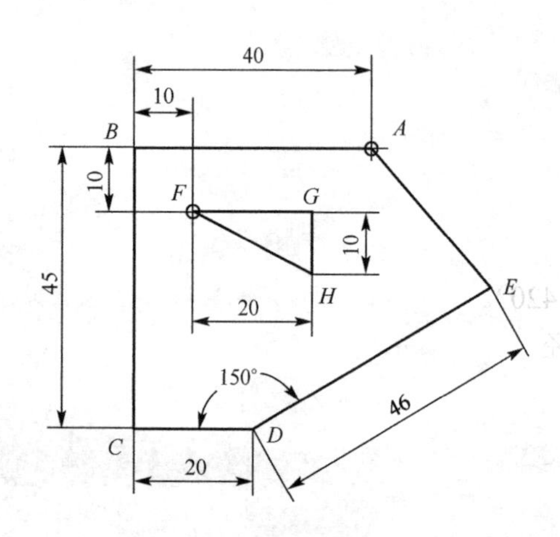

图 3-1　使用【直线】命令绘制图形

【操作示例】

绘制如图 3-1 所示的图形。

① 绘制 *ABCDE* 多边形

命令：line↙（输入直线命令）

指定第一点：光标在屏幕上拾取一点（该点作为多边形的起点 *A*）

指定下一点或 [放弃(U)]: <正交 开>40↙（打开【正交】光标向左，键入 40，得到点 *B*）

指定下一点或 [放弃(U)]:　45↙（光标向下，键入 45，得到点 *C*）

指定下一点或 [闭合(C)/放弃(U)]:　20↙（光标向右，键入 20，得到点 *D*）

指定下一点或 [闭合(C)/放弃(U)]:　@46<30↙（键入相对极坐标，得到点 *E*）

指定下一点或 [闭合(C)/放弃(U)]:　c↙（选择闭合，则多边形首尾相连）

② 绘制 *FGH* 三角形

命令：↙（直接回车，则重复执行上一次命令）

LINE 指定第一点：选择【对象捕捉】工具条中的“捕捉自”图标

_from 基点：选择图 3-1 中 *B* 点

<偏移>:　@10,-10（键入相对直角坐标，得到点 *F*）

指定下一点或 [放弃(U)]:　20↙（光标向右，键入 20，得到点 *G*）

指定下一点或 [放弃(U)]:　10↙（光标向下，键入 10，得到点 H）

指定下一点或 [闭合(C)/放弃(U)]:　c↙（选择闭合，则三角形首尾相连）

【注意事项】

① 选项【放弃】：操作过程中若键入“U”，则放弃绘制上一段直线；用户可以连续使用该选项，系统将按照绘图的相反顺序依次取消已绘制的线段，但不退出 LINE 命令。

② 选项【闭合】：超过 3 个点则出现“闭合（C）”选项，键入“C”则将首尾两点相连，图形封闭并结束命令。

③ 回车键【Enter】的使用：在绘制直线过程中，第一次回车，表示结束当前命令；第二次回车，表示重复调用刚才的命令；第三次回车，表示从上次绘制的最后一段线的终点开始绘制新的线段。

3.1.2　绘制圆

【运行方式】

- 菜　单：【绘图】→【圆】。
- 工具栏：单击【绘图】工具栏中的图标按钮。
- 命令行：CIRCLE 或 C。

【操作过程】

命令:　C↙（键入命令）

CIRCLE 指定圆的圆心或 [三点(3P)/两点(2P)/相切、相切、半径(T)]: 指定圆心或选择画圆方式

指定圆的半径或 [直径(D)] <35.1834>: 指定圆半径或选择直径方式

【选项说明】

① 系统默认的画圆方式是圆心、半径[如图 3-2（a）所示]或圆心、直径[如图 3-2（b）所示]。系统提示“指定圆的半径或 [直径(D)] <35.1834>:”时若键入“D”，则所输入的数值为圆的直径。

② 【三点(3P)】：即三点画圆方式，如图 3-2（c）所示。

③ 【两点(2P)】：即两点画圆，该两点为圆直径上的端点，如图 3-2（d）所示。

④ 【相切、相切、半径(T)】：若已知圆与两个图形相切且具有确定的半径，可以采用该方式画圆。如图 3-2（e）所示。

⑤ 【相切、相切、相切(A)】：若已知圆与三个图形都相切，可以采用该方式画圆。如图 3-2（f）所示。该方式的选用，可以通过【绘图】→【圆】→【相切、相切、相切(A)】，也可以选择【三点(3P)】方式，只是每一点都要设置为切点。

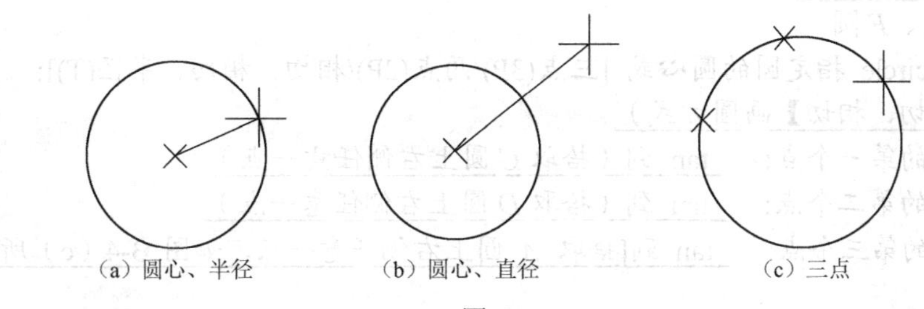

（a）圆心、半径　（b）圆心、直径　（c）三点

图 3-2

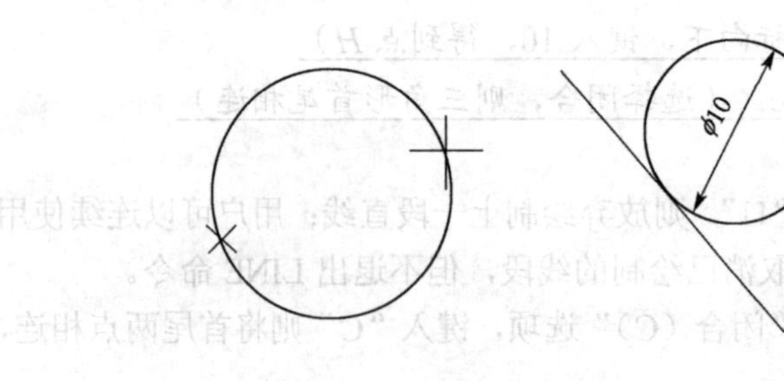

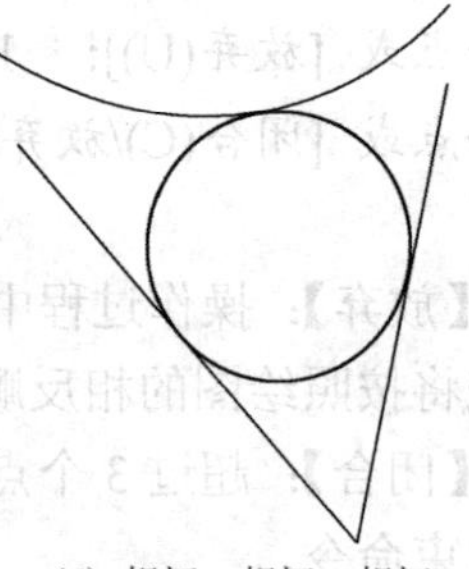

（d）两点　　（e）相切、相切、半径　　（f）相切、相切、相切

图 3-2　绘制圆的方法

【操作示例】

图 3-3　画圆命令的综合应用

绘制如图 3-3 所示的图形，其中 *A*、*B* 为同心圆，*B*、*D* 两圆圆心在同一水平线上，*B*、*C* 两圆圆心在同一铅直线上。

① 绘制 *A*、*B* 同心圆

命令： circle↙（输入命令）

指定圆的圆心或 [三点(3P)/两点(2P)/相切、相切、半径(T)]: 光标在屏幕上任取一点

指定圆的半径或 [直径(D)] <4.8823>: 50↙（输入半径，得到 *A* 圆）

命令： ↙（回车，再次执行圆命令，绘制 *B* 圆）

CIRCLE 指定圆的圆心或 [三点(3P)/两点(2P)/相切、相切、半径(T)]: 拾取 *A* 圆圆心点（该点作为 *B* 圆的圆心，此时要打开【对象捕捉】功能）

指定圆的半径或 [直径(D)] <50.0000>: d↙（选择直径）

指定圆的直径 <100.0000>: 30↙[输入直径，得到 *B* 圆，结果如图 3-4（a）所示]

② 绘制 *C*、*D* 圆

命令： c↙（输入命令）

CIRCLE 指定圆的圆心或 [三点(3P)/两点(2P)/相切、相切、半径(T)]: 2p↙（选择两点画圆方式）

指定圆直径的第一个端点：拾取 *A* 圆上象限点

指定圆直径的第二个端点：拾取 *B* 圆上象限点[得到 *C* 圆，如图 3-4（b）所示]

命令： ↙（回车，再次执行圆命令，绘制 *D* 圆）

CIRCLE 指定圆的圆心或 [三点(3P)/两点(2P)/相切、相切、半径(T)]: 2p↙

指定圆直径的第一个端点：拾取 *B* 圆右象限点

指定圆直径的第二个端点： 10↙[打开[正交]，输入第二点离第一点间距，回车，得到 *D* 圆，如图 3-4（b）所示]

③ 绘制 *E*、*F* 圆

命令： _circle 指定圆的圆心或 [三点(3P)/两点(2P)/相切、相切、半径(T)]: _3p （选择【相切、相切、相切】画圆方式）

指定圆上的第一个点： tan 到（拾取 *C* 圆上右侧任意一点）

指定圆上的第二个点： tan 到（拾取 *D* 圆上右侧任意一点）

指定圆上的第三个点： tan 到[拾取 *A* 圆上右侧任意一点，如图 3-4（c）所示，得到 *E* 圆]

命令：↙（回车，再次执行圆命令，绘制 *F* 圆）

CIRCLE 指定圆的圆心或 [三点(3P)/两点(2P)/相切、相切、半径(T)]: t↙(选择【相切、相切、半径】方式画圆)

指定对象与圆的第一个切点: 拾取 *B* 圆上右侧任意一点

指定对象与圆的第二个切点: 拾取 *D* 圆上右下侧任意一点

指定圆的半径 <15.4895>: 10↙[输入圆的半径，得到 *F* 圆，如图 3-4（d）所示]

【注意事项】

① 绘圆过程中，系统提示指定圆的半径或直径时，其后括号里的数值，是上次绘圆时的数值，此时若按回车键则默认以该值绘制圆，此功能有时非常有用。

② 采用【相切、相切、半径（T）】的方式画圆时，半径值必须大于或等于两个指定对象之间最小距离的一半，否则系统显示“圆不存在”。

③ 使用【相切、相切、半径（T）】方式绘制两圆的相切圆时，所拾取的切点位置不同，得到的结果也不同。如图 3-5 所示，切点拾取 *A*、*D* 附近时，得到内切圆 *I*；切点拾取 *B*、*C* 附近，则得外切圆 *II*；切点拾取 *A*、*E* 附近，则得圆 *III*；切点拾取 *B*、*E* 附近，则得圆 *IV*。

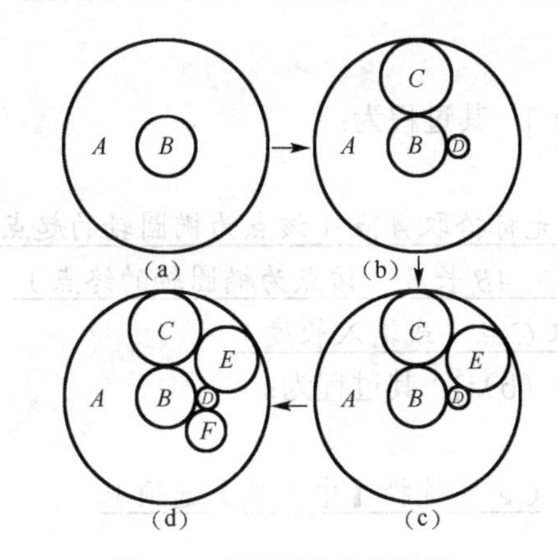

图 3-4　各种圆的作图过程

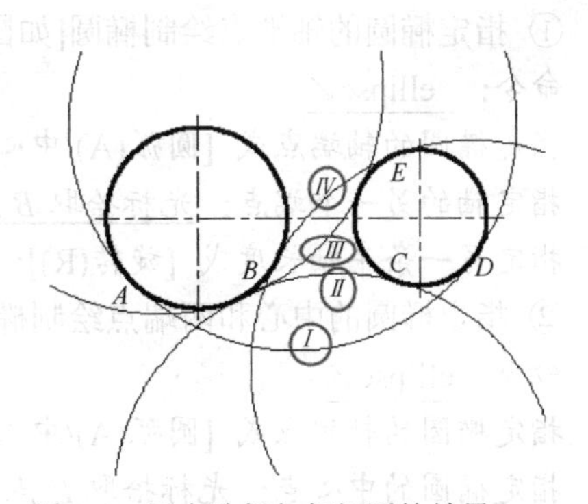

图 3-5　切点选择与相切圆的效果

3.1.3　绘制圆弧

【运行方式】

- 菜　单:【绘图】→【圆弧】。
- 工具栏: 单击【绘图】工具栏中的图标按钮。
- 命令行: ARC 或 A。

【操作过程】

命令:　a↙（输入命令）

ARC 指定圆弧的起点或 [圆心(C)]: 指定圆弧的起始点或选择绘制圆弧的方式

【注意事项】

① 圆弧绘制共有 11 种方式，工具栏默认方式是三点画圆弧；菜单【绘图】→【圆弧】包含了全部方式。在实际操作中，通常通过画出完整的圆，再进行适当【修剪】得到对应圆弧。常用的圆弧画法如图 3-6 所示。

② 多种画圆弧的方式是有方向的，顺时针和逆时针画出来的圆弧可能为优弧（大于半圆的弧）或劣弧（小于半圆的弧），如果错了只要反方向绘制即可。

3.1.4　绘制椭圆

【运行方式】

- 菜　单:【绘图】→【椭圆】。

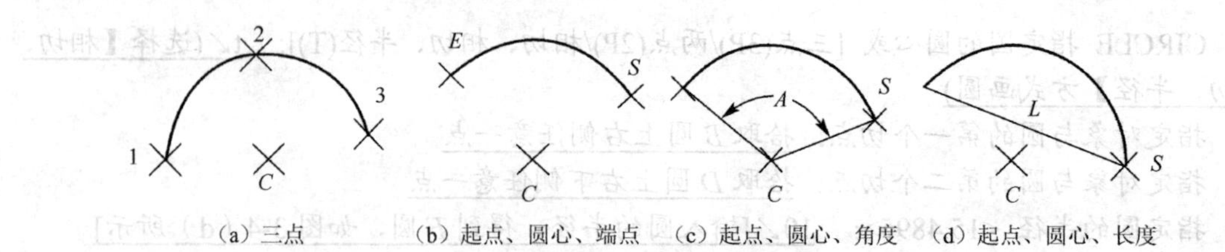

图 3-6　常用的圆弧画法

- 工具栏：单击【绘图】工具栏中的图标按钮。
- 命令行：ELLIPSE 或 EL。

【操作过程】

命令：ellipse↙

指定椭圆的轴端点或 [圆弧(A)/中心点(C)]：指定点或输入选项

【选项说明】

绘制椭圆通常有以下三种方式。

① 指定椭圆的轴端点绘制椭圆[如图 3-7（a）]，其过程为：

命令：ellipse↙

指定椭圆的轴端点或 [圆弧(A)/中心点(C)]：光标拾取 *A* 点（该点为椭圆轴的起点）

指定轴的另一个端点：光标拾取 *B* 点（或输入 *AB* 长度，该点为椭圆轴的终点）

指定另一条半轴长度或 [旋转(R)]：光标拾取 *C* 点（或输入长度）

② 指定椭圆的中心和两端点绘制椭圆[图 3-7（b）]，其过程为：

命令：ellipse↙

指定椭圆的轴端点或 [圆弧(A)/中心点(C)]：C↙（选择【中心点】选项）

指定椭圆的中心点：光标拾取 *D* 点

指定轴的端点：光标拾取 *E* 点（或输入长度）

指定另一条半轴长度或 [旋转(R)]：光标拾取 *F* 点（或输入长度）

③ 指定椭圆的长轴和旋转角度绘制椭圆[图 3-7（c）]，其过程为：

命令：ellipse↙

指定椭圆的轴端点或 [圆弧(A)/中心点(C)]：光标拾取 *G* 点（该点为椭圆长轴的起点）

指定轴的另一个端点：光标拾取 *H* 点（该点为椭圆长轴的终点）

指定另一条半轴长度或 [旋转(R)]：R↙（指定绕第一条轴旋转圆来创建椭圆方式）

指定绕长轴旋转的角度：45↙（指定旋转角度为 45°）

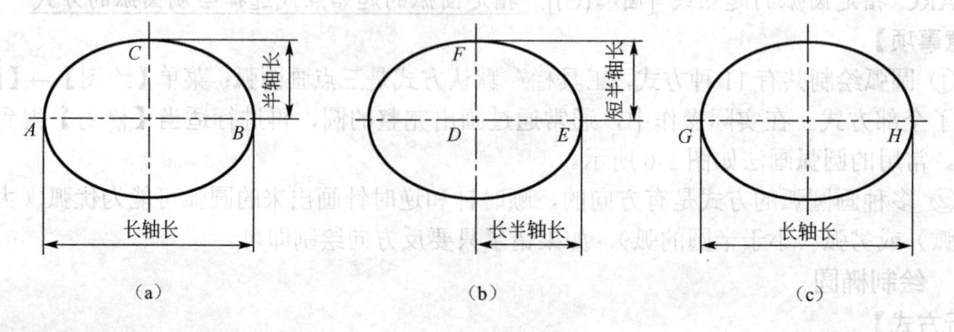

图 3-7　绘制椭圆

3.1.5　绘制椭圆弧

【椭圆弧】命令的调用与【椭圆】相同。该命令不常用，通常椭圆弧是通过编辑椭圆获得的。

3.1.6　绘制点

（1）点样式

在 AutoCAD 中，点通常作为一种标记符号。系统默认的点样式为小圆点，如果跟别的图素重合则无法分辨，此时可以对其进行重新设置。

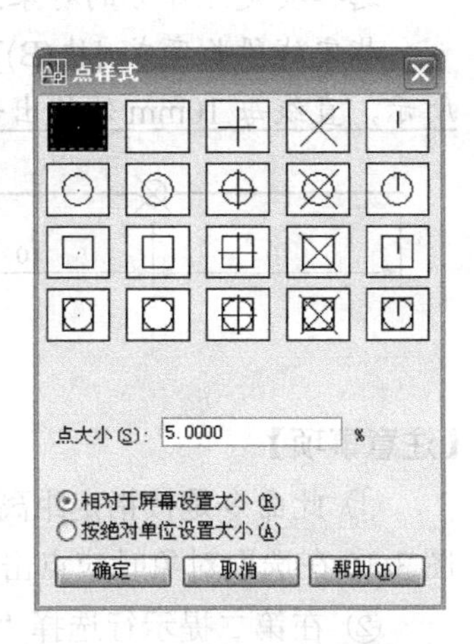

图 3-8 【点样式】对话框

【运行方式】

- 菜　单：【格式】→【点样式】。
- 命令行：DDPTYPE。

【操作过程】

以上操作弹出如图 3-8 所示【点样式】对话框。从中可以选择不同的点样式，还可以设置点的大小。一般保持默认的大小设置。

（2）绘制点

【运行方式】

- 菜　单：【绘图】→【点】→【单点】或【多点】。
- 工具栏：单击【绘图】工具栏中的 ◦ 图标按钮。
- 命令行：POINT 或 PO。

点一次可创建一个单点，连续点击可以创建多个点，按【Enter】键、【Esc】键或右键确定，结束或退出绘制点命令。

（3）定数等分

定数等分用于按一定数目平分直线、多段线、圆等对象。在等分处显示对应的点标记，便于辅助绘图。

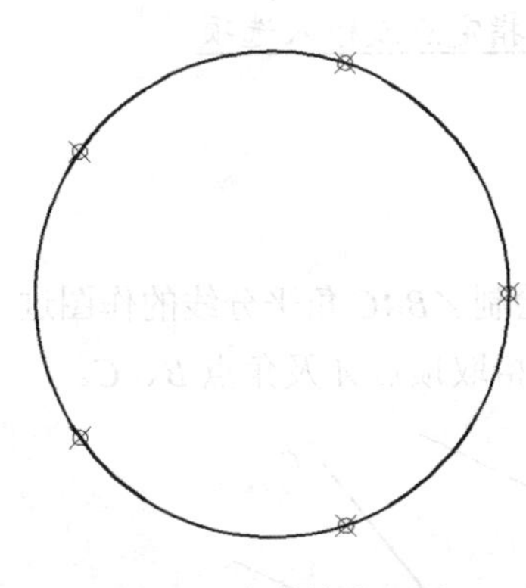
图 3-9　定数等分示例

【运行方式】

- 菜　单：【绘图】→【点】→【定数等分】。
- 命令行：DIVIDE 或 DIV。

【操作过程】

命令：<u>divide↙（输入命令）</u>

选择要定数等分的对象：<u>选择要进行等分的图形对象（如选择图 3-9 所示的圆）</u>

输入线段数目或 [块(B)]：<u>输入等分数量↙（如输入“5”，回车，结果如图 3-9 所示）</u>

（4）定距等分

定距等分用于按一定长度等分直线、圆、多段线等对象并在等分处做出节点标记。

【运行方式】

- 菜　单：【绘图】→【点】→【定距等分】。

- 命令行：MEASURE 或 ME。

【操作过程】

命令: measure↙（输入命令）

选择要定距等分的对象: 选择要进行等分的图形对象（选择如图 3-10 的直线）

指定线段长度或 [块(B)]: 输入对象的等分长度↙（如输入“10”，回车，结果如图 3-10 所示，直线每 10mm 处作出一个标记）

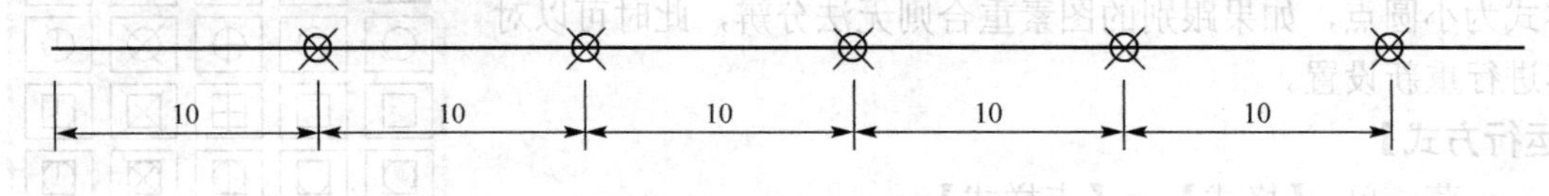

图 3-10　点的定距等分

【注意事项】

① 此命令是按指定距离标记点。标记的点的起始位置从离对象选取点较近的端点开始，图 3-10 在选取对象时应点击直线中点左端任何位置。

② 在第二提示行选择“块（B）”选项时，表示在测量点处插入指定的块，后续操作与等分点类似。

③ 如果对象总长不能被所指定长度整除，则最后剩下的部分不等于指定长度。

3.1.7　绘制构造线

构造线为两端无限延伸的直线，一般用于绘制辅助线和画角平分线。

【运行方式】

- 菜　单：【绘图】→【构造线(T)】。
- 工具栏：单击【绘图】工具栏中的图标按钮。
- 命令行：XLINE 或 XL。

【操作过程】

命令: xline ↙（输入命令）

指定点或 [水平(H)/垂直(V)/角度(A)/二等分(B)/偏移(O)]: 指定点或输入选项

【选项说明】

①【水平(H)】、【垂直(V)】: 可分别画水平线、垂直线。

②【角度(A)】: 可画给定角度的直线。

③【二等分(B)】: 可画任意角度的角平分线。如图 3-11 为绘制∠*BAC* 角平分线的作图过程，使用【构造线】命令的【二等分（B）】选项，按提示依次拾取顶点 *A* 及角点 *B*、*C*。

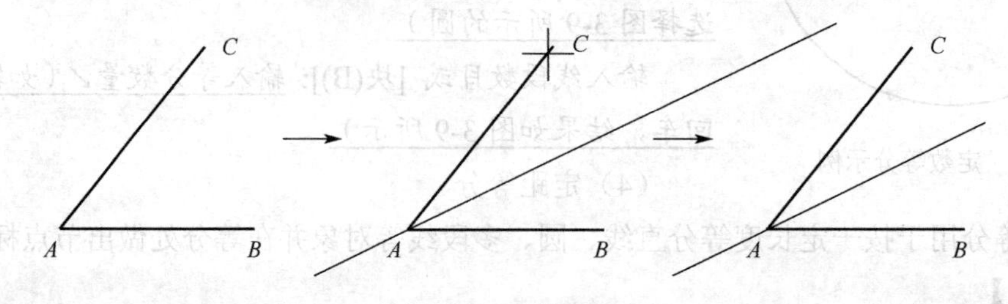

图 3-11　使用【构造线】绘制角平分线的过程

④【偏移(O)】：该选项等同于【偏移】命令，可画已知直线的平行线。

3.2　绘图命令二——整体图线

此类命令执行一次画出一个包含多条线的整体对象，如含四条线的矩形、多条边的正多边形、多条线多个弧组成的多线段等。此类命令非常有用，可以大大简化绘图和编辑过程，是提高绘图效率的有效途径。

3.2.1　绘制矩形

【运行方式】

- 菜　单：【绘图】→【矩形】。
- 工具栏：单击【绘图】工具栏中的□图标按钮。
- 命令行：RECTANG或REC。

【操作过程】

命令：rectang↙

指定第一个角点或 [倒角(C)/标高(E)/圆角(F)/厚度(T)/宽度(W)]:

指定另一个角点或 [面积(A)/尺寸(D)/旋转(R)]:

【选项说明】

①【第一个角点】：通过指定两个角点确定矩形。

②【倒角(C)】：指定倒角距离，绘制带倒角的矩形。

③【标高(E)】：指定矩形在三维空间中的基面高度，绘制三维对象。

④【圆角(F)】：指定圆角半径，绘制带圆角的矩形。

⑤【厚度(T)】：指定矩形的厚度，即三维空间中Z轴方向的高度，绘制三维对象。

⑥【宽度(W)】：指定矩形的线条宽度，用来绘制特定宽度的矩形。

⑦【面积(A)】：已知矩形的面积，根据一条边长来绘制矩形。

⑧【尺寸(D)】：使用长和宽来绘制矩形。

⑨【旋转(R)】：旋转所绘制的矩形的角度。指定旋转角度后，系统按指定角度创建矩形。

【操作示例】

绘制图3-12所示的矩形。

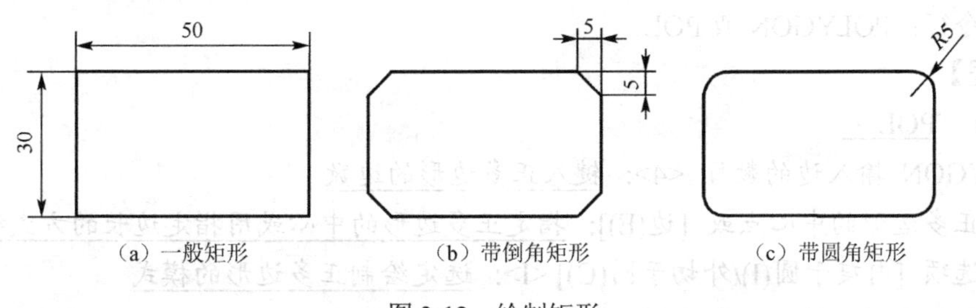

图3-12　绘制矩形

① 一般矩形的画法，如图3-12（a）所示。

命令：rectang↙(输入命令)

指定第一个角点或 [倒角(C)/标高(E)/圆角(F)/厚度(T)/宽度(W)]: 光标任意拾取一点

指定另一个角点或 [面积(A)/尺寸(D)/旋转(R)]: @50,30 ↙（键入矩形右上角相对于左下角的相对坐标@50,30）

② 带倒角矩形的画法，如图 3-12（b）所示。

命令: rectang ↙

指定第一个角点或 [倒角(C)/标高(E)/圆角(F)/厚度(T)/宽度(W)]: C ↙（选择【倒角】）

指定矩形的第一个倒角距离 <0.0000>: 5 ↙（设置第一倒角距离）

指定矩形的第二个倒角距离 <5.0000>: ↙（回车，默认括号内数值）

指定第一个角点或 [倒角(C)/标高(E)/圆角(F)/厚度(T)/宽度(W)]: 光标任意拾取一点

指定另一个角点或 [面积(A)/尺寸(D)/旋转(R)]: d ↙(选择【尺寸】选项)

指定矩形的长度 <19.1038>: 50↙(输入矩形长度)

指定矩形的宽度 <1.0469>: 30↙(输入矩形宽度)

指定另一个角点或 [面积(A)/尺寸(D)/旋转(R)]: 光标任意拾取一点，确定矩形位置

③ 带圆角矩形的画法，如图 3-12（c）所示。

命令: _rectang ↙

当前矩形模式: 倒角=5.0000 x 5.0000

指定第一个角点或 [倒角(C)/标高(E)/圆角(F)/厚度(T)/宽度(W)]: F ↙（选择【圆角】）

指定矩形的圆角半径 <0.0000>: 5↙（设置圆角半径）

指定第一个角点或 [倒角(C)/标高(E)/圆角(F)/厚度(T)/宽度(W)]: 光标任意拾取一点

指定另一个角点或 [面积(A)/尺寸(D)/旋转(R)]: @50,30 ↙（键入相对坐标）

【注意事项】

① 设置倒角时，第一、二倒角距离可以相同，也可以不同。

②【矩形】命令中的初始设置是记忆的，如果改变了倒角或倒圆等的数值，则下次绘制矩形时仍然自动带有倒角或倒圆。如果要绘制直角矩形，则需重新设置倒角距离或倒圆半径为 0。

3.2.2 绘制正多边形

【运行方式】

- 菜 单:【绘图】→【正多边形】。
- 工具栏: 单击【绘图】工具栏中的图标按钮。
- 命令行: POLYGON 或 POL。

【操作过程】

命令: POL ↙

POLYGON 输入边的数目 <4>: 键入正多边形的边数

指定正多边形的中心点或 [边(E)]: 指定正多边形的中心或用指定边长的方式绘制

输入选项 [内接于圆(I)/外切于圆(C)] <I>: 选定绘制正多边形的模式

指定圆的半径: 键入正多边形内接圆或外切圆的半径

【选项说明】

①【内接于圆(I)】: 采用该方式绘制的多边形的顶点在圆弧上，如图 3-13（a）所示。

②【外切于圆(C)】: 采用该方式绘制的多边形的边与圆弧相切，如图 3-13（b）所示。

③【边(E)】：采用该方式则需指定正多边形的边长，如图 3-13（c）所示。

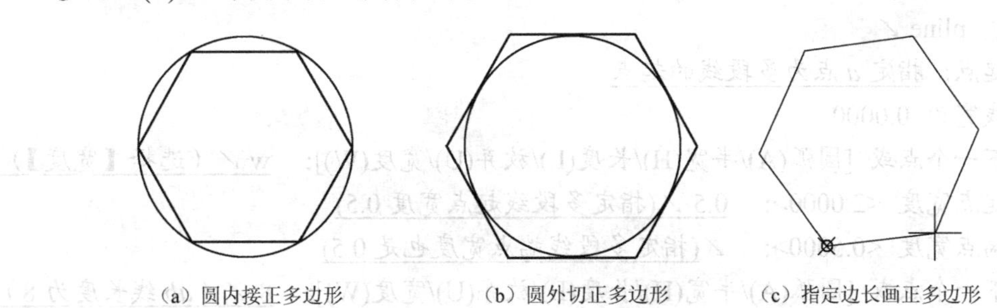

（a）圆内接正多边形　（b）圆外切正多边形　（c）指定边长画正多边形

图 3-13　绘制正多边形

3.2.3　绘制多段线

多段线是由多条直线或圆弧构成的一个整体对象[如图 3-14（a）所示]，既可以一起编辑，也可以分别编辑，还可以具有不同的宽度。

【运行方式】

- 菜　单：【绘图】→【多段线】。
- 工具栏：单击【绘图】工具栏中的图标按钮。
- 命令行：PLINE 或 PL。

【操作过程】

命令:　pline ↙（输入命令）

指定起点：指定多段线的起点

当前线宽为 0.0000（系统提示当前线宽为 0，即线宽随层）

指定下一个点或 [圆弧(A)/半宽(H)/长度(L)/放弃(U)/宽度(W)]：指定点或输入选项

【选项说明】

①【圆弧(A)】：选择该选项，将以绘制圆弧的方式绘制下一段线。

②【半宽(H)】：选择该选项，将指定下一段线的半宽值，提示用户分别指定多段线的起点和终点的半宽值。

③【长度(L)】：选择该选项，将指定下一段线的长度，并在原方向上继续绘制多段线，如果上段线是圆弧，则沿其切线方向继续画线。

④【放弃(U)】：选择该选项，则取消上一次绘制的线。连续键入“U”则依次取消。

⑤【宽度(W)】：选择该选项，将指定下一段线的宽度值。

【操作示例】

使用多段线绘制图 3-14（b）所示的剖切符号。

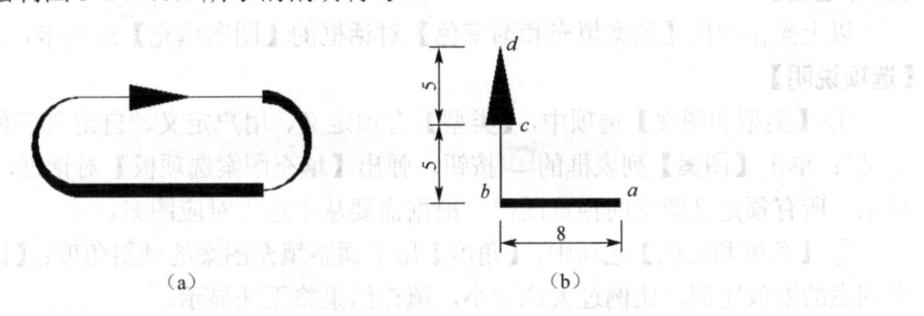

（a）　（b）

图 3-14　多段线

作图过程如下：

命令： pline ↙

指定起点：指定 *a* 点为多段线的起点

当前线宽为 0.0000

指定下一个点或 [圆弧(A)/半宽(H)/长度(L)/放弃(U)/宽度(W)]： w ↙（选择【宽度】）

指定起点宽度 <2.0000>： 0.5 ↙(指定多段线起点宽度 0.5)

指定端点宽度 <0.5000>： ↙(指定多段线端点宽度也是 0.5)

指定下一个点或 [圆弧(A)/半宽(H)/长度(L)/放弃(U)/宽度(W)]： 8 ↙（*ab* 线长度为 8）

指定下一点或 [圆弧(A)/闭合(C)/半宽(H)/长度(L)/放弃(U)/宽度(W)]： w ↙（设置 *bc* 线段宽度）

指定起点宽度 <0.5000>： 0 ↙（指定 *b* 点线宽为 0，即线宽随层）

指定端点宽度 <0.0000>： ↙（指定 *c* 点线宽为 0，即线宽随层）

指定下一点或 [圆弧(A)/闭合(C)/半宽(H)/长度(L)/放弃(U)/宽度(W)]： 5 ↙（*bc* 线长）

指定下一点或 [圆弧(A)/闭合(C)/半宽(H)/长度(L)/放弃(U)/宽度(W)]： w ↙（设置 *cd* 线段宽度）

指定起点宽度 <0.2500>： 2 ↙(指定 *cd* 线起点宽度为 2)

指定端点宽度 <2.0000>： 0 ↙(指定 *cd* 线端点宽度为 0)

指定下一点或 [圆弧(A)/闭合(C)/半宽(H)/长度(L)/放弃(U)/宽度(W)]： 5 ↙（光标竖直向上，输入 *cd* 长，结束命令）

3.3 绘图命令三——专用图线

【图案填充】、【样条曲线】是视图表达方法中必用的命令。此外，【修订云线】通常用来突出显示图样中的修改或重要提示部分。

3.3.1 图案填充

图案填充可以实现在某个选定的图形区域内填充某一预定的图案。在工程制图中，常用图案填充表示剖面线。

【运行方式】

- 菜 单：【绘图】→【图案填充】。
- 工具栏：单击【绘图】工具栏中的图标按钮。
- 命令行：HATCH 或 BHATCH、H、BH。

【操作过程】

以上操作弹出【图案填充和渐变色】对话框的【图案填充】选项卡，如图 3-15 所示。

【选项说明】

①【类型和图案】选项中，【类型】有预定义、用户定义、自定义三种，通常选用“预定义”；单击【图案】列表框的按钮，弹出【填充图案选项板】对话框，如图 3-16 所示，显示了所有预定义图案的预览图像，根据需要从中选用对应图案。

②【角度和比例】选项中，【角度】用于调整填充图案的倾斜角度；【比例】用于设定填充图案的缩放比例，比例过大或过小，填充结果将无法显示。

③【图案填充原点】选项中，【使用当前原点】和【指定的原点】单选按钮用于指定图

案填充的原点。原点附件填充的图案是完整的。如图 3-17 所示，如果希望填充区域的左下角以完整的砖块开始，则需要重新设定原点，指定左下角作为图案填充的原点。

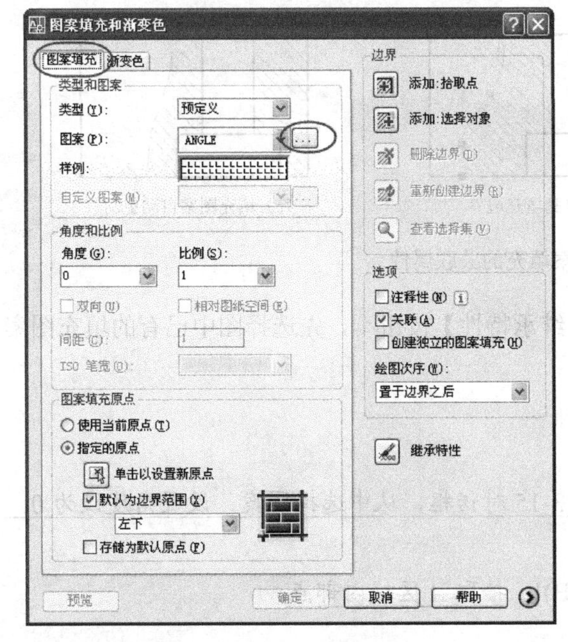

图 3-15 【图案填充】选项卡

图 3-16 【填充图案选项板】对话框

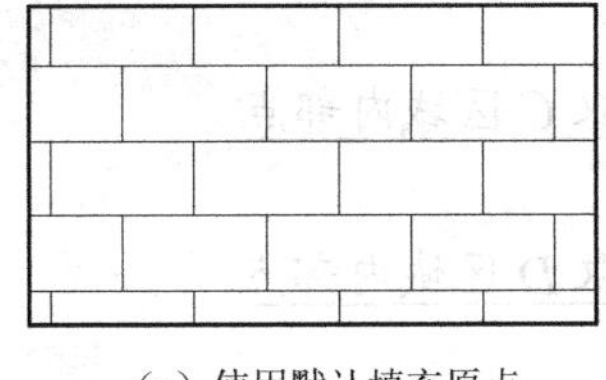

（a）使用默认填充原点

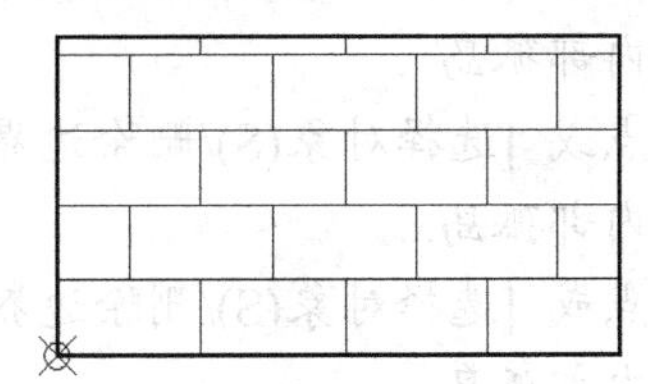

（b）使用左下角填充原点

图 3-17　图案填充原点特性

④【边界】选项中，单击【添加：拾取点】按钮，回到绘图窗口，在图案填充区域内拾取任一点，系统会自动按指定的边界集分析、搜索环绕指定点最近的对象作为边界，并分析内部孤岛，确定的填充边界对象变为虚线，并亮显，如图 3-18（a）所示；单击【添加：选择对象】按钮时，回到绘图窗口，选择组成填充边界的对象，被选中的对象亮闪，如图 3-18（b）所示。

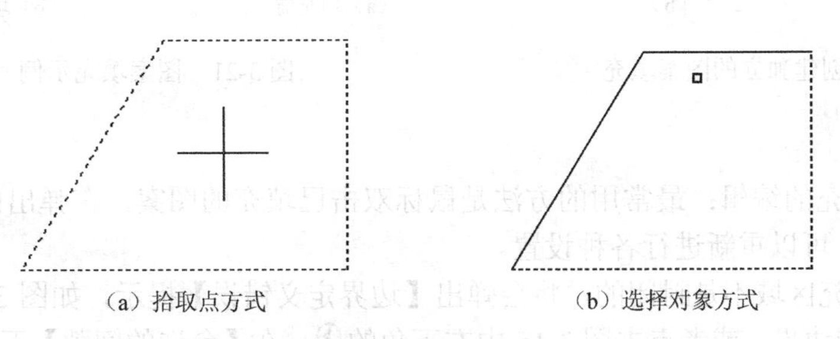

（a）拾取点方式　　（b）选择对象方式

图 3-18　图案边界

⑤【选项】选项中，选中【关联】复选框时，若改变填充边界，填充图案将自动更新，图 3-19 演示了该过程；选中【创建独立的图案填充】，则同一次填充的多个对象可以单独编

辑。如图 3-20（a）是在选中【创建独立的图案填充】时，同时对 3 个矩形区域填充剖面线，此时，3 个区域内的剖面线是相互独立的，可以分别进行编辑，如图 3-20（b）所示。

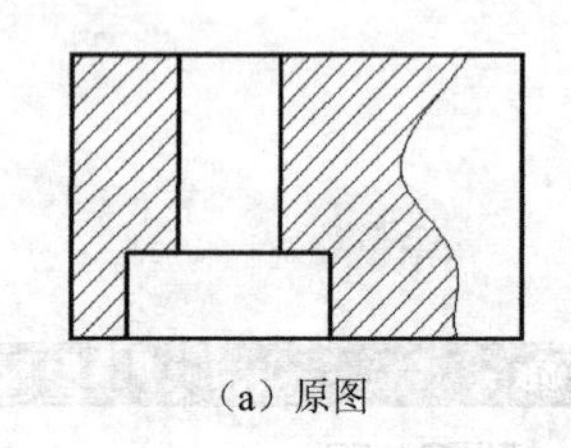
（a）原图

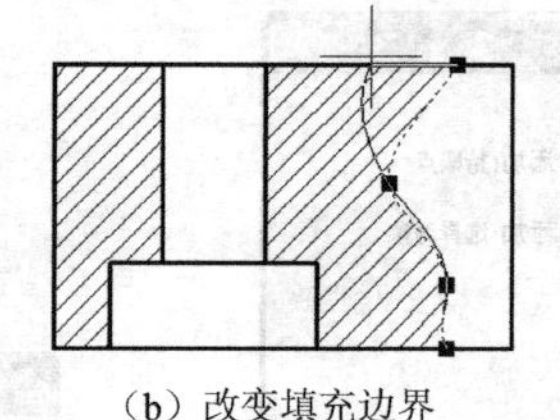
（b）改变填充边界

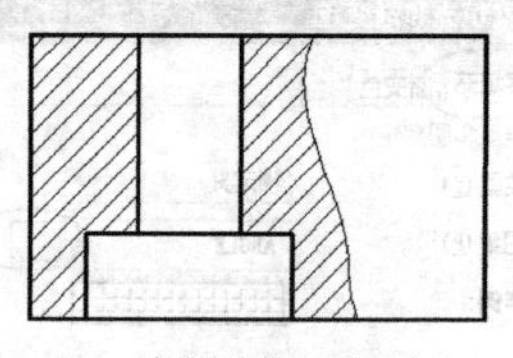
（c）填充图案自动更新

图 3-19 图案填充的关联属性

⑥【继承特性】相当于格式刷，单击【继承特性】按钮，先选择图中已有的填充图案作为母版样式，再选择填充区域。

【操作示例】

完成图 3-21 所示的图案填充。

命令：HATCH↙（输入命令，调出图 3-15 对话框，从中选择图案、设置角度设为 0，比例为 1）

拾取内部点或 [选择对象(S)/删除边界(B)]：拾取 *A* 区域内部点

正在分析内部孤岛...

拾取内部点或 [选择对象(S)/删除边界(B)]：拾取 *B* 区域内部点

正在分析内部孤岛...

拾取内部点或 [选择对象(S)/删除边界(B)]：拾取 *C* 区域内部点

正在分析内部孤岛...

拾取内部点或 [选择对象(S)/删除边界(B)]：拾取 *D* 区域内部点

正在分析内部孤岛...

拾取内部点或 [选择对象(S)/删除边界(B)]：↙[回车，返回对话框后，按【确定】按钮，结束图案填充操作，结果如图 3-21（b）]

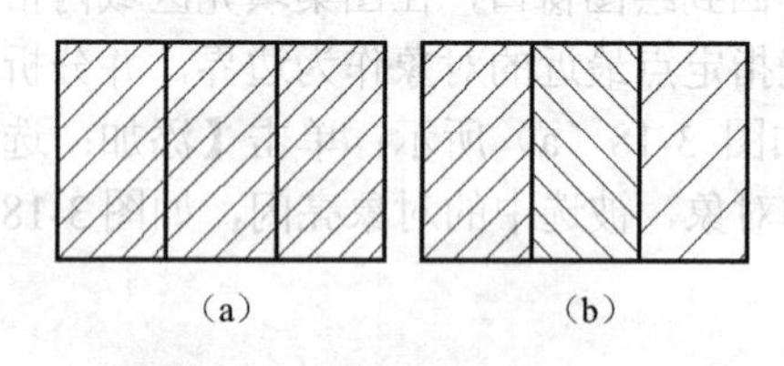
（a）　　（b）

图 3-20 创建独立的图案填充

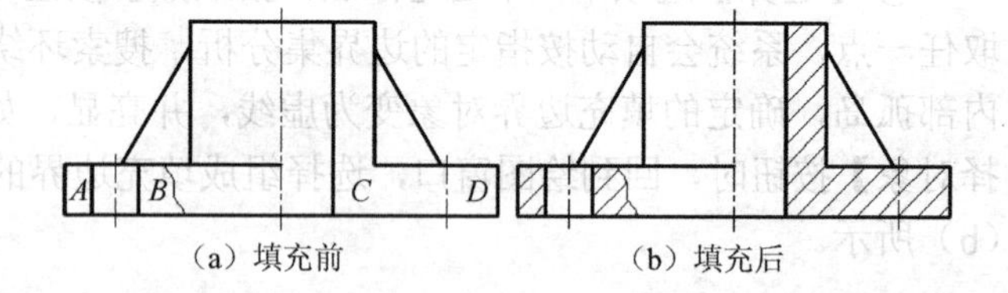

（a）填充前　　（b）填充后

图 3-21 图案填充示例

【注意事项】

① 图案填充的编辑：最常用的方法是鼠标双击已填充的图案，在弹出的【图案填充编辑】对话框中，可以重新进行各种设置。

② 如果填充区域不是封闭的，将会弹出【边界定义错误】提示，如图 3-22 所示，则建议重新修改区域边界，或者点击图 3-15 中右下角的⊙，在【允许的间隙】下设置【公差】参数，则不大于设置参数的间隙将会被忽略，并按封闭区域进行图案填充（但一般不推荐使用这种方法）。如图 3-23 所示。

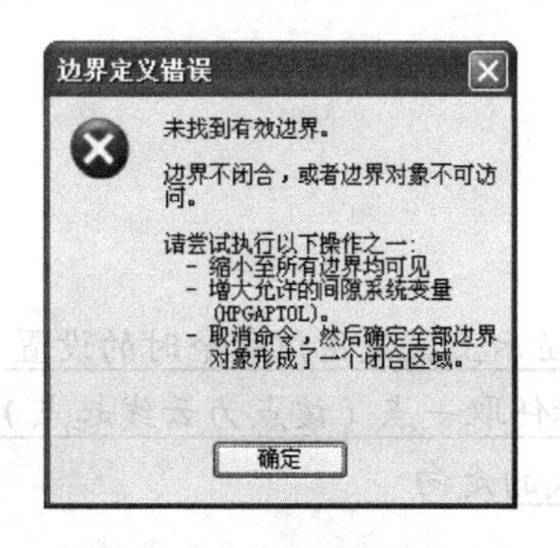

图 3-22 【边界定义错误】消息框

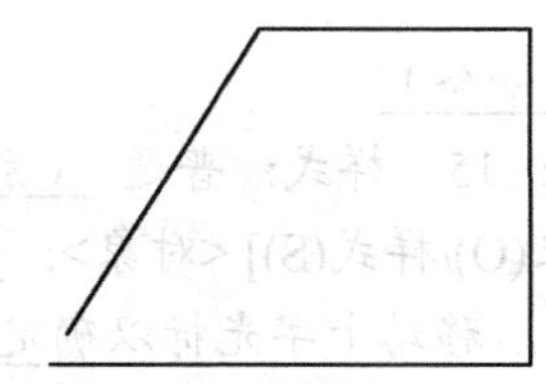

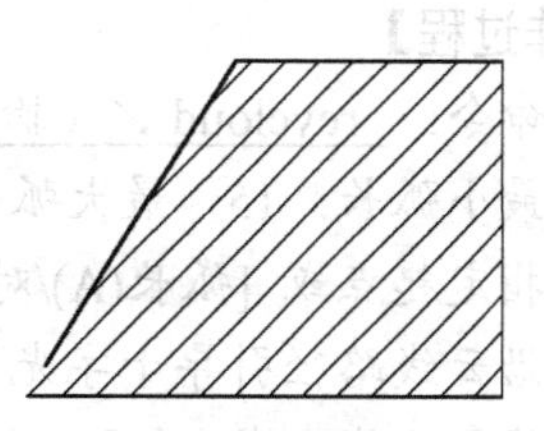

图 3-23　不封闭区域的图案填充

3.3.2　绘制样条曲线

样条曲线是经过一系列给定点的光滑曲线。可以是打开的或闭合的，在工程图样中，通常用样条曲线绘制断裂线。

【运行方式】

- 菜　单:【绘图】→【样条曲线】。
- 工具栏: 单击【绘图】工具栏中的图标按钮。
- 命令行: SPLINE 或 SPL。

【操作示例】

绘制图 3-24 中的的波浪线 *ABCD*。

命令:　spline↙（输入命令）

指定第一个点或 [对象(O)]:　nea 到（使用对象捕捉中的最近点捕捉点 *A*）

指定下一点:　<正交 关>拾取点 *B*（关闭【正交】模式）

指定下一点或 [闭合(C)/拟合公差(F)] <起点切向>: 拾取点 *C*

指定下一点或 [闭合(C)/拟合公差(F)] <起点切向>:　nea 到（使用对象捕捉中的最近点捕捉点 *D*）

指定下一点或 [闭合(C)/拟合公差(F)] <起点切向>: ↙（回车）

指定起点切向: ↙（回车）

指定端点切向: ↙（回车）

3.3.3　修订云线

修订云线是由连续圆弧组成的多段线，用于在检查阶段提醒用户注意图形的某个部分。在检查或用红线圈阅图形时，可以使用修订云线功能亮显标记以提高工作效率。如图 3-25 所示。

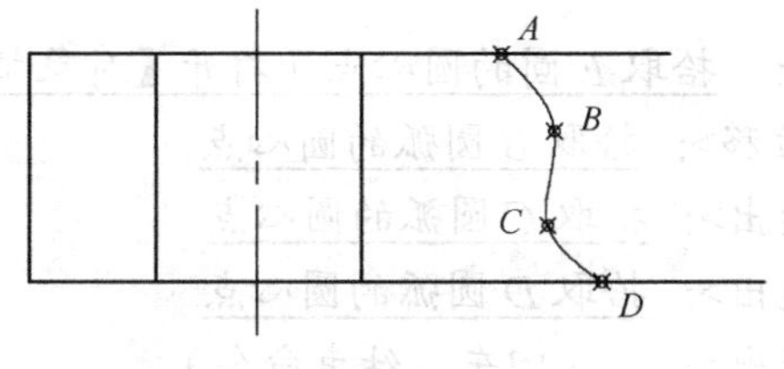

图 3-24　样条曲线

图 3-25　云线

【运行方式】

- 菜单:【绘图】→【修订云线】。

- 工具栏：单击【绘图】工具栏中的图标按钮。
- 命令行：REVCLOUD。

【操作过程】

命令：revcloud↙（输入命令）

最小弧长：15　最大弧长：15　样式：普通（系统显示上次使用该命令时的设置）

指定起点或 [弧长(A)/对象(O)/样式(S)] <对象>：光标任取一点（该点为云线起点）

沿云线路径引导十字光标... 移动十字光标以确定云线的走向

修订云线完成。（云线首尾相连后自动结束命令）

3.4 编辑命令——绘制相同的图形对象

3.4.1 复制命令

如果要绘制多个与源图形大小、方位相同的图形对象，可以用复制命令来完成。

【运行方式】

- 菜　单：【修改】→【复制】。
- 工具栏：单击【修改】工具栏中的图标按钮。
- 命令行：COPY 或 CO、CP。

【操作示例】

已知图 3-26（a）的图形，快速绘出图 3-26（b）的形状。

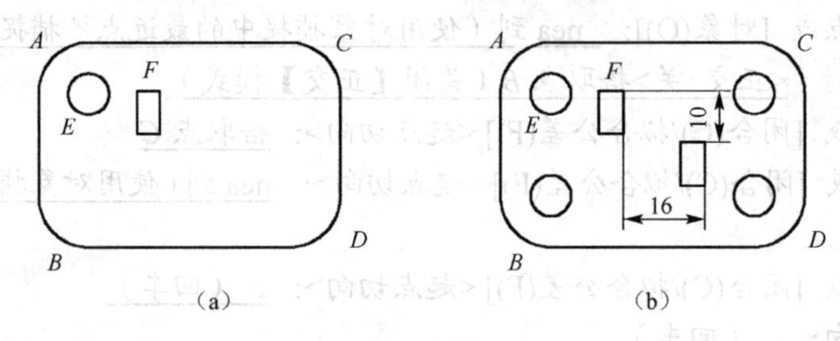

图 3-26　复制命令

① 复制 3 个小圆

命令：copy↙（输入命令）

选择对象：找到 1 个（选择圆 *E*）

选择对象：↙（回车，结束对象选择）

当前设置：　复制模式 = 多个

指定基点或 [位移(D)/模式(O)] <位移>：拾取 *E* 圆的圆心点（打开【对象捕捉】）

指定第二个点或 <使用第一个点作为位移>：拾取 *B* 圆弧的圆心点

指定第二个点或 [退出(E)/放弃(U)] <退出>：拾取 *C* 圆弧的圆心点

指定第二个点或 [退出(E)/放弃(U)] <退出>：拾取 *D* 圆弧的圆心点

指定第二个点或 [退出(E)/放弃(U)] <退出>：↙（回车，结束命令）

② 复制小矩形

命令：_copy

选择对象：找到 1 个（选择矩形 *F*）

选择对象：　↙（回车，结束对象选择）

当前设置：　复制模式 = 多个

指定基点或 [位移(D)/模式(O)] <位移>：拾取屏幕上任一点

指定第二个点或 <使用第一个点作为位移>：　@16，–10（输入相对直角坐标）

指定第二个点或 [退出(E)/放弃(U)] <退出>：↙（回车，结束命令）

【注意事项】

使用 COPY 命令只能在当前绘图区中复制图形，而使用 COPCLIP 命令，可将图形复制到 Windows 剪贴板上，然后再应用到其他文件中。

3.4.2　镜像命令

镜像命令是将任意图形对象按指定的镜像轴进行对称复制。

【运行方式】

- 菜　单：【修改】→【镜像】。
- 工具栏：单击【修改】工具栏中的图标按钮。
- 命令行：MIRROR 或 MI。

【操作示例】

如图 3-27（a）所示，以 AB 为镜像线，作出镜像图形。

命令：mirror ↙(输入命令)

选择对象：　指定对角点：　找到 5 个（矩形窗选方式选中图中的对象）

选择对象：　↙（回车，结束对象选择）

指定镜像线的第一点：拾取点 A（打开【对象捕捉】模式）

指定镜像线的第二点：拾取点 B

要删除源对象吗？[是(Y)/否(N)] <N>：↙[回车，默认不删除源对象，结果如图 3-27（b）所示，若键入 Y↙，结果如图 3-27（c）所示]

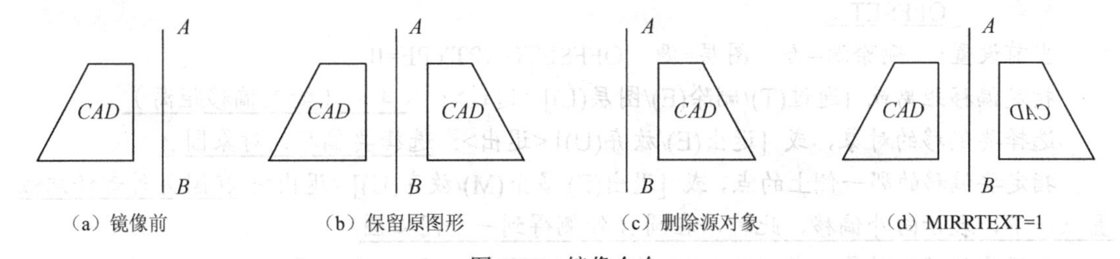

（a）镜像前　（b）保留原图形　（c）删除源对象　（d）MIRRTEXT=1

图 3-27　镜像命令

【注意事项】

① 镜像线不必是存在的线，可以通过指定两点来确定一条镜像线。

② 当镜像对象包含文字时，可以通过系统变量 MIRRTEXT 来控制文字是否参与镜像，MIRRTEXT＝1 时，文字完全镜像，如图 3-27（d）所示；MIRRTEXT＝0 时文字方向不做镜像。

3.4.3　偏移命令

偏移命令是将一个已有的图形对象（线段、圆弧或多段线等）在其某一侧作等距（平行或同心）复制。

【运行方式】

- 菜单：【修改】→【偏移】。

- 工具栏：单击【修改】工具栏中的图标按钮。
- 命令行：OFFSET 或 O。

【操作过程】

命令：offset↙(输入命令)

当前设置： 删除源=否 图层=源 OFFSETGAPTYPE=0

指定偏移距离或 [通过(T)/删除(E)/图层(L)] <通过>：输入偏移距离或选择其他方式

选择要偏移的对象，或 [退出(E)/放弃(U)] <退出>：选择要偏移的对象

指定要偏移的那一侧上的点，或 [退出(E)/多个(M)/放弃(U)] <退出>：在要偏移的那一侧任意拾取一点

选择要偏移的对象，或 [退出(E)/放弃(U)] <退出>：↙(回车，结束命令)

【操作示例】

如图 3-28 所示，三圆同心且相距 4mm，两直线平行且通过点 *C*，使用“偏移”命令由图 3-28（a）画出图 3-28（b）。

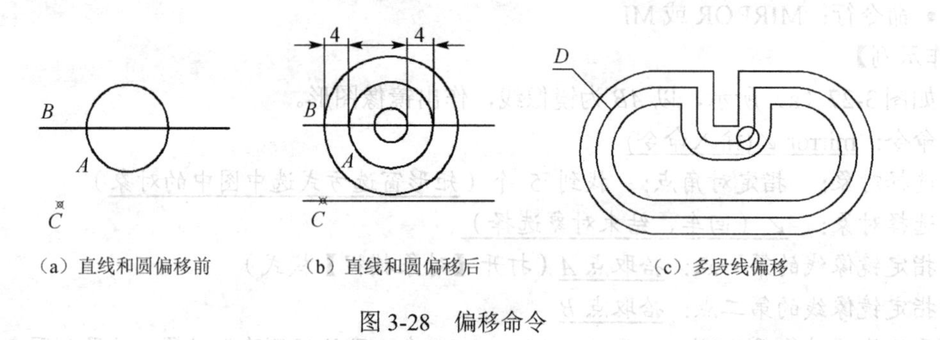

（a）直线和圆偏移前　（b）直线和圆偏移后　（c）多段线偏移

图 3-28　偏移命令

① 偏移同心圆

命令：OFFSET↙

当前设置： 删除源=否 图层=源 OFFSETGAPTYPE=0

指定偏移距离或 [通过(T)/删除(E)/图层(L)] <通过>： 4↙（输入偏移距离）

选择要偏移的对象，或 [退出(E)/放弃(U)] <退出>：选择要偏移的对象圆 *A*

指定要偏移的那一侧上的点，或 [退出(E)/多个(M)/放弃(U)] <退出>：在圆 *A* 外部任意位置点一下，表示向外偏移，此时，在圆 *A* 外侧得到一个同心圆

选择要偏移的对象，或 [退出(E)/放弃(U)] <退出>：再选择 *A* 圆

指定要偏移的那一侧上的点，或 [退出(E)/多个(M)/放弃(U)] <退出>：在圆 *A* 内侧点一下，表示向内偏移，此时，在圆 *A* 内侧得到一个同心圆

选择要偏移的对象，或 [退出(E)/放弃(U)] <退出>：↙（回车，结束命令）

② 偏移直线

命令：↙（直接回车，重复上一次命令）

OFFSET

指定偏移距离或 [通过(T)/删除(E)/图层(L)] <4.0000>： T↙（选择指定位置偏移）

选择要偏移的对象，或 [退出(E)/放弃(U)] <退出>：选择直线 *B*

指定通过点或 [退出(E)/多个(M)/放弃(U)] <退出>：捕捉点 *C*，并回车结束命令

选择要偏移的对象，或 [退出(E)/放弃(U)] <退出>：↙（回车，结束命令）

【注意事项】

偏移对象若为直线，则偏移后线的长度不变；若是圆弧、矩形、多段线或样条曲线，偏移后对象的长度和形状会发生变化，如果多段线中的圆弧无法复制则被忽略，如图 3-28（c）中的多段线 *D*，向内偏移形状未变，但因凹槽处倒角圆弧半径小于偏移距离，向外偏移时则不再出现圆弧。

3.4.4　阵列命令

阵列命令是将指定的图形对象按行列或环形规律排列并复制出形状完全相同的对象。

【运行方式】

- 菜　单：【修改】→【阵列】。
- 工具栏：单击【修改】工具栏中的图标按钮。
- 命令行：ARRAY 或 AR。

【操作过程】

以上操作弹出图 3-29 所示【阵列】对话框，该对话框中包含【矩形阵列】和【环形阵列】两个单选按钮。

（1）矩形阵列

矩形阵列即将选定的图形对象按指定的行数和列数作线性排列的多重复制阵列。选中【矩形阵列】单选按钮，其对话框界面如图 3-29 所示。操作过程如下。

① 在【行】、【列】文本框后分别指定阵列的行、列数目。

② 在【偏移距离和方向】选项组中，指定偏移的行间距、列间距和阵列角度。可以分别在【行偏移】、【列偏移】和【阵列角度】中输入具体数值，也可以单击文本框右边的按钮，在绘图屏幕上拾取；行距、列距为正时，行、列的阵列方向分别沿 X、Y 坐标轴正向，若为负数时则方向相反。

③ 单击【选择对象】按钮，切换至绘图界面，选择要阵列的对象。

④ 单击【预览】按钮，屏幕显示了阵列后的图形，同时弹出图 3-30 所示对话框，单击【接受】表示按当前的阵列设置阵列对象，并结束阵列命令；单击【修改】，则重新设置相关参数；单击【取消】按钮则退出本次操作。

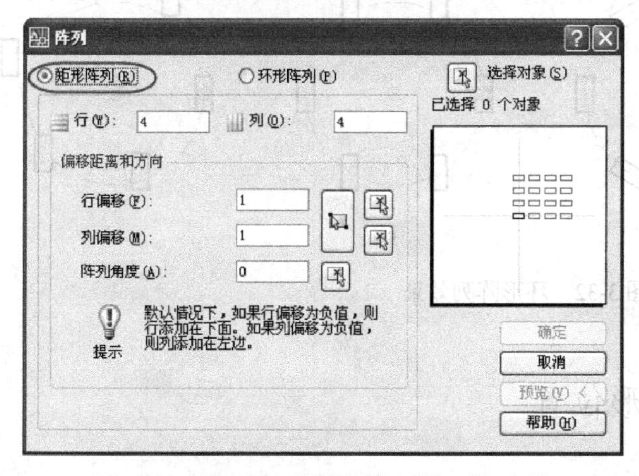

图 3-29　【阵列】对话框【矩形阵列】选项

图 3-30　阵列预览选择

（2）环形阵列

环形阵列是通过围绕指定的圆心复制选定对象来创建阵列。在【阵列】对话框中单击【环形阵列】按钮，则切换到环形阵列设置模式，如图 3-31 所示。操作过程如下。

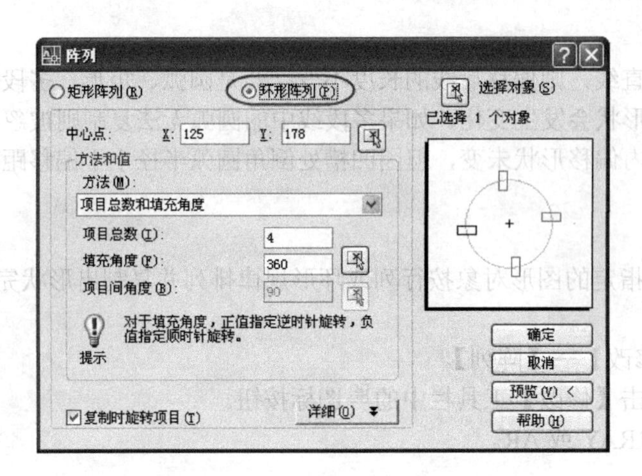

图 3-31 【阵列】对话框的【环形阵列】选项

① 在【中心点】，可以输入圆心的坐标值，也可以单击【拾取中心点】按钮返回绘图区域拾取中心点。实际操作中，后者更为常用。

② 在【方法和值】选项中，指定项目总数和填充角度。填充角度默认为 360°，如果是其他角度一般呈扇形，注意填充起始位置，若为正则按逆时针方向旋转阵列，若为负值则按顺时针方向旋转阵列。阵列时一般默认要选中“复制时旋转项目”，效果见图 3-32（b），否则对象是平移到阵列的相应位置，效果见图 3-32（c）。如果阵列对象为非回转结构，则旋转后效果有可能如图 3-32（d）所示，则需要点开图 3-31 中的 详细(O) 按钮重新设定对象自身旋转的基点。

③ 单击【选择对象】按钮，切换至绘图界面，选择要阵列的对象。

④ 点击预览，如果符合预想的结果则点击【接受】完成操作，否则点击【修改】重新设置相关参数。

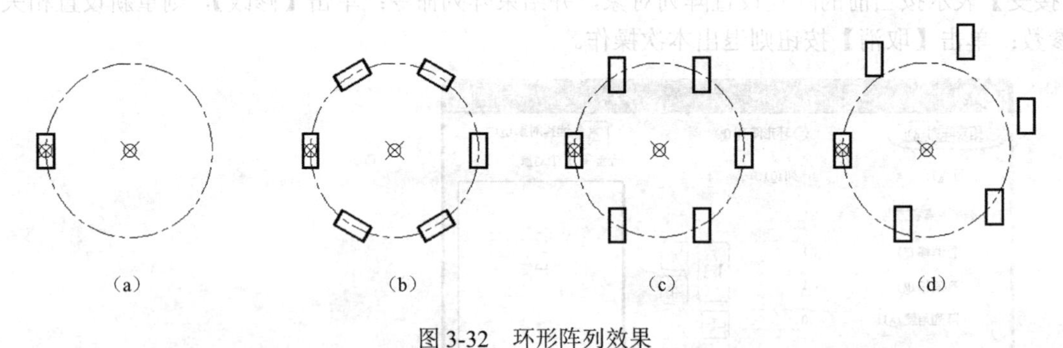

图 3-32 环形阵列效果

3.5 编辑命令二——改变图形位置

3.5.1 移动命令

移动命令是将一个或多个图形对象（线段、圆弧及其组合等）从当前的位置平移到新的目标位置，不改变图形对象的尺寸大小、方向和多个对象间的相对位置。

【运行方式】

- 菜　单：【修改】→【移动】。
- 工具栏：单击【修改】工具栏中的✥图标按钮。
- 命令行：MOVE 或 M。

【操作过程】

命令：move↙（输入命令）

选择对象：选择要移动的对象（选择完毕按 Enter 键）

指定基点或 [位移(D)] <位移>：指定移动起点

指定第二个点或 <使用第一个点作为位移>：定移动目标点

【移动】命令的操作与【复制】命令类似，只是不保留源对象，而是把源对象移动到新的位置。

3.5.2　旋转命令

旋转命令是将一个或一组图形对象绕着某一个基点旋转，从而改变图形对象的方向。

【运行方式】

- 菜　单：【修改】→【旋转】。
- 工具栏：单击【修改】工具栏中的○图标按钮。
- 命令行：ROTATE 或 RO。

【操作示例】

将图 3-33（a）中的图形编辑成图 3-33（b）所示的图形。其中点 *A* 为大圆圆心、点 *C* 为小圆圆心。

① 已知旋转角度，得到旋转对象[如图 3-33（b）中的 *D* 对象]

命令：rotate ↙（输入命令）

UCS 当前的正角方向：　ANGDIR=逆时针　ANGBASE=0

选择对象：指定对角点：找到 3 个（选择 *C* 处的圆、三角形及其中心线）

选择对象：↙（结束对象选择）

指定基点：指定旋转中心点 *A*（打开【对象捕捉】，拾取圆心点 *A*）

指定旋转角度，或 [复制(C)/参照(R)] <120>：C ↙（旋转后要保留原图形，应选择【复制】选项）

旋转一组选定对象。

指定旋转角度，或 [复制(C)/参照(R)] <120>：–45 ↙（输入选择角度，顺时针为负，结果得到 *D* 处对象）

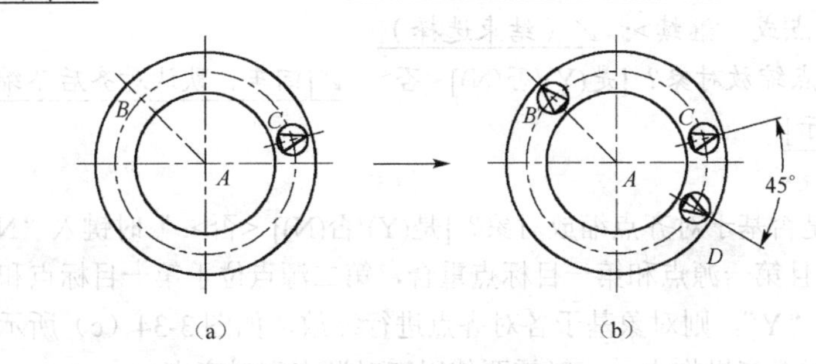

图 3-33　旋转命令

② 已知目标位置，得到旋转对象[如图 3-33（b）中 *AB* 线上的对象]

在执行【旋转】命令时，命令行提示：

指定旋转角度，或 [复制(C)/参照(R)] <315>: R↙（没有旋转角度但知道旋转后的位置，必须选择【参照】选项）

指定参照角 <15>:　指定第二点：（分别拾取点 *A* 和点 *C*，则以 *AC* 线为参照）

指定新角度或 [点(P)] <135>: 在 *AB* 线上任意拾取一点（此时 *C* 处对象被旋转到 *AB* 线上，同时结束命令）

3.5.3　对齐命令

对齐命令就是将选定的图形对象移动、旋转、倾斜或按比例缩放，使之与指定的对象对齐。

【运行方式】

- 菜　单：【修改】→【三维操作】→【对齐】。
- 命令行：ALIGN 或 AL。

【操作示例】

将图 3-34（a）中的图形编辑成图 3-34（b）所示的图形。

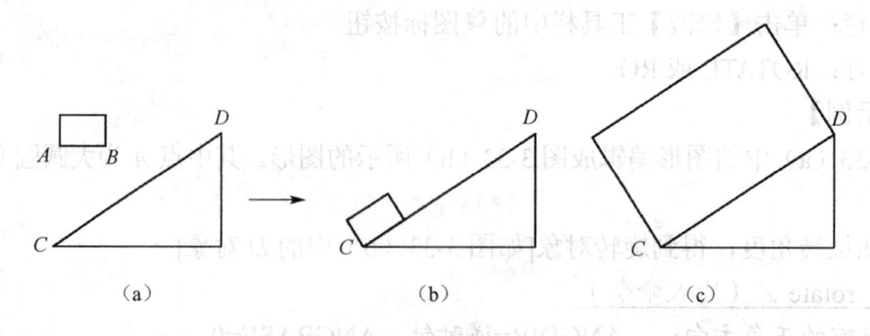

图 3-34　对齐命令

命令：align↙

选择对象：　找到 1 个[选择要对齐的对象，如图 3-34（a）中的矩形]

选择对象：↙（结束对象选择）

指定第一个源点：选择图 3-34（a）中的 *A* 点　（打开【对象捕捉】模式）

指定第一个目标点：选择图 3-34（a）中的 *C* 点

指定第二个源点：选择图 3-34（a）中的 *B* 点

指定第二个目标点：选择图 3-34（a）中的 *D* 点

指定第三个源点或 <继续>: ↙（结束选择）

是否基于对齐点缩放对象？[是(Y)/否(N)] <否>: ↙[回车，默认对齐后不缩放对象，结果如图 3-34（b）所示]

【注意事项】

① 在提示“是否基于对齐点缩放对象？[是(Y)/否(N)] <否>:”时键入“N”则只改变对象的位置和方向，且第一源点和第一目标点重合，第二源点位于第一目标点和第二目标点的连线上；如果键入“Y”，则对象基于各对齐点进行缩放，如图 3-34（c）所示。

② 在三维图形对齐操作中，一般需要使用三对源点和对齐点。

3.6　编辑命令三——修改图形

3.6.1　删除命令

【删除】命令用来删除图形中的对象。可以先选择对象再执行命令，也可以先执行命令再选择对象。

【运行方式】

- 菜　单：【修改】→【删除】。
- 工具栏：单击【修改】工具栏中的图标按钮。
- 快捷键：Delete。
- 快捷菜单：选择要删除的对象，按右键，从弹出的快捷菜单中选择【删除】。
- 命令行：ERASE 或 E。

若误删了图形对象，可用 Undo（撤销）命令、Oops（恢复）命令或者单击【标准】工具栏中【放弃】按钮来恢复已删除的图形。

3.6.2　修剪命令

修剪命令是根据指定边界，修剪超出边界的图形对象，是最常用的编辑命令之一。

【运行方式】

- 菜　单：【修改】→【修剪】。
- 工具栏：单击【修改】工具栏中的图标按钮。
- 命令行：TRIM 或 TR。

【操作示例】

将图 3-35（a）编辑修剪成图 3-35（b）。

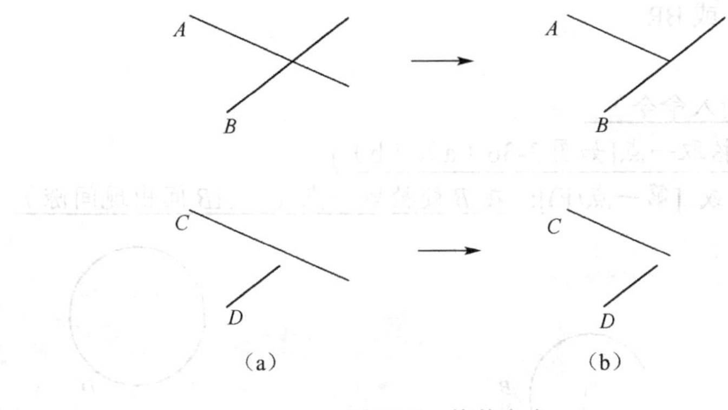

图 3-35　修剪命令

① 修剪 A、B 线

命令：　trim↙(输入命令)

当前设置：投影=UCS，边=延伸

选择剪切边...

选择对象或 <全部选择>：　找到 4 个 （选中图中所有图线，被选中的对象皆为剪切边界）

选择对象：　↙（结束边界对象选择）

选择要修剪的对象，或按住 Shift 键选择要延伸的对象，或[栏选(F)/窗交(C)/投影(P)/边(E)/删除(R)/放弃(U)]: 拾取 *A* 线中要剪切的部分[结果如图 3-35（b）]

② 修剪 *C*、*D* 线

因为 *C*、*D* 线没有相交，在执行【修剪】操作时，命令行提示：

选择要修剪的对象，或按住 Shift 键选择要延伸的对象，或[栏选(F)/窗交(C)/投影(P)/边(E)/删除(R)/放弃(U)]: e↙（选择【边】选项，并回车）

输入隐含边延伸模式 [延伸(E)/不延伸(N)] <不延伸>: e↙（选择【延伸】选项，并回车）

选择要修剪的对象，或按住 Shift 键选择要延伸的对象，或[栏选(F)/窗交(C)/投影(P)/边(E)/删除(R)/放弃(U)]: 拾取 *C* 线中要剪切的部分[结果如图 3-35（b）]

【注意事项】

① 在执行【修剪】命令时，命令提示共有两次对象选择，第一次选择的是修剪边界，第二次选择的是要修剪的对象。修剪边界与目标对象可以相交，也可以不相交。修剪边界选择结束应按回车键。

② 在执行【修剪】命令时按住【Shift】键，可转换为【延伸】Extend 命令。如在选择要修剪对象时，若某条线没有与修剪边界相交，则按住【Shift】键后单击该线段，可将其延伸到最近的边界。

3.6.3 打断命令

使用【打断】命令可以将一个对象打断为两个对象，对象之间可以具有间隙，也可以没有间隙。

【运行方式】

- 菜　单：【修改】→【打断】。
- 工具栏：单击【修改】工具栏中的□图标按钮。
- 命令行：BREAK 或 BR。

【操作过程】

命令: break↙（输入命令）

选择对象: 在 *A* 处拾取一点[如图 3-36（a）、（b）]

指定第二个打断点 或 [第一点(F)]: 在 *B* 处拾取一点（则 *AB* 间出现间隙）

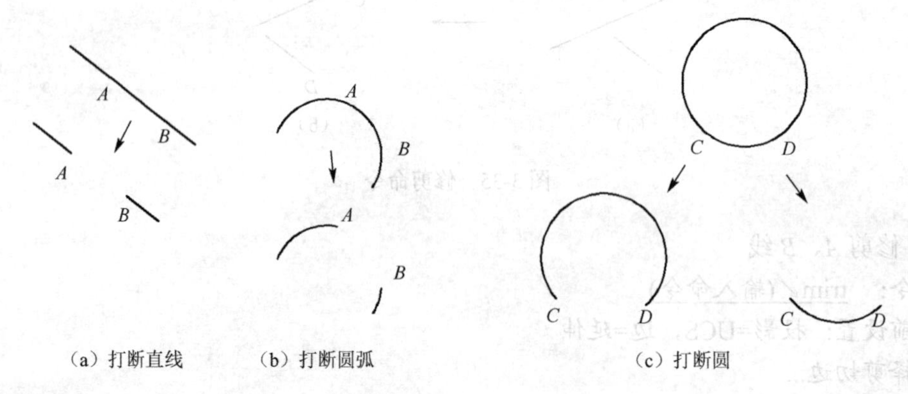

（a）打断直线　（b）打断圆弧　（c）打断圆

图 3-36 打断命令

【注意事项】

① 在执行【打断】命令时，若【对象捕捉】处于开启状态，容易出现打断错误，此时

可以临时将其关闭，需要指定特殊点时，可以采用临时捕捉方式。

② 打断对象为圆时，若按逆时针方向拾取点[如图 3-36（c）中，拾取点的方向是 *C*→*D*]，则两点之间圆弧被删除；若按顺时针方向拾取点[如图 3-36（c）中，拾取点的方向是 *D*→*C*]，则按逆时针方向拾取点，则两点间圆弧被保留。

③ 若要将对象一分为二，但中间没有间隙，有两种操作方式：在命令提示“指定第二个打断点或 [第一点(F)]:”时，选择“F”，然后拾取第一点，要求指定第二点时输入@0,0；另外，使用【打断于点】命令。

3.6.4　缩放命令

缩放命令用于均匀放大或缩小图形对象，使用该命令后图形对象本身尺寸发生变化。这与 ZOOM 命令不同。

【运行方式】

- 菜　单：【修改】→【缩放】。
- 工具栏：单击【修改】工具栏中的图标按钮。
- 命令行：SCALE 或 SC。

【操作过程】

命令：　scale↙（输入命令）

选择对象：　找到 3 个[如图 3-37（a）所示，选择矩形及其尺寸标注]

选择对象：　↙（结束对象选择）

指定基点：拾取矩形右下角点

指定比例因子或 [复制(C)/参照(R)] <2.0000>:　输入缩放倍数↙[如图 3-37（b）为缩放 0.5 倍后的图形；图 3-37（c）是缩放 2 倍后的图形]

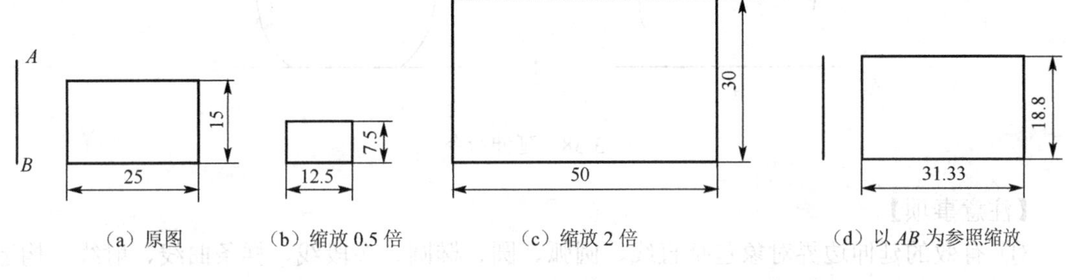

（a）原图　（b）缩放 0.5 倍　（c）缩放 2 倍　（d）以 *AB* 为参照缩放

图 3-37　缩放命令

【注意事项】

① 比例因子大于 1 时放大图形，小于 1 时缩小图形。

② 【复制(C)】选项可以在缩放对象的同时保留原对象。

③ 若没有缩放比例因子具体数值，应选择【参照(R)】选项，如图 3-37（d）将矩形宽度放大到与 *AB* 线段长度相等，执行【缩放】命令过程如下：

命令：　scale↙

选择对象：　找到 3 个[如图 3-37（a）所示，选择矩形及其尺寸标注]

指定基点：拾取矩形左下角点

指定比例因子或 [复制(C)/参照(R)] <1.2534>:　r↙（选择【参照】选项）

指定参照长度 <15.0000>:　指定第二点：分别拾取矩形宽度的最上、最下两点

指定新的长度或 [点(P)] <18.8004>: p↙（选择【点】选项，即指定新的宽度）

指定第一点：指定第二点：分别拾取 *A* 点、*B* 点[即 *AB* 线段为矩形新宽度，结果如图 3-37（d）所示]

3.6.5 延伸命令

延伸命令可以把没有与指定线条相交的线或弧延伸至指定线条，与【修剪】命令刚好相反。

【运行方式】

- 菜　单：【修改】→【延伸】。
- 工具栏：单击【修改】工具栏中的 图标按钮。
- 命令行：EXTEND 或 EX。

【操作过程】

命令：extend↙（输入命令）

当前设置：投影=UCS，边=无

选择边界的边...

选择对象或 <全部选择>:　找到 2 个（选择全部对象，如图 3-38 所示）

选择对象：↙（回车，结束对象选择）

选择要延伸的对象，或[栏选(F)/窗交(C)/投影(P)/边(E)/放弃(U)]：指定对角点：（框选要延伸的对象 *BC*，此时圆弧延伸到直线）

选择要延伸的对象，或[栏选(F)/窗交(C)/投影(P)/边(E)/放弃(U)]：↙（回车，结束命令）

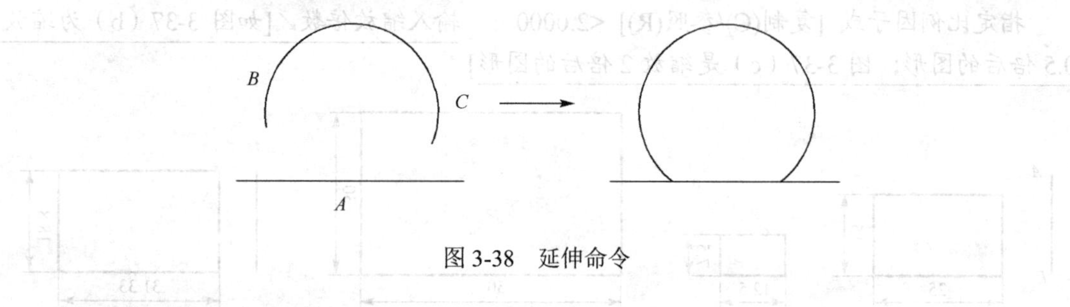

图 3-38　延伸命令

【注意事项】

① 有效的延伸边界对象包括直线、圆弧、圆、椭圆、多段线、样条曲线、射线、构造线、文本等。

② 提示“选择边界的边...”时必须先指定要延伸到的边界，然后按回车键，下一步才提示“选择要延伸的对象”，操作过程与【修剪】命令相同。

③ 被延伸的对象与延伸边界如果没有延伸交点则该命令无效，闭式多段线也无法延伸。

④ 使用【延伸】命令时同时按住【Shift】键进行选择，系统将转化为执行【修剪】命令，将选择对象修剪掉。

3.6.6 拉长命令

拉长命令可以延长或缩短直线、圆弧、椭圆弧、非闭合多段线和样条曲线等图形对象的长度，改变圆弧的角度。

【运行方式】

- 菜　单：【修改】→【拉长】。

• 命令行：LENGTHEN 或 LEN。

【操作过程】

命令： lengthen↙（输入命令）

选择对象或 [增量(DE)/百分数(P)/全部(T)/动态(DY)]：输入选项

① 选择【增量(DE)】

选择对象或 [增量(DE)/百分数(P)/全部(T)/动态(DY)]： de↙（选择【增量】，回车）

输入长度增量或 [角度(A)] <0.0000>：输入长度的增量值↙[含义如图 3-39（a），正值为拉长，负值为缩短]

选择要修改的对象或 [放弃(U)]：拾取欲拉长或缩短的对象

选择要修改的对象或 [放弃(U)]：↙（回车，结束命令）

② 选择【百分数(P)】

选择对象或 [增量(DE)/百分数(P)/全部(T)/动态(DY)]： p↙（选择【百分数】，回车）

输入长度百分数 <100.0000>：输入长度百分数↙[含义如图 3-39（b）]

选择要修改的对象或 [放弃(U)]：拾取欲拉长或缩短的对象

③ 选择【全部(T)】

选择对象或 [增量(DE)/百分数(P)/全部(T)/动态(DY)]： t↙（选择【全部】，回车）

指定总长度或 [角度(A)] <1.0000>：输入线段总长度↙[含义如图 3-39（c）]

选择要修改的对象或 [放弃(U)]：拾取欲拉长或缩短的对象

④ 选择【动态(DY)】

选择对象或 [增量(DE)/百分数(P)/全部(T)/动态(DY)]： dy↙（选择【动态】，回车）

选择要修改的对象或 [放弃(U)]：拾取欲拉长或缩短的对象

指定新端点：线段随着移动的光标伸长或缩短

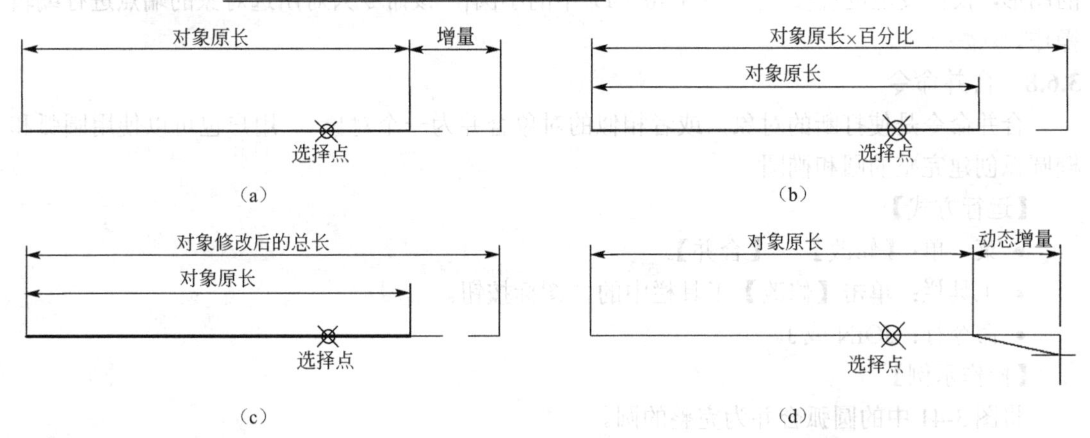

图 3-39　拉长命令

3.6.7　拉伸命令

拉伸命令也称变形命令，能对所选对象进行大小、位移、形状的调整。

【运行方式】

• 菜　单：【修改】→【拉伸】。

• 工具栏：单击【修改】工具栏中的图标按钮。

- 命令行：STRETCH 或 S。

【操作示例】

将图 3-40（a）中的图形拉伸到图 3-40（b）所示尺寸。

命令： stretch↙（输入命令）

以交叉窗口或交叉多边形选择要拉伸的对象...（系统提示选择对象方式）

选择对象： 指定对角点： 找到 7 个[以交叉窗口对象，如图 3-40（c）]

选择对象：↙（回车，结束对象选择）

指定基点或 [位移(D)] <位移>： 任意指定一点作为拉伸基点[如图 3-40（d）中的点 *A*]

指定第二个点或 <使用第一个点作为位移>： 10↙[开启【正交】，光标上移，然后输入拉伸距离 10，结果如图 3-40（b）所示，被选择框选中的图线上移了 10mm]

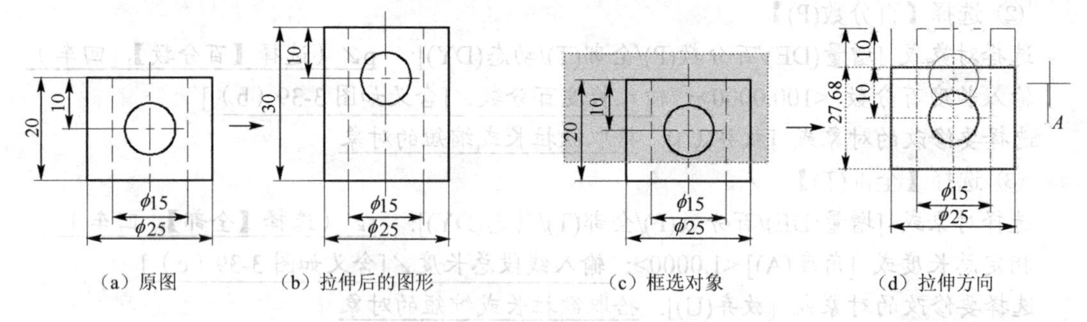

（a）原图　（b）拉伸后的图形　（c）框选对象　（d）拉伸方向

图 3-40　拉伸命令

【注意事项】

执行【拉伸】命令时，只能通过交叉窗口或交叉多边形来选择对象，完全处于选择框内的图形，仅仅发生位置移动[如图 3-40（a）中的小圆]，该命令只对所选对象的端点进行编辑操作。

3.6.8　合并命令

合并命令是使打断的对象，或者相似的对象合并为一个对象。 用户也可以使用圆弧和椭圆弧创建完整的圆和椭圆。

【运行方式】

- 菜　单：【修改】→【合并】。
- 工具栏：单击【修改】工具栏中的 ++ 图标按钮。
- 命令行：JOIN 或 J。

【操作示例】

将图 3-41 中的圆弧合并为完整的圆。

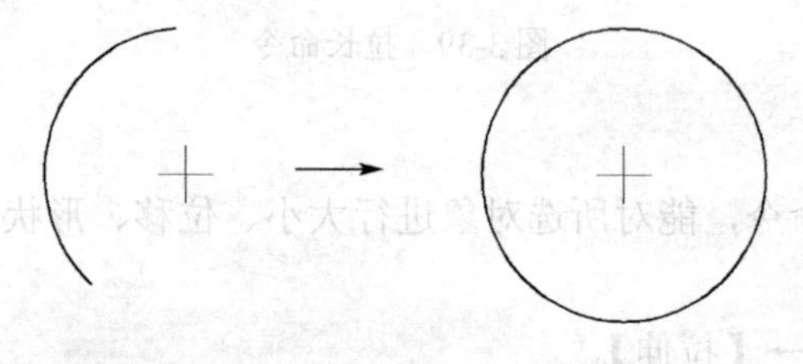

图 3-41　合并命令

命令：join↙（输入命令）

选择源对象：选择圆弧

选择圆弧，以合并到源或进行 [闭合(L)]：L↙（选择【闭合】选项）

已将圆弧转换为圆。

3.6.9 分解命令

分解命令可将块、矩形、正多边形、多段线或尺寸标注等整体对象分解成多个单一对象。

【运行方式】

- 菜　单：【修改】→【分解】。
- 工具栏：单击【修改】工具栏中的 图标按钮。
- 命令行：EXPLODE 或 X。

3.6.10 倒角命令

倒角命令用于按照指定的距离或角度在两条不平行直线间绘制一条直线。

【运行方式】

- 菜　单：【修改】→【倒角】。
- 工具栏：单击【修改】工具栏中的 图标按钮。
- 命令行：CHAMFER 或 C。

【操作示例】

将图 3-42（a）按照图 3-42（b）所示尺寸进行倒角。

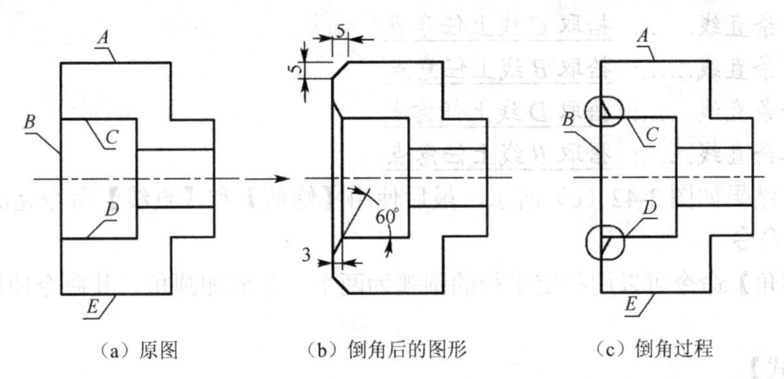

（a）原图　　（b）倒角后的图形　　（c）倒角过程

图 3-42　倒角命令

其操作过程如下。

① 作 *A* 与 *B* 线、*B* 与 *E* 线之间的等距倒角。

命令：chamfer↙（输入命令）

（“修剪”模式）当前倒角距离 1 = 0.0000，距离 2 = 0.0000

选择第一条直线或 [放弃(U)/多段线(P)/距离(D)/角度(A)/修剪(T)/方式(E)/多个(M)]：d↙（选择【距离】，并回车，即进行倒角距离设置）

指定第一个倒角距离 <0.0000>：5↙（输入倒角距离，回车）

指定第二个倒角距离 <5.0000>：↙（回车，默认倒角为等距）

选择第一条直线或 [放弃(U)/多段线(P)/距离(D)/角度(A)/修剪(T)/方式(E)/多个(M)]：m↙（选择【多个】选项，并回车，可以一次进行多个倒角操作）

选择第一条直线……：拾取 *A* 线上任意点

选择第二条直线，……: 拾取 B 线上任意点

选择第一条直线或 ……: 拾取 C 线上任意点

选择第二条直线，……: 拾取 B 线上任意点

结果所选图线间作出了等距倒角，且同时删除了多余图线。

② 作 C 与 B 线、D 与 B 线之间的倒角，该倒角已知距离和角度，且在倒角过程需要保留原图线

命令: chamfer↙（输入命令）

(“修剪”模式) 当前倒角距离 1＝5.0000，距离 2＝5.0000

选择第一条直线或 [放弃(U)/多段线(P)/距离(D)/角度(A)/修剪(T)/方式(E)/多个(M)]: a↙（选择【角度】，并回车，即进行角度、距离设置）

指定第一条直线的倒角长度 <0.0000>: 3↙（该距离为 C、D 线上欲剪切的距离）

指定第一条直线的倒角角度 <0>: 60（输入角度）

选择第一条直线或 [放弃(U)/多段线(P)/距离(D)/角度(A)/修剪(T)/方式(E)/多个(M)]: t↙（选择【修剪】选项，设置修剪模式）

输入修剪模式选项 [修剪(T)/不修剪(N)] <修剪>: n↙（选择【不修剪】，即两图线之间作倒角后图线保留）

选择第一条直线或 [放弃(U)/多段线(P)/距离(D)/角度(A)/修剪(T)/方式(E)/多个(M)]: m↙（选择【多个】选项，并回车）

选择第一条直线……: 拾取 C 线上任意点

选择第二条直线……: 拾取 B 线上任意点

选择第一条直线……: 拾取 D 线上任意点

选择第二条直线……: 拾取 B 线上任意点

以上操作结果如图 3-42（c）所示，最后使用【修剪】和【直线】命令完成图形。

3.6.11 圆角命令

使用【圆角】命令可以用指定半径的圆弧为两个对象添加圆角。其命令使用过程与【倒角】相似。

【运行方式】

- 菜　单:【修改】→【圆角】。
- 工具栏: 单击【修改】工具栏中的图标按钮。
- 命令行: FILLET 或 F。

【操作过程】

命令: fillet↙（输入命令）

当前设置: 模式 ＝ 修剪，半径 ＝0.0000 （显示当前设置状态）

选择第一个对象或 [放弃(U)/多段线(P)/半径(R)/修剪(T)/多个(M)]: R ↙（选择【半径】，并回车，即进行半径设置）

指定圆角半径 <0.0000>: 20 ↙（指定圆角半径 20，回车）

选择第一个对象或 [放弃(U)/多段线(P)/半径(R)/修剪(T)/多个(M)]: 选择第一条边

选择第二个对象，或按住【Shift】键选择要应用角: 选择第二条边[结果如图 3-43（b）所示]

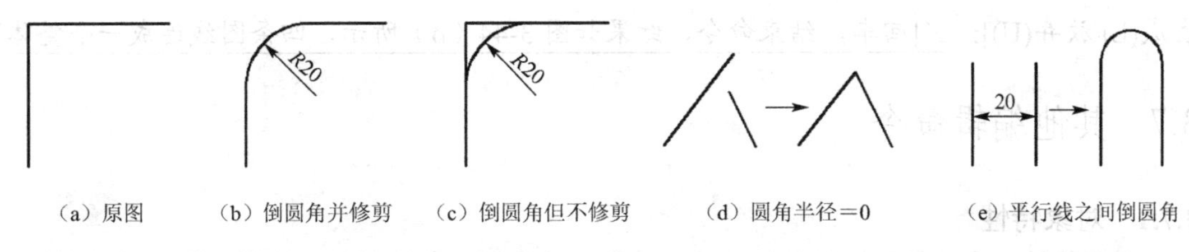

图 3-43　圆角命令

【注意事项】

① 若要得到图 3-43（c）所示结果，应设置【修剪】选项，使之处于【不修剪】状态。

② 若圆角半径为 0，在修剪模式下，使用【圆角】命令可以将两不平行直线自动相交，如图 3-43（d）所示；或者在选择直线时按住【Shift】键，效果相同。

③ 对两条平行直线倒圆角，则圆角半径为平行直线距离的一半，如图 3-43（e）所示。

3.6.12　编辑多段线

如果对多段线进行编辑，可以使用【编辑多段线】命令。

【运行方式】

- 菜　单：【修改】→【对象】→【多段线】。
- 工具栏：单击【修改Ⅱ】工具栏中的图标按钮。
- 命令行：PEDIT 或 PE。

【操作示例】

图 3-44（a）是由 2 条直线和 2 段圆弧组合而成的图线，要求使用 PEDIT 将其编辑为多段线。

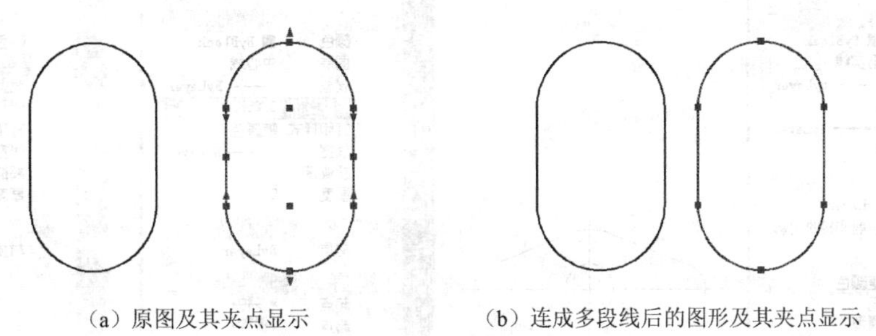

（a）原图及其夹点显示
（b）连成多段线后的图形及其夹点显示

图 3-44　编辑多段线

命令: pedit↙（输入命令）

选择多段线或 [多条(M)]: 选择图 3-44（a）上任一条线

选定的对象不是多段线　（系统提示）

是否将其转换为多段线? <Y> ↙（回车，默认“是”）

输入选项 [闭合(C)/合并(J)/宽度(W)/编辑顶点(E)/拟合(F)/样条曲线(S)/非曲线化(D)/线型生成(L)/放弃(U)]: j↙（选择【合并】选项）

选择对象: 指定对角点: 找到 4 个 框选图 3-44（a）所有图线

选择对象: ↙（回车，结束对象选择）

3 条线段已添加到多段线　（系统提示）

输入选项 [打开(O)/合并(J)/宽度(W)/编辑顶点(E)/拟合(F)/样条曲线(S)/非曲线化(D)/线型

生成(L)/放弃(U)]: ↙[回车，结束命令，结果如图 3-44（b）所示，四条图线连成一个整体]

3.7 其他编辑命令

3.7.1 对象特性

对象特性包含一般特性和几何特性。一般特性包括对象的颜色、线型、图层及线宽等，几何特性包括对象的尺寸和位置。可以利用【特性】命令，在打开的【特性】选项板中直接编辑对象特性。

【运行方式】

- 菜 单:【修改】→【特性】。
- 工具栏：单击 【标准】工具栏中的 图标按钮。
- 命令行：PROPERTIES 或 PR。

【操作过程】

以上操作弹出图 3-45 所示【特性】选项板。以图 3-46 为例，编辑对象修改特性操作过程如下。

① 选择原图中的两条中心线，在图 3-47 的【特性】选项板的【基本】选项中，修改【线型比例】(本例＝0.25)，按【Esc】建或按住右键，退出对象选择。

② 选择图中的圆及多段线，【特性】选项板如图 3-48 所示，在【基本】选项中修改【图层】(本例设置图层为粗实线)，此时图中图线性质发生变化，最后退出选择。

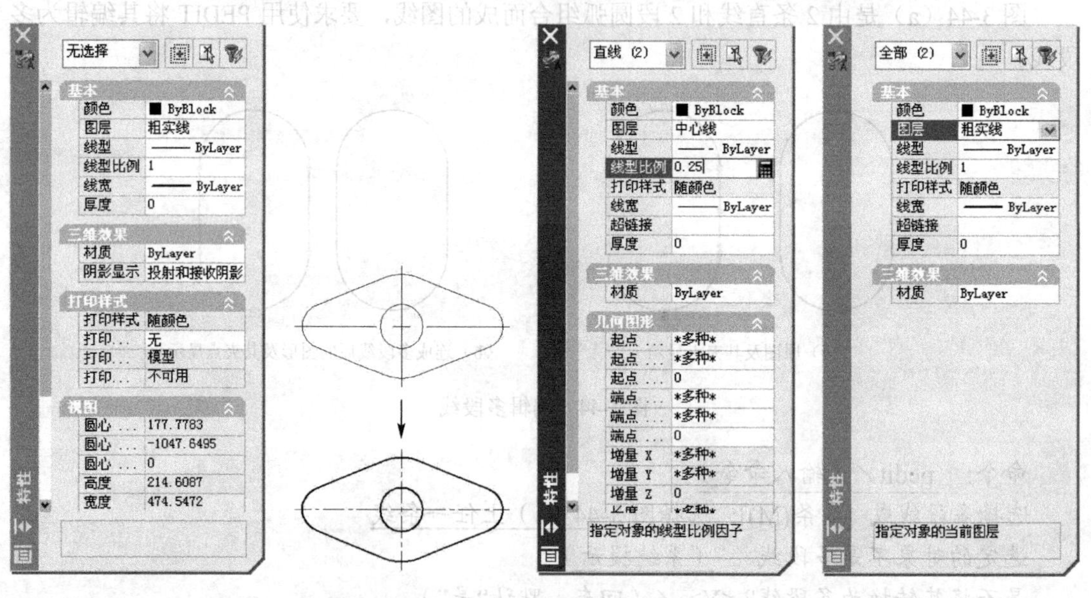

图 3-45 【特性】选项板　　图 3-46 图形示例　　图 3-47 修改中心线比例　　图 3-48 修改图层

3.7.2 特性匹配

【特性匹配】俗称“格式刷”，可以将源对象指定的特性复制到其他的对象，可以复制的特性包括图层、颜色、线型、线型比例、线宽、打印样式等。默认情况下，所有可应用的特性自动从选定的第一个对象复制到其他对象，如果不希望复制指定的特性，可使用【设置】选项禁止复制该特性。在执行【特性匹配】命令的过程中，可以随时选择【设置】选项。

【运行方式】

- 菜 单：【修改】→【特性匹配】。
- 工具栏：单击【标准】工具栏中的 图标按钮。
- 命令行：MATCHPROP、PAINTER 或 MA。

【操作示例】

命令： matchprop↙（输入命令）

选择源对象：选择要复制其特性的对象

当前活动设置：颜色 图层 线型 线型比例 线宽 厚度 打印样式 标注 文字 填充图案 多段线 视口 表格材质 阴影显示 多重引线

选择目标对象或 [设置(S)]：此时光标呈刷子状显示，选择一个或多个要复制源对象指定特性的对象（如果输入 S，回车，将弹出图 3-49 所示【特性设置】对话框，在该对话框中可以设置欲复制的特性类型）

选择目标对象或 [设置(S)]：↙（回车，结束命令）

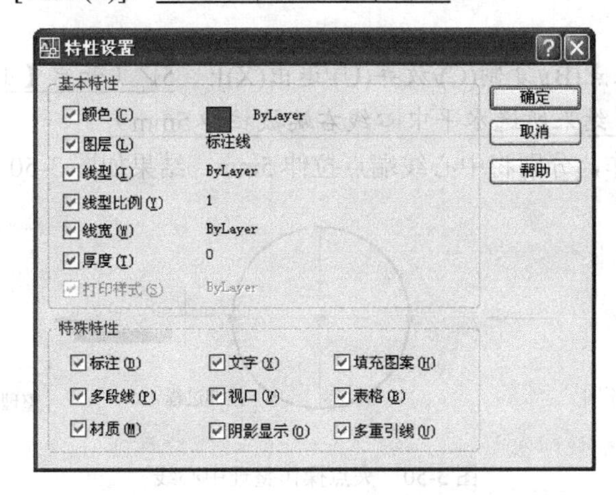

图 3-49 【特性设置】对话框

3.7.3 使用夹点编辑图形

无命令状态下选择图形对象，则在对象的特征点将会出现一些实心的彩色小方框，这就是夹点。夹点是一种集成的编辑模式，提供了一种方便快捷的编辑操作途径。例如，使用夹点可以对对象进行拉伸、移动、旋转、缩放及镜像等操作。

夹点是图形的控制点，有冷点、热点之分，对象第一次被点击即显示出该对象的所有冷点，默认为蓝色的小方框，再次点击任何一个冷点，则冷点被激活，变为红色，即为热点（点击时按住【Shift】键可以同时选取多个热点）。

系统默认的夹点编辑模式为【拉伸】，如果用户以【Enter】键或【Space】键响应时，系统会依次在【拉伸】、【移动】、【旋转】、【比例缩放】、【镜像】模式中循环切换，进行相关的编辑操作。

【操作过程】

命令：

** 拉伸 **

指定拉伸点或 [基点(B)/复制(C)/放弃(U)/退出(X)]： ↙（回车）

** 移动 **

指定移动点或 [基点(B)/复制(C)/放弃(U)/退出(X)]: ↙（回车）

** 旋转 **

指定旋转角度或 [基点(B)/复制(C)/放弃(U)/参照(R)/退出(X)]: ↙（回车）

** 比例缩放 **

指定比例因子或 [基点(B)/复制(C)/放弃(U)/参照(R)/退出(X)]: ↙（回车）

** 镜像 **

指定第二点或 [基点(B)/复制(C)/放弃(U)/退出(X)]:

【操作示例】

示例 1：整理图 3-50 中的中心线，其操作过程为：

选择水平中心线，此时该线上出现三个蓝色夹点，再选择右端夹点，该点变成红色热点，同时命令行提示：

命令：

** 拉伸 **

指定拉伸点或 [基点(B)/复制(C)/放弃(U)/退出(X)]: 5↙（开启【正交】并右移光标，输入拉伸数值 5，回车，结果所选水平中心线右端被拉伸 5mm）

重复执行上述操作，分别将中心线端点拉伸 5mm，结果如图 3-50 所示。

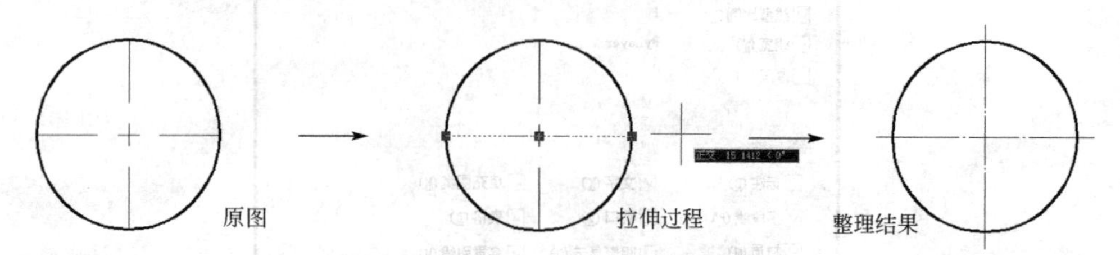

图 3-50　夹点操作整理中心线

示例 2：利用夹点编辑功能，将图 3-51（a）中的图形编辑成图 3-51（b）中的图形。

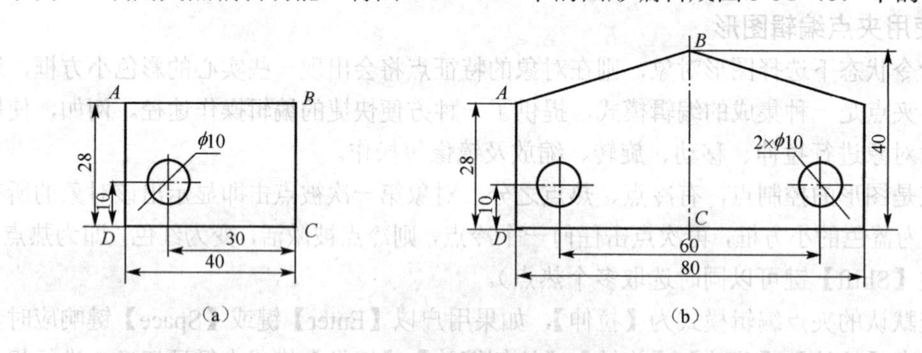

图 3-51　利用夹点编辑功能编辑图形

① 同时拉伸 *AB*、*BC*。同时选择 *AB*、*BC* 线，出现夹点后，再选 *B* 点使之成红色热点，同时命令行提示：

** 拉伸 **

指定拉伸点或 [基点(B)/复制(C)/放弃(U)/退出(X)]: 12↙[开启【正交】并上移光标，输

入拉伸数值 12，回车，结果如图 3-52（a）所示]

② 利用夹点镜像复制图形。选择图 3-52（b）中所有图线，出现夹点后，再选 *B* 点使之成红色热点，同时命令行提示：

命令:

** 拉伸 **

指定拉伸点或 [基点(B)/复制(C)/放弃(U)/退出(X)]:　mirror↙（键入【镜像】命令）

** 镜像 **

指定第二点或 [基点(B)/复制(C)/放弃(U)/退出(X)]:　C↙（镜像后默认会删除原对象，因此应选择【复制】选项，使镜像后原对象保留）

** 镜像 (多重) **

指定第二点或 [基点(B)/复制(C)/放弃(U)/退出(X)]: 在 *BC* 线拾取一点[即以 *BC* 线为镜像线，结果如图 3-52（c）所示]

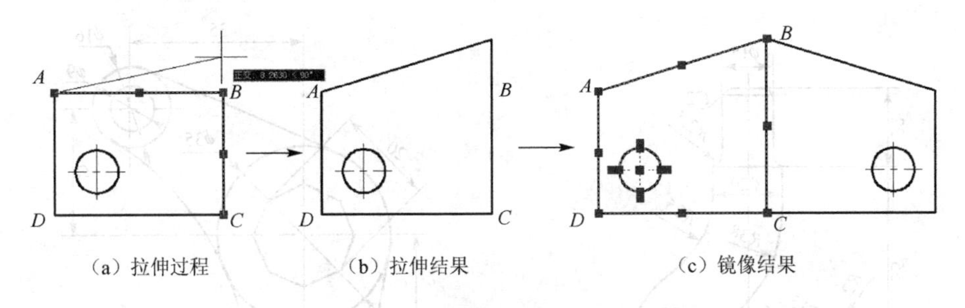

（a）拉伸过程　（b）拉伸结果　（c）镜像结果

图 3-52　利用夹点操作绘制图形

③ 修改 *BC* 图线，并使用夹点拉长，结果如图 3-51（b）所示。

3.8　习题

绘制图 3-53 所示的图形。

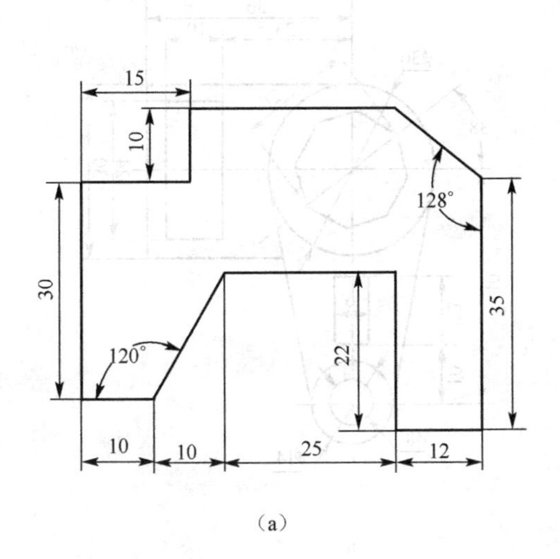

（a）

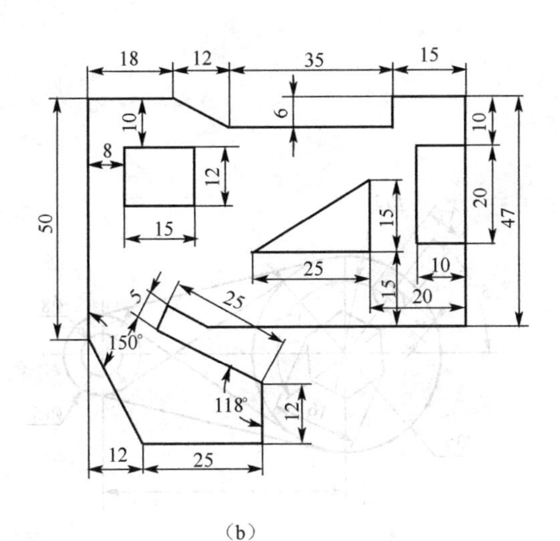

（b）

图 3-53

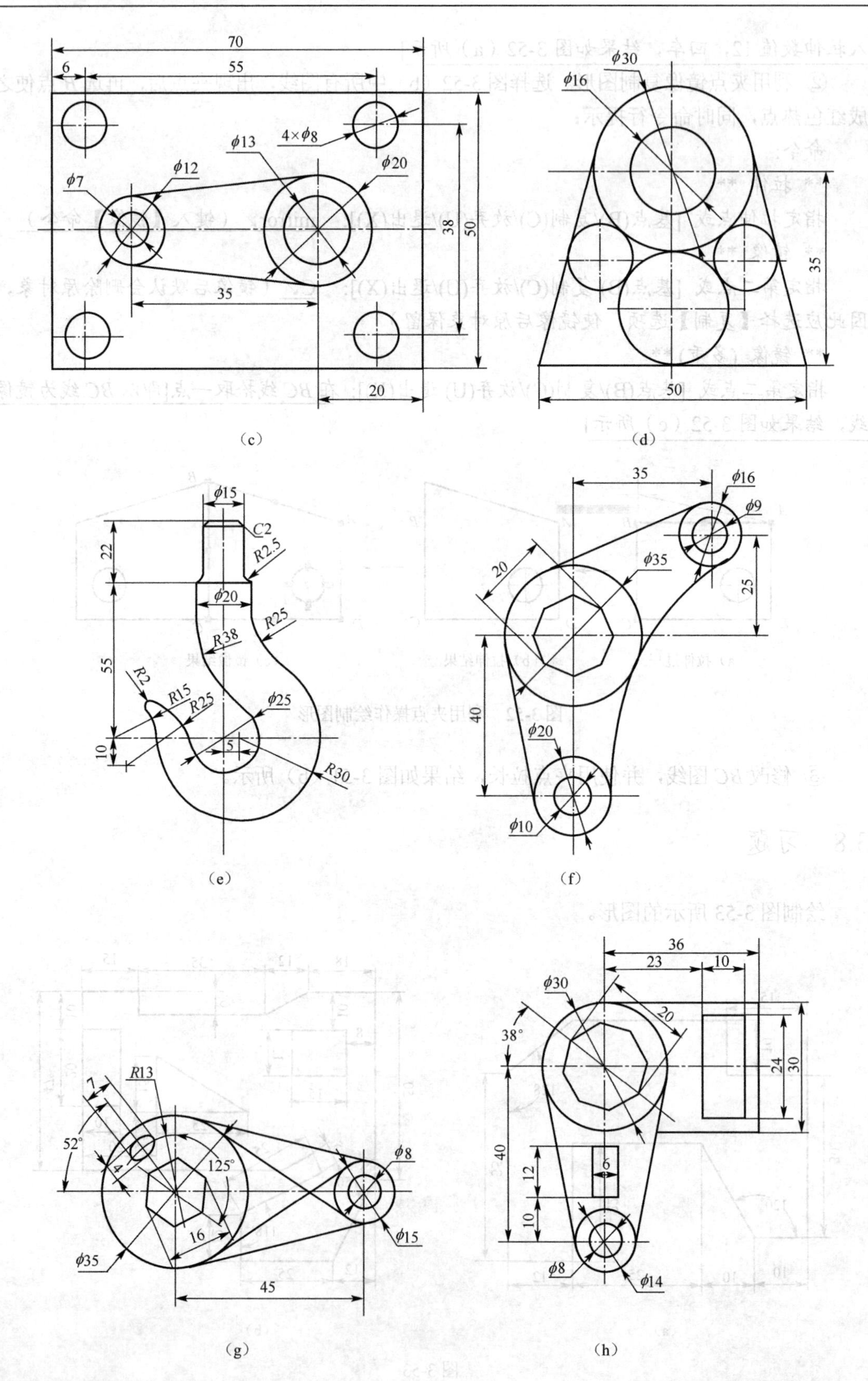
70
6
55
4×ϕ8
ϕ13
ϕ12
ϕ20
ϕ7
38
50
35
20
ϕ30
ϕ16
35
50
ϕ15
C2
22
R2.5
ϕ20
R25
R38
55
R2
R15
R25
ϕ25
10
5
R30
35
ϕ16
ϕ9
20
ϕ35
25
40
ϕ20
ϕ10
R13
7
52°
4
125°
16
ϕ8
ϕ15
ϕ35
45
36
23
10
ϕ30
20
38°
24
30
40
12
6
10
ϕ8
ϕ14

(c) (d) (e) (f) (g) (h)

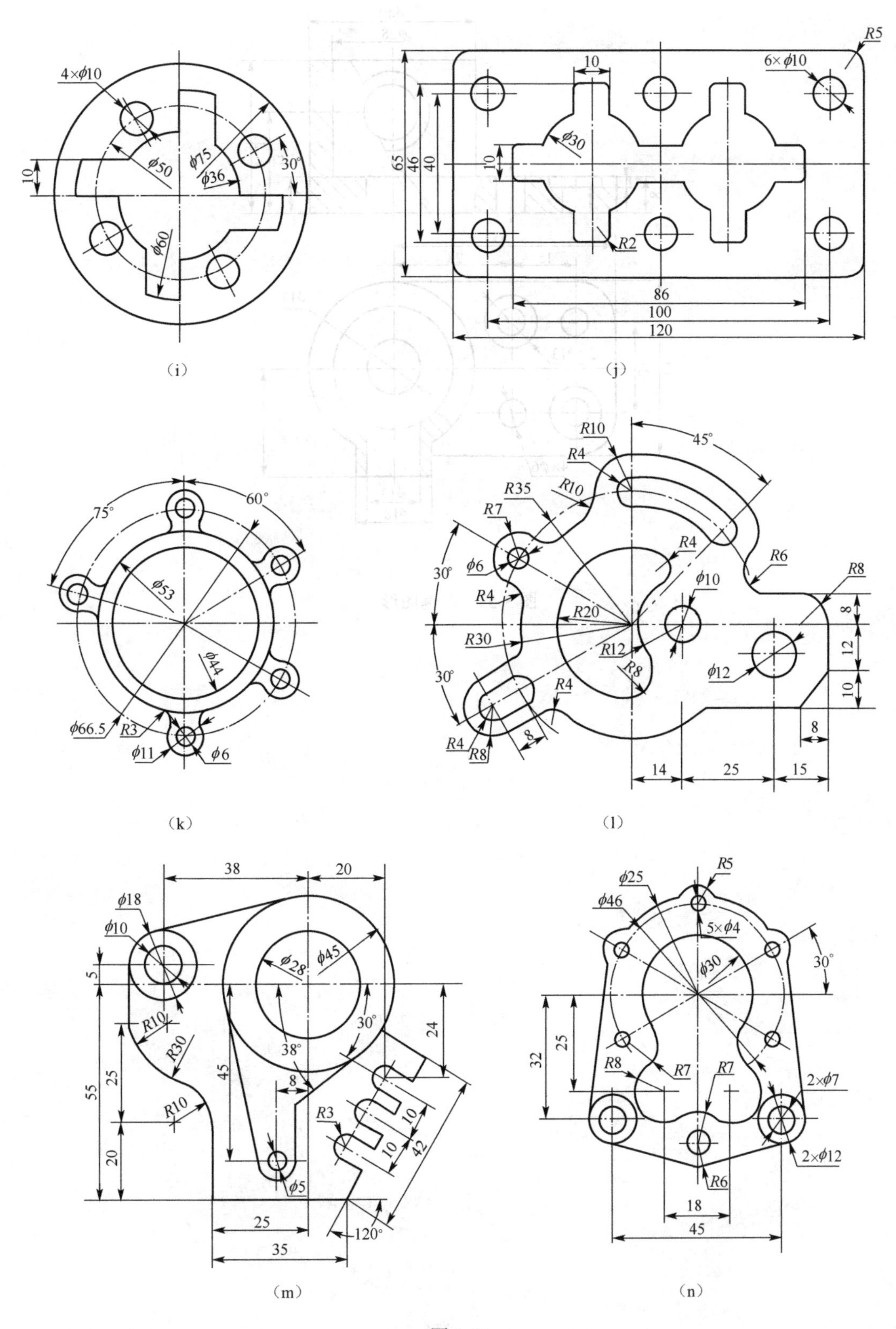
4×ϕ10
ϕ50
ϕ75
ϕ36
ϕ60
10
30°
(i)
R5
10
6×ϕ10
ϕ30
65
46
40
10
R2
86
100
120
(j)
60°
75°
ϕ53
ϕ44
ϕ66.5
R3
ϕ11
ϕ6
(k)
R10
45°
R4
R35
R10
R7
ϕ6
30°
R4
R6
R8
ϕ10
R4
R20
R30
R12
R8
ϕ12
30°
R4
8
12
10
8
R4
R8
14
25
15
(l)
38
20
ϕ18
ϕ10
ϕ28
ϕ45
5
R10
R30
30°
24
38°
55
25
45
8
R10
R3
10
10
42
20
ϕ5
25
120°
35
(m)
R5
ϕ25
ϕ46
5×ϕ4
ϕ30
30°
32
25
R8
R7
R7
2×ϕ7
2×ϕ12
R6
18
45
(n)

图 3-53

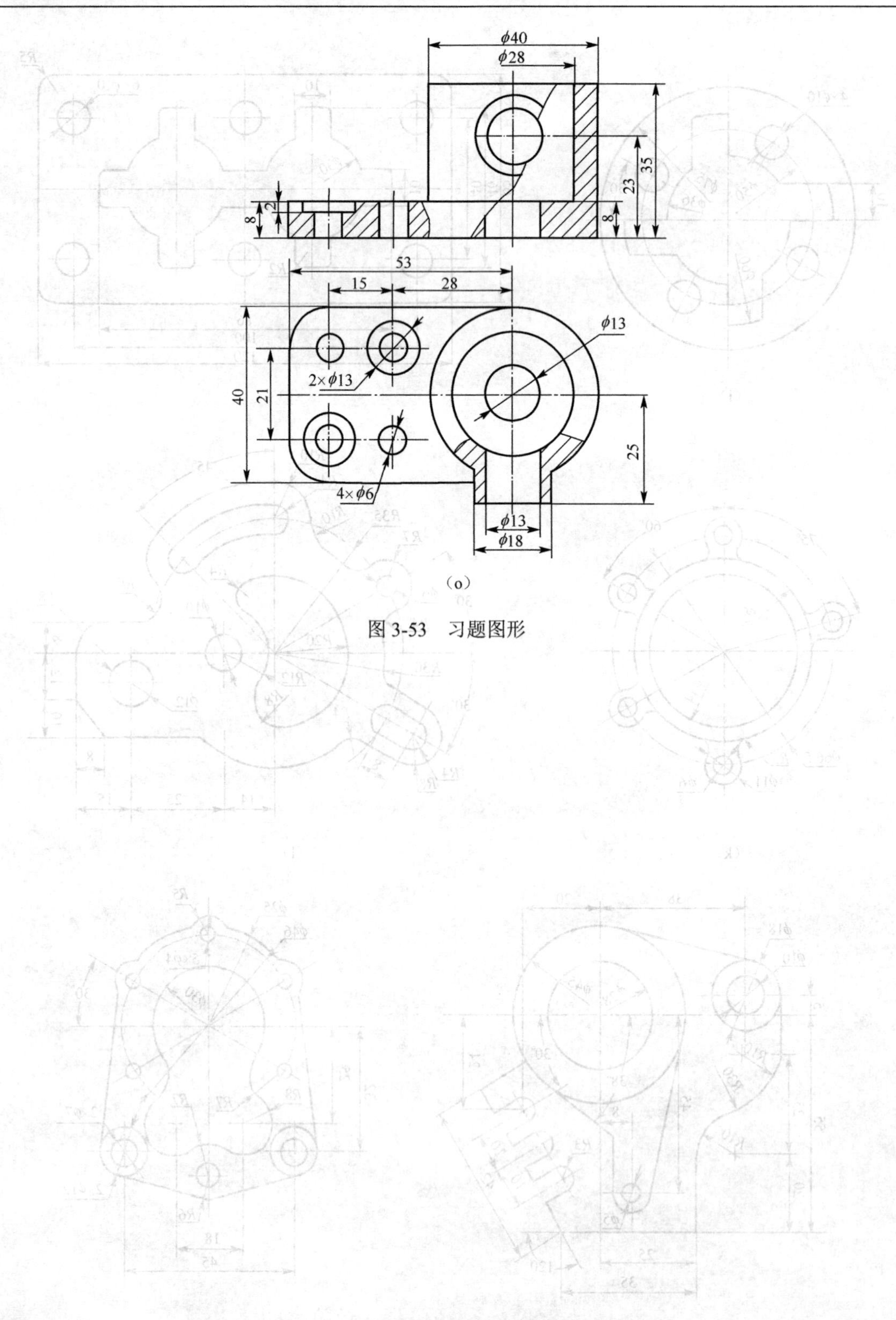

（o）

图 3-53 习题图形

第4章 文字和表格

一张完整的工程图样除了用图形表达物体的结构形状外，还应用一些文字注释来标注图样中的一些非图形信息。如注释说明、技术要求、标题栏和明细表等。另外，在 AutoCAD 2008 中，使用表格功能可以创建不同类型的表格。

4.1 设置文字样式

文字样式是用来控制文字基本形状的一组设置，包括字体、字型以及字体的高度、宽度比例、倾斜角度、排列方式等。通过【文字样式】对话框可方便直观地定制需要的文本样式，或是对已有样式进行修改。

【运行方式】

- 菜　单：【格式】→【文字样式】。
- 工具栏：单击【样式】工具栏中的 A 图标按钮。
- 命令行：STYLE 或 ST。

【操作过程】

以上操作弹出【文字样式】对话框，如图 4-1 所示，可以进行如下设置。

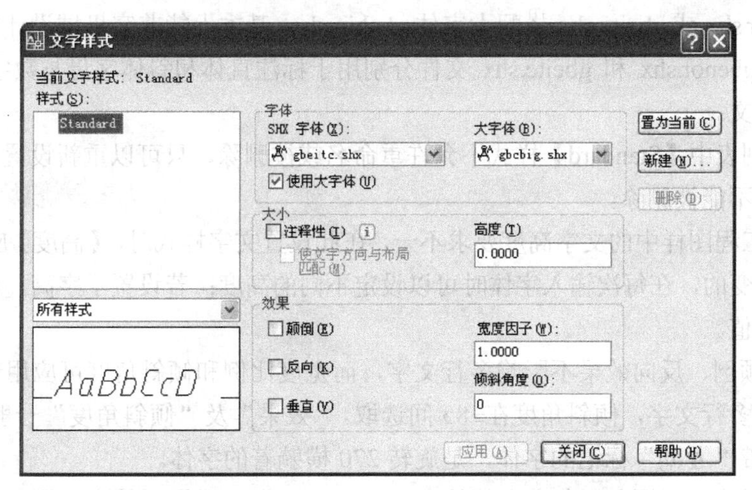

图 4-1 【文字样式】对话框

（1）设置样式名

系统默认的文字样式为【Standard】，可以通过【新建】按钮建立新的文字样式；也可以通过【删除】按钮对已有的文字样式进行删除；还可以对已有样式进行更名。

（2）设置字体

【字体】选项组用于设置文字样式使用的字体、字高等属性。其下拉列表中显示了系统提供的所有字体名称。AutoCAD 软件中的字体共两种：True Type 字体是由 Windows 系统提供的字体，其标记为“T”；SHX 字体是 AutoCAD 本身编译的字体，其标记为“A”。

当选择了 SHX 字体时，【使用大字体】(大字体是指亚洲国家使用的文字)复选框被激活，选中该复选框，然后在【大字体】下拉列表中指定大字体文件，常用的大字体文件为 gbcbig.shx。

根据需要，一般设置两种文字样式字体：设置样式名 Standard 字体为 gbeitc.shx 和 gbcbig.shx，用于标注图形，如图 4-1 所示；建立样式名【工程字】字体为“T 仿宋_GB2312”，用于书写标题栏等内容，如图 4-2 所示，其【宽度因子】＝0.7。

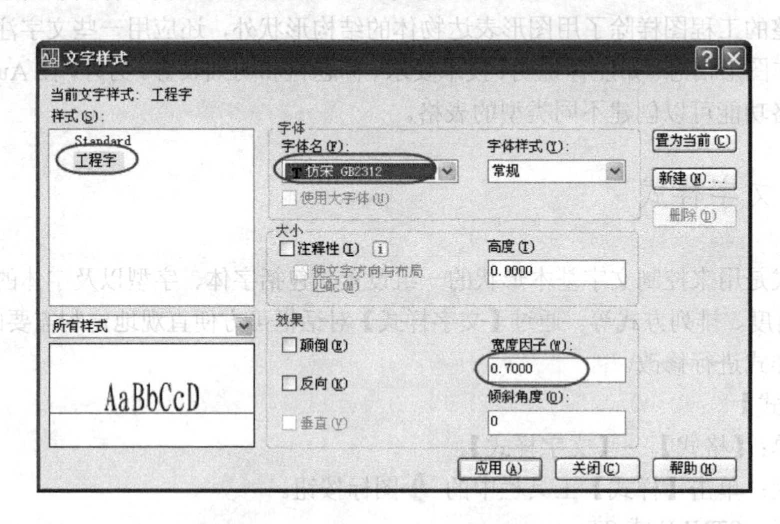

图 4-2　样式名为【工程字】的设置

【注意事项】

① gbenor.shx 或 gbeitc.shx 搭配大字体 gbcbig.shx，基本上能兼容机械设计中所有常见的字体和符号。gbenor.shx 和 gbeitc.shx 文件分别用于标注直体和斜体字母与数字；gbcbig.shx 则用于标注中文。

② 样式列表中【Standard】样式不允许重命名或被删除，只可以重新设置，图中已使用的文字样式也不能被删除。

③ 因为工程图样中的文字高度要求不一，在此设置文字样式时，【高度】应为默认值 0，表示字高是可变的，在每次输入字体时可以设定不同的高度；若设置了字高，则该样式的文字高度为固定值。

④ 设置颠倒、反向效果不影响多行文字，而宽度比例和倾斜角度可应用于新编写的文字和已注写的多行文字，倾斜角度在±85°间选取。“效果”及“倾斜角度”一般不用。

⑤ 凡是带“T@”标记的字体，是旋转 270°横躺着的字体。

⑥ 文字样式对话框左下角空白处的“AaBbCcD”即为设置后的字体预览效果。

4.2　输入文本

在 AutoCAD 软件中，注写文字有两种方式：单行文字和多行文字。

4.2.1　单行文字

当输入的文字较短，并且输入的文字只采用一种字体和文字样式时，可以使用【单行文字】命令来标注文字，且所注写的每一行文字都是一个独立的对象，可以分别进行编辑修改。

【运行方式】

- 菜　单：【绘图】→【文字】→【单行文字】。
- 工具栏：单击【文字】工具栏中的 AI 图标按钮。
- 命令行：TEXT 或 TEXT、DT。

【操作过程】

命令：　text↙(输入命令)

当前文字样式：　“工程字”　文字高度：　2.5000　注释性：　否

指定文字的起点或 [对正(J)/样式(S)]：指定文字的起始位置的左下角点（光标点取）

指定高度 <2.5000>：　3.5↙（指定文字高度为 3.5）

指定文字的旋转角度 <0>：↙(回车或输入角度值)

此时，在屏幕上的【在位文字编辑器】中，输入文字，回车。可以继续输入第二行文字，连续两次回车结束命令。

【选项说明】

① 【对正】：设置单行文字的对齐方式，选择此项后，命令行出现提示“输入选项[对齐(A)/调整(F)/中心(C)/中间(M)/右(R)/左上(TL)/中上(TC)/右上(TR)/左中(ML)/正中(MC)/右中(MR)/左下(BL)/中下(BC)/右下(BR)]：”，根据需要选用相应的对齐方式，通常图样中文字的位置要求不太严格，一般不需要设置此项。

② 【样式】：创建有多个文字样式时，可以选择此项，用以重新选择需要使用的文字样式，否则会采用当前的文字样式。

4.2.2　多行文字

【多行文字】适用于较长、较复杂的文字内容。所创建的文字又称为段落文字，是一种更易于管理的文字对象，作为一个整体对象，可以对其内容和属性同时进行编辑。

【运行方式】

- 菜　单：【绘图】→【文字】→【多行文字】。
- 工具栏：单击【文字】工具栏中的 A 图标按钮。
- 命令行：MTEXT 或 MT。

【操作过程】

命令：　mt↙(输入命令)

MTEXT 当前文字样式：　“工程字”　文字高度：　3.5　注释性：　否

指定第一角点：指定文本框第一角点（此时拉出一个矩形窗口）

指定对角点或 [高度(H)/对正(J)/行距(L)/旋转(R)/样式(S)/宽度(W)/栏(C)]：在适当位置指定文本窗口的另一个角点（该点与第一角点的水平距离就是矩形边界宽度）

此时，在屏幕上的【在位文字编辑器】中（图 4-3）输入文字，回车即换行，可以继续输入文字，单击【确定】按钮结束命令。

【注意事项】

① 默认的对齐方式为“左上”对齐。

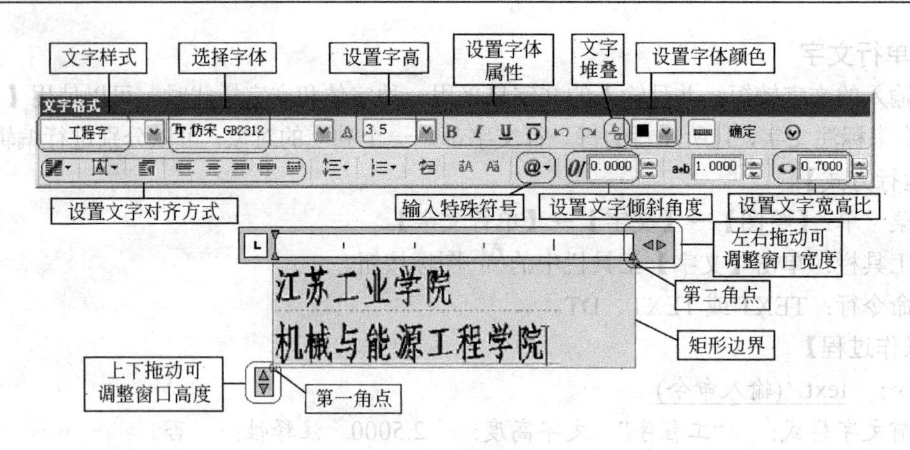

图 4-3　多行文字中的【在位文字编辑器】

② 矩形边界宽度即为段落文本的宽度，可以点击右侧的三角符号◁▷左右拖动来改变，多行文字可以自动换行以适应该宽度。矩形边界的高度会随着换行自动调整，不用点击上下拖动。

4.2.3　特殊符号的注写及文字的堆叠

（1）特殊符号的注写

工程图样中经常要使用±、⌀ 、∠、Ω 等符号，而这些字符无法通过键盘直接键入，故称为特殊符号。该类特殊符号的注写通常有以下方式。

① 在多行文字的【在位文字编辑器】中，单击“@”按钮或按鼠标右键，在弹出的快捷菜单中选择【符号】，都能调出特殊符号选项板，如图 4-4 所示。从中可以直接选择相应符号，如度数“°”、公差“±”和直径“⌀ ”等，另外还可以选择【其他】选项，将 Windows 中的“字符映射表”调出，从中可以选择特殊符号选项板中没有的符号。

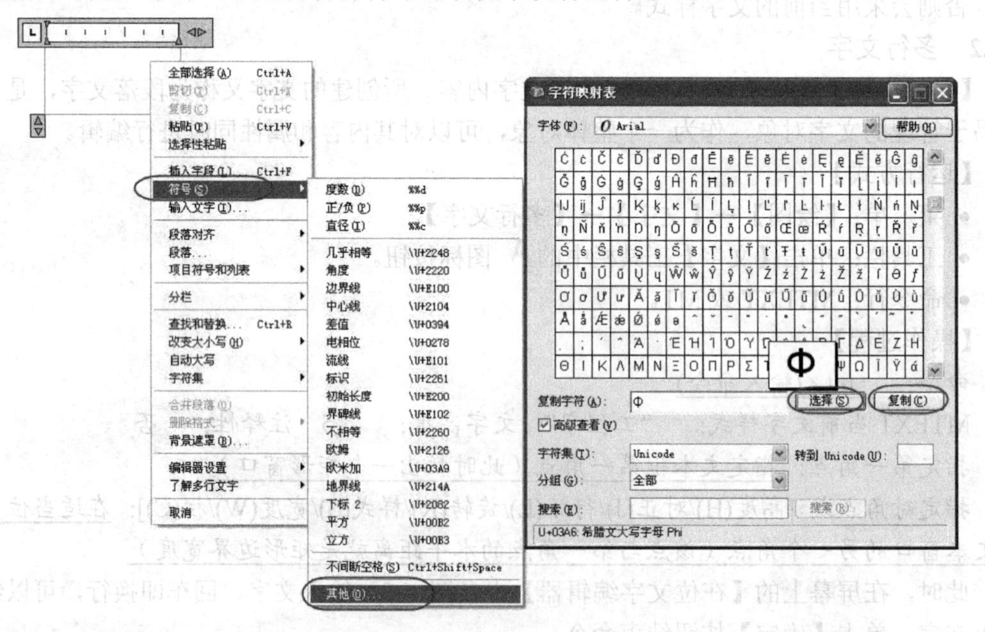

图 4-4　注写特殊符号过程

② 通过输入法键盘调出符号软键盘，如图 4-5 所示，它是从万能五笔输入法调出的符号软键盘，可以选择各种标点、序号、数学、单位符号等。

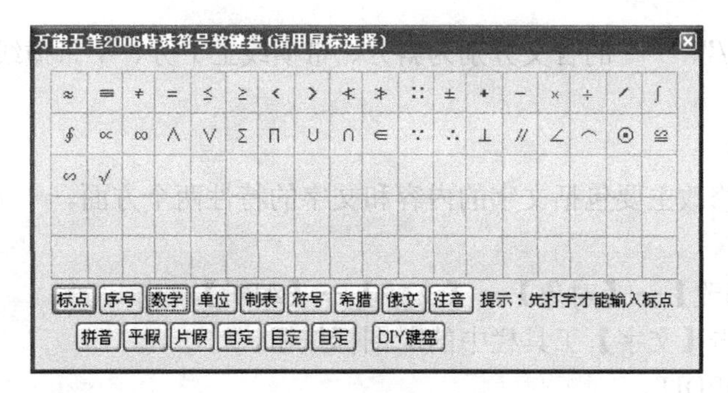

图4-5 符号软键盘

③ 通过键盘输入特定的代码（表4-1）或输入Unicode字符串（表4-2）来替代这些特殊符号。

表4-1 常用特殊字符的控制代码及其含义

特殊字符	控制代码	特殊字符	控制代码
度（°）	%%D	直径（Φ）	%%C
公差（±）	%%P	百分号（%）	%%%

表4-2 Unicode字符串及其含义

特殊字符	Unicode字符串	特殊字符	Unicode字符串
角度（∠）	\U+2220	奥米伽（Ω）	\U+03A9
几乎相等（≈）	\U+2248	下标2（2）	\U+2082
不相等（≠）	\U+2260	上标2（2）	\U+00B2

（2）文字的堆叠

在文字注写过程中，有时需要输入分数、上下标或上、下偏差等特征标识，此时需要用到文字堆叠功能。该功能见图4-3中的图标。

在使用时，需要分别输入分子和分母，其间使用 / 、# 或 ^ 分隔，然后选择这一部分文字（如图4-6中，所框文字为需要选中的对象），此时激活堆叠图标（亮闪），单击该图标即可。

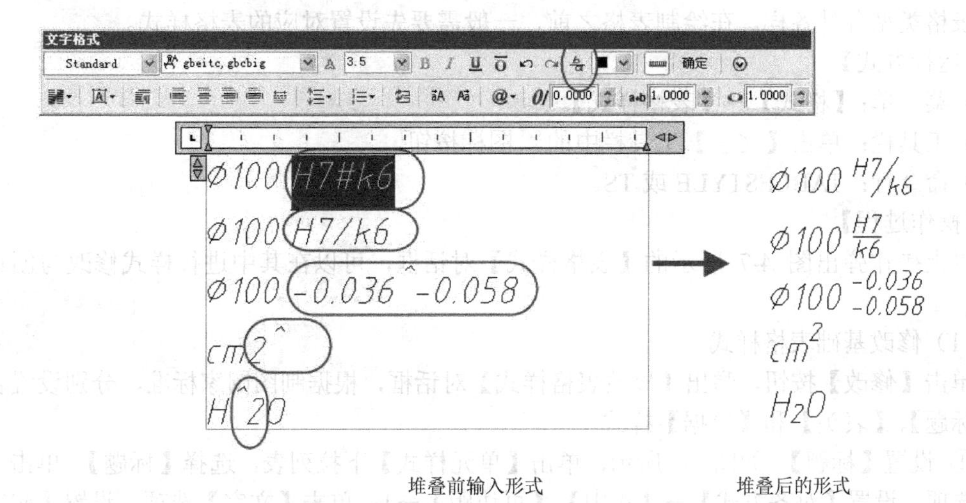

图4-6 文字的堆叠

分隔符“#”、“/”、“^”的含义分别为斜分、带横线上下分、不带横线上下分，堆叠后的效果如图 4-6 所示。

4.2.4 文字的编辑

文字的编辑和修改主要包括文字的内容和文字的特性两个方面。

【运行方式】

- 菜　单：【修改】→【对象】→【文字】→【编辑】。
- 工具栏：单击【文字】工具栏中的A图标按钮。
- 命令行：DDEDIT。
- 双击所要编辑的文字内容。
- 单击所要编辑的文字内容后鼠标右键弹出快捷菜单选择“编辑文字”或“编辑多行文字”。

【注意事项】

单行文字只能编辑文字内容，不能对文字的属性（如字体、字高、倾斜效果等）进行修改，完成后在文字框外任意位置点击即可结束。

多行文字不仅能编辑文字内容，也能对文字的属性、对齐方式等进行修改，完成后在文字框外任意位置点击或点击【确定】即可结束。

如果工程图样中有大量文字信息的整体比例需要调整，可以采用缩放文字比例命令（SCALETEXT）来完成，而不用分别重新调整这些文字的高度值。命令路径为：【修改】/【对象】/【文字】/【比例】，这种命令缩放的文字不会改变其实际位置，相对于【比例缩放(Scale)】命令更能准确定位。

4.3 表格

工程图特别是化工设备图，除了图形、尺寸以及技术要求外，还必须配置技术特性表、管口表等表格。在 AutoCAD 2008 中，使用表格功能可以创建不同类型的表格，还可以在其他软件中复制表格，以简化制图操作。

4.3.1 表格样式

表格类型各种各样，在绘制表格之前，一般需要先设置对应的表格样式。

【运行方式】

- 菜　单：【格式】→【表格样式】。
- 工具栏：单击【文字】工具栏中的图标按钮。
- 命令行：TABLESTYLE 或 TS。

【操作过程】

以上操作弹出图 4-7 所示的【表格样式】对话框，可以在其中进行样式修改与创建等操作。

（1）修改基础表格样式

单击【修改】按钮，弹出【修改表格样式】对话框，根据制图国家标准，分别设置表格的【标题】、【表头】和【数据】样式。

① 设置【标题】 如图 4-8 所示，单击【单元样式】下拉列表，选择【标题】，单击【基本】选项，设置【对齐方式】→【正中】，【页边距】→1；单击【文字】选项，设置【文字样式】→Standard，【文字高度】→5。【边框】选项不作设置。

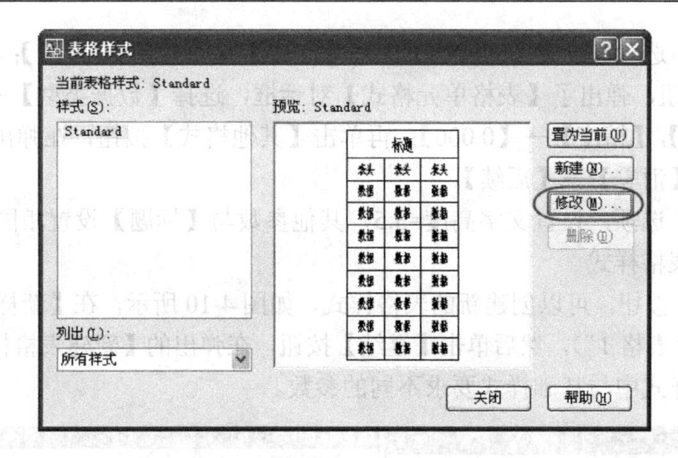

图 4-7　【表格样式】对话框

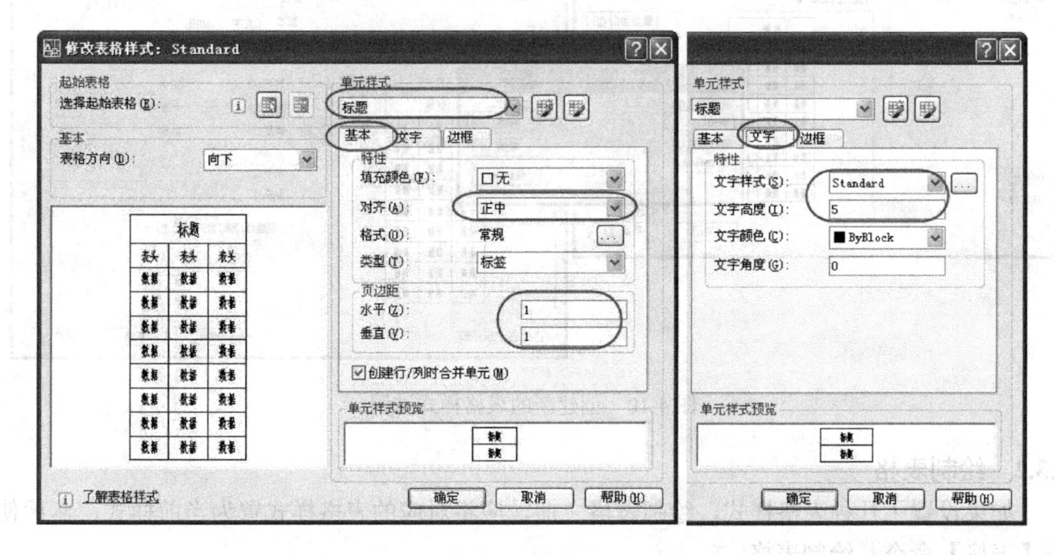

图 4-8　设置【修改表格样式】中的【标题】参数

② 设置【表头】　表头设置除了【文字高度】=3.5 以外，其他皆与【标题】设置相同。

③ 设置【数据】　如图 4-9 所示，单击【单元样式】下拉列表，选择【数据】。

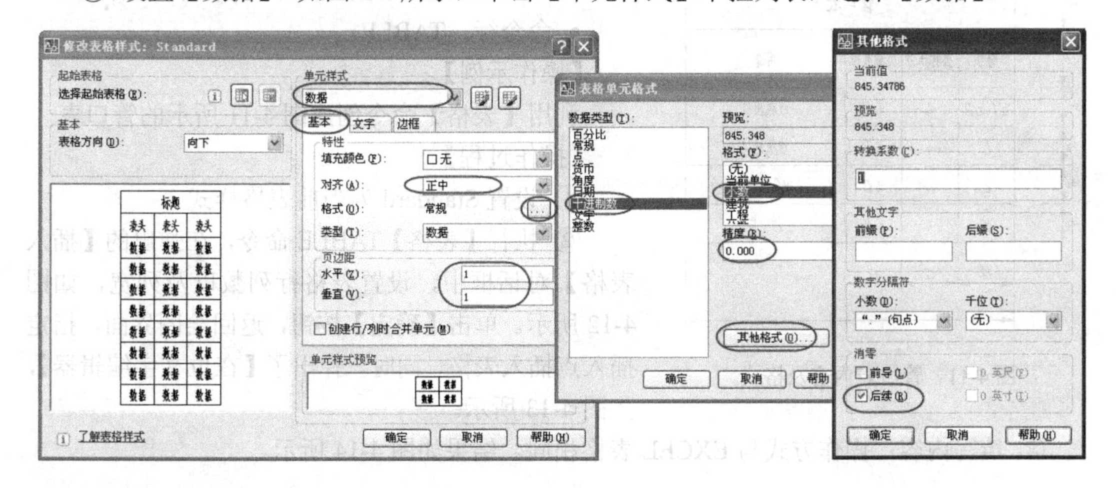

图 4-9　设置【修改表格样式】中的【数据】参数

单击【基本】选项，设置【对齐方式】→【正中】,【页边距】→【1】; 单击【格式】选项后的...图标按钮，弹出了【表格单元格式】对话框，选择【数据类型】→【十进制数】,【格式】→【小数】,【精度】→【0.000】; 再单击【其他格式】按钮，在弹出的【其他格式】对话框中，设置【消零】→【后续】。

单击【文字】选项，设置文字高度=3.5，其他参数与【标题】设置相同。

（2）创建新表格样式

单击【新建】按钮，可以创建新的表格样式，如图 4-10 所示，在【新样式名】下，键入新样式名称（如“表格 1”），然后单击【继续】按钮，在弹出的【新建表格样式：表格 1】对话框中，设置新样式中与基础样式要求不同的参数。

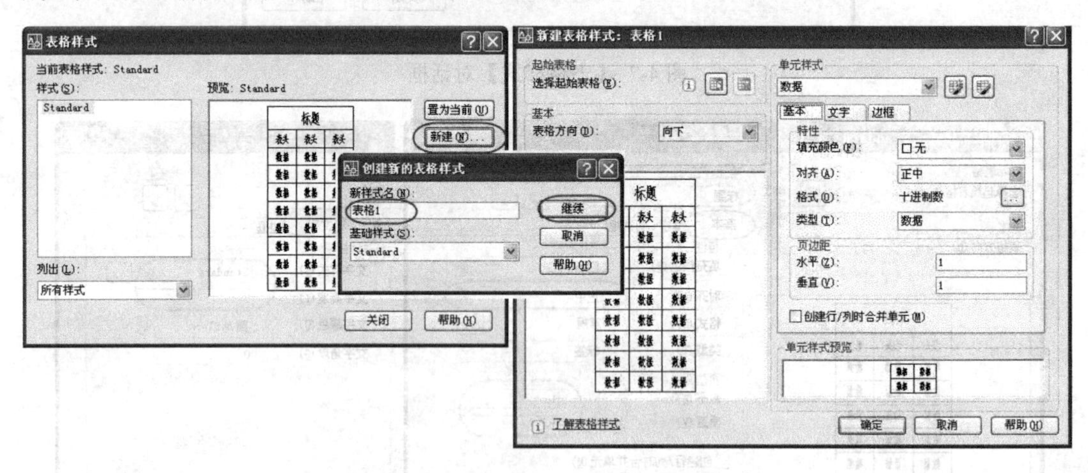

图 4-10　创建新的表格样式过程

4.3.2　绘制表格

如果设置了几种表格样式，绘制表格之前，应将对应的表格样式置为当前样式，然后使用【表格】命令，绘制表格。

【运行方式】

- 菜　单：【绘图】→【表格】。
- 工具栏：单击【绘图】工具栏中的图标按钮。
- 命令行：TABLE。

【操作示例】

利用【表格】命令创建图 4-11 所示的管口表。

【操作过程】

① 设置 Standard 为当前表格样式。

② 执行【表格】TABLE 命令，在弹出的【插入表格】对话框中，设置表格行列数以及列宽，如图 4-12 所示。单击【确定】按钮，返回绘图界面。指定插入点插入表格，同时，弹出了【在位文字编辑器】，如图 4-13 所示。

管口表			
符号	公称压力	公称直径	用途
a1~a2	4	40	液氨出口
b	4	40	液氨进口
c	4	40	安全阀接口
d	4	40	放空口

图 4-11　管口表内容及格式

③ 填写内容：操作方式与 EXCEL 表格相同。结果如图 4-14 所示。

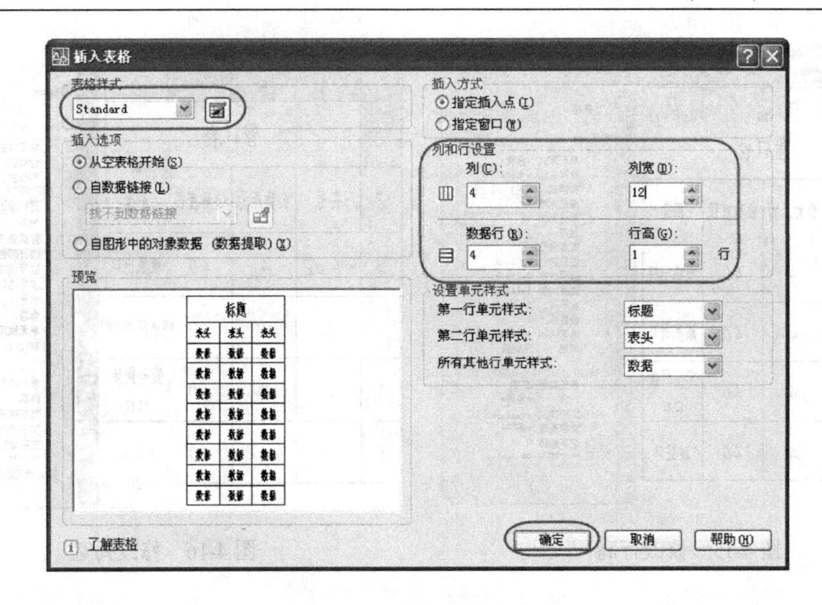

图 4-12 【插入表格】对话框

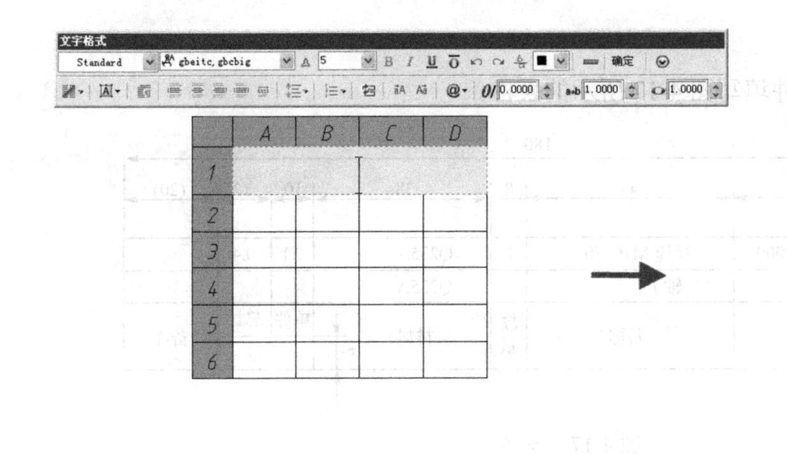

图 4-13　插入表格时文字输入界面

管口表			
符号	公称压力	公称直径	用途
a1~a2	4	40	液氨出口
b	4	40	液氨进口
c	4	40	安全阀接口
d	4	40	放空口

行高：8.67、11.56、11.77、11.33、11.53、11.33；列宽：12、12、12、12

图 4-14　填写内容后的表格

4.3.3　编辑表格

执行【表格】命令直接创建的表格一般不能满足实际绘图的要求，可以通过适当的编辑和修改，使其符合图纸的要求。

如图 4-14 所绘制的表格，与图 4-11 比较，行高、列宽不符合要求，必须进行调整。

（1）修改行高

选中标题与表头：此时弹出【表格】工具条，按右键选择【特性】，调出【特性选项板】，设置【单元行高】为“12”，如图 4-15 所示。用同样的办法修改剩下的行高为“8 ”。

（2）修改列宽

选中表格中最后一列，用同样的方法打开【特性选项板】，设置【单元宽度】为“34”，如图 4-16 所示。

经过修改后的表格与图 4-11 完全一致。

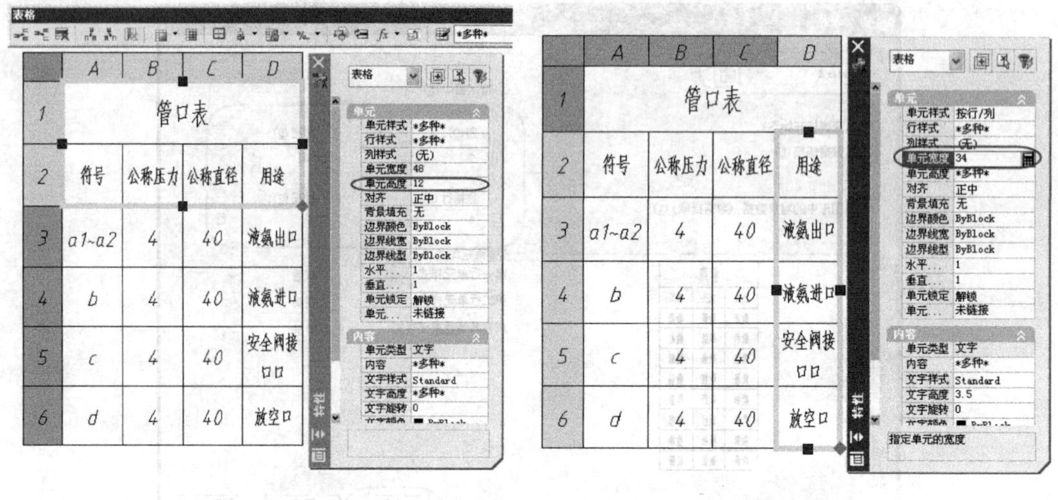

图 4-15　修改行高　　　　图 4-16　修改列宽

4.4　习题

设置文字样式，绘制并填写图 4-17 所示的表格。

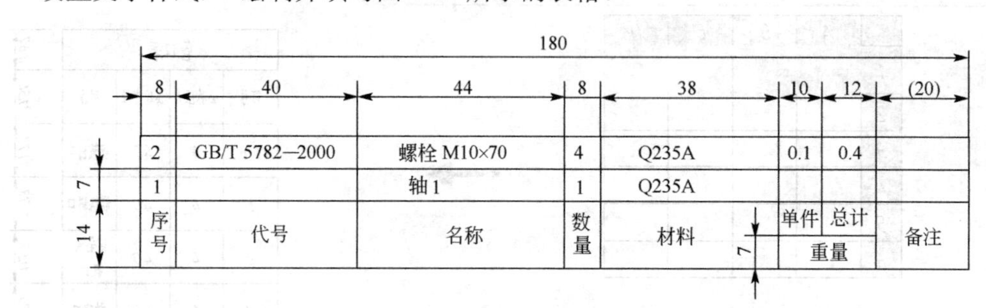

2	GB/T 5782—2000	螺栓 M10×70	4	Q235A	0.1	0.4	
1		轴 1	1	Q235A			
序号	代号	名称	数量	材料	单件	总计	备注
					重量		

图 4-17　表格

第5章　尺寸标注

在图形设计过程中，尺寸标注是一张完整的工程图样中不可缺少的内容，AutoCAD 提供了整套的尺寸标注的处理方法，包括尺寸样式的设置、尺寸标注的类型以及尺寸标注的编辑等内容。

5.1　尺寸标注样式设置

5.1.1　修改尺寸标注基本参数

尺寸标注样式是一组尺寸变量设置的有名集合。使用尺寸标注样式可以控制标注的格式和外观，建立强制执行的绘图标准，并有利于对标注格式进行修改。在进行工程图样的尺寸标注之前应根据制图国家标准规定创建尺寸标注样式。

（1）国家制图标准对尺寸标注各参数的要求

如图 5-1 所示，为尺寸标注各要素的具体标识，符合国标制图要求的各参数应为：尺寸界线超出尺寸线距离=2；尺寸界线与轮廓线间距=0；相同方向的各线性尺寸之间间距=10；尺寸箭头大小=3，实心闭合；圆的中心线超出轮廓线尺寸=3.5；尺寸数字高度=3.5；尺寸文本离尺寸线距离=1。

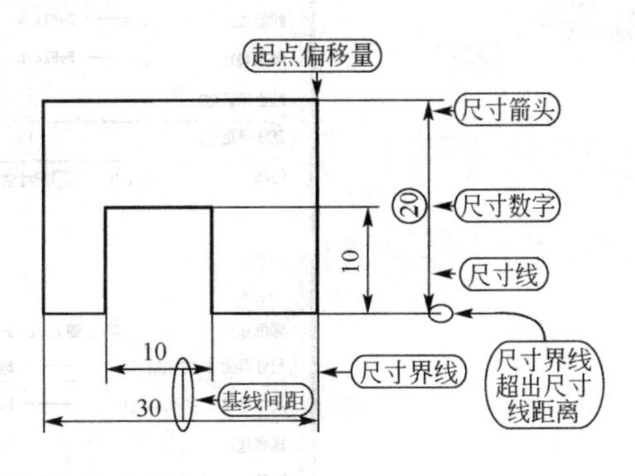

图 5-1　尺寸标注的组成

（2）修改基础标注样式

【运行方式】

- 菜　单：【标注】→【标注样式...】或【格式】→【标注样式...】。
- 工具栏：单击【标注】工具栏中的图标按钮。
- 命令行：DIMSTYLE 或 D。

【操作过程】

以上操作弹出图 5-2 所示的【标注样式管理器】对话框。在该对话框中，根据制图标准修改基础标注基本参数。

① 修改【线】选项卡　单击【修改】按钮，弹出【修改标注样式：ISO-25】对话框，单击【线】选项卡，如图 5-3 所示，从中设置【基线间距】（=10）、【超出尺寸线】（=2）及【起点偏移量】（=0）三个参数。

【尺寸线】和【尺寸界线】选项组中的【隐藏】设置效果如图 5-4 所示，具体使用过程中可根据需要进行相应设置。

② 修改【符号和箭头】选项卡　在该对话框中按图 5-5 中所圈标记修改，其他皆为默认。对话框中各选项简介如下。

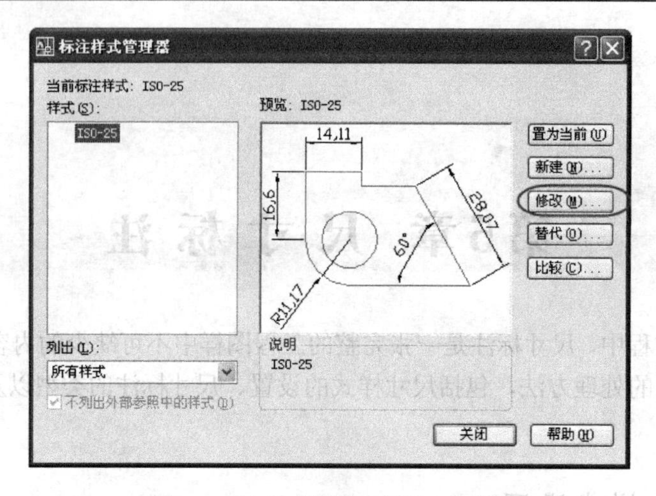

图 5-2 【标注样式管理器】对话框

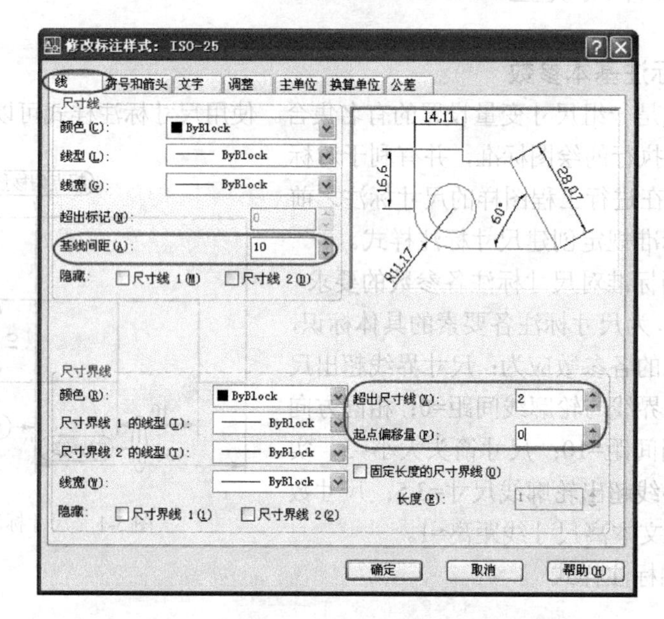

图 5-3 【线】选项卡

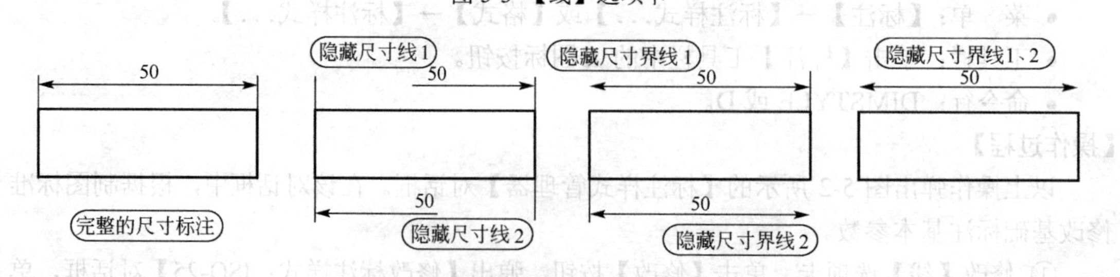

图 5-4 隐藏尺寸线、尺寸界线的效果

【箭头】：AutoCAD 设置了 20 多种箭头样式，可以从对应的下拉列表框中选择，也可以使用自定义箭头。其大小可以通过【箭头大小】文本框中设置。

【圆心标记】：用于设置圆或圆弧的圆心标记类型。其中，【标记】选项可对圆或圆弧绘制圆心标记；选择【直线】选项，可对圆或圆弧绘制中心线；选择【无】选项，则没有任何标记，如图 5-6 所示。当选择【标记】或【直线】单选按钮时，可以在大小文本框中设置圆心标记的大小。

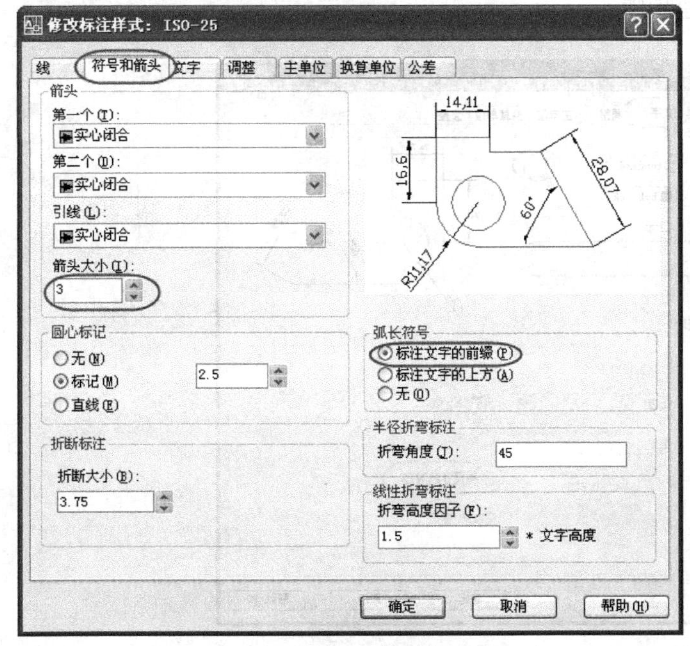

图 5-5 【符号和箭头】选项卡

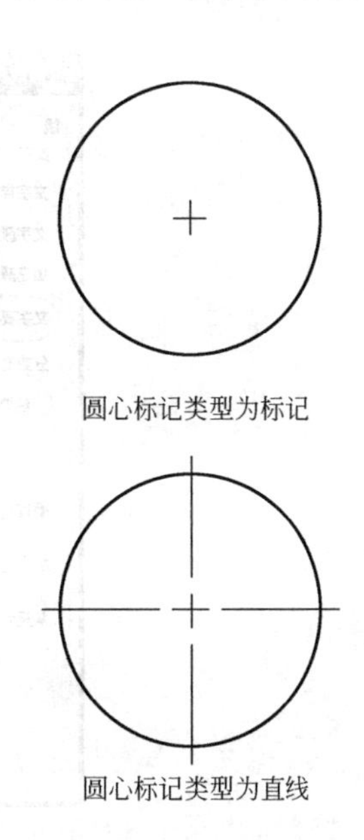

图 5-6 圆心标记效果

【弧长符号】：用于设置弧长符号位置，包括【标注文字的前缀】、【标注文字的上方】和【无】3 种方式，如图 5-7 所示。

【折弯角度】：用于设置标注圆弧半径时标注线的折弯角度大小。如图 5-8 所示。

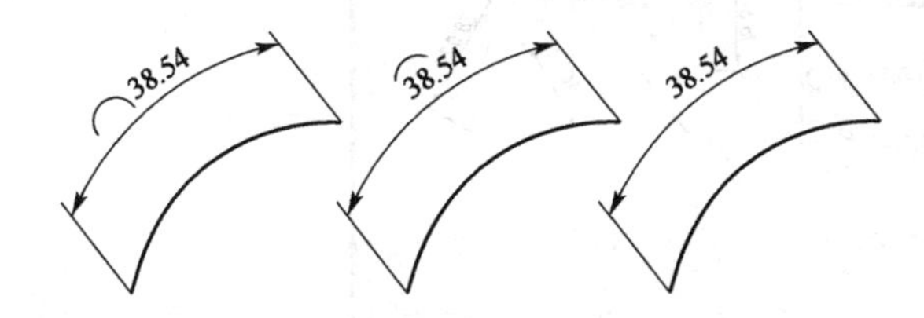

图 5-7 设置弧长符号的位置

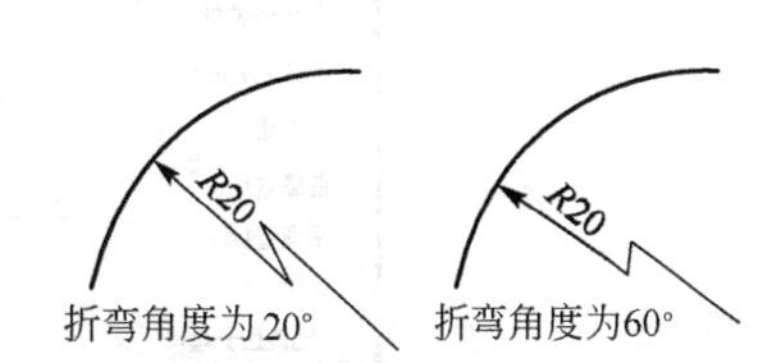

图 5-8 【半径折弯标注】效果

③ 修改【文字】选项卡 使用【文字】选项卡可以设置标注文字的外观、位置和对齐方式等，如图 5-9 所示，在该对话框中，单击【文字】后的...按钮，设置【Standard】文字样式（参见 4.1）；设置【文字高度】→“3.5”；设置【文字对齐】→【与尺寸线对齐】；其他参数皆为默认。

④ 修改【主单位】选项卡 【主单位】选项卡用于设置主单位的格式与精度等属性，如图 5-10 所示。在该对话框中，设置【线性标注】的【精度】→“0.00”（即两位小数），设置【小数分隔符】→“句号.”；其他参数皆为默认。

基础标注样式仅需对以上四个选项卡进行修改，其他选项卡皆为默认设置。

5.1.2 创建新的标注样式

在工程图样中，标注线性尺寸、直径、半径及角度尺寸时有不同的要求，因此需要按标注尺寸的类型分别设置标注的对应样式。

前面对基础样式【ISO-25】进行了相应的参数设置，在此基础上分别建立“线性”、“角度”、“半径”、“直径”4 种标注子样式（公差标注通常不建立对应标注样式）。以创建“角度”标注样式为例，介绍新样式创建步骤。

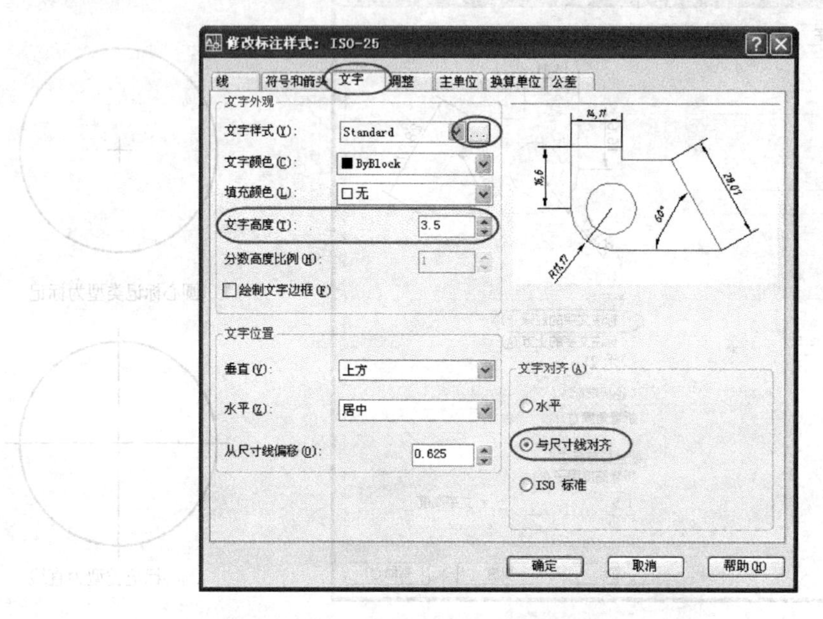

图 5-9 【文字】选项卡

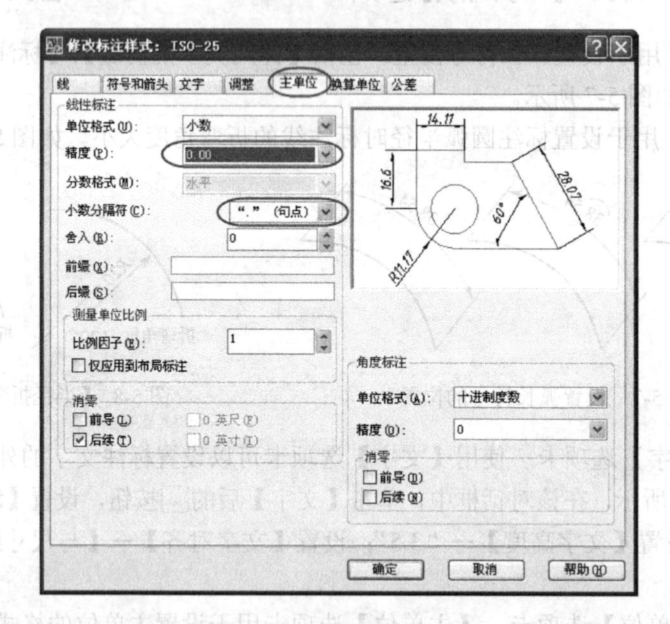

图 5-10 【主单位】选项卡

① 在【标注样式管理器】对话框中，单击【新建】按钮，弹出【创建新标注样式】对话框，如图 5-11 所示。选择【基础样式】为【ISO-25】；单击【用于】下拉列表，选择“角度标注”；然后，单击【继续】按钮。

② 在弹出的【新建标注样式：ISO-25：角度】对话框中，打开【文字】选项框，设置【文字对齐】方式为【水平】，如图 5-12 所示。因为其他选项卡内容无需设置，单击【确定】按钮，返回【标注样式管理器】对话框，“角度”标注样式建立。

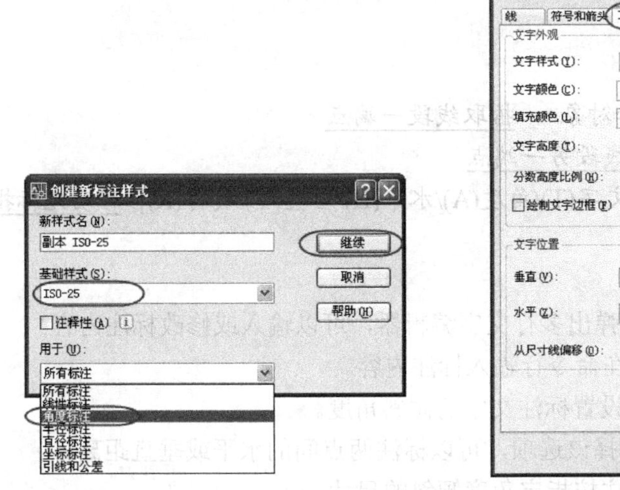

图 5-11　创建新标注样式

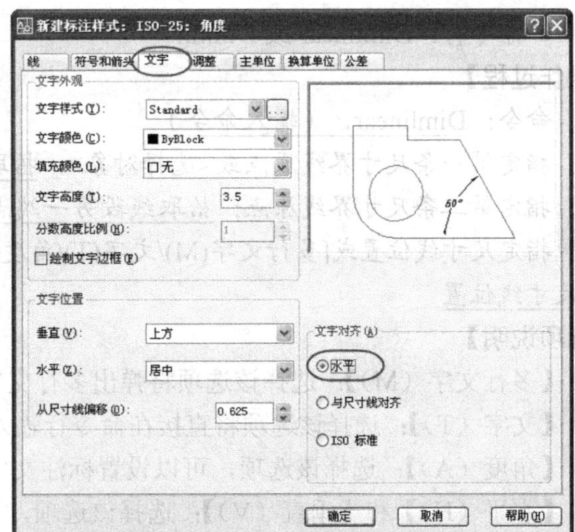

图 5-12　【角度】样式文字设置

③ 重复以上步骤，分别建立线性、半径、直径等标注式样。结果显示如图 5-13 所示。

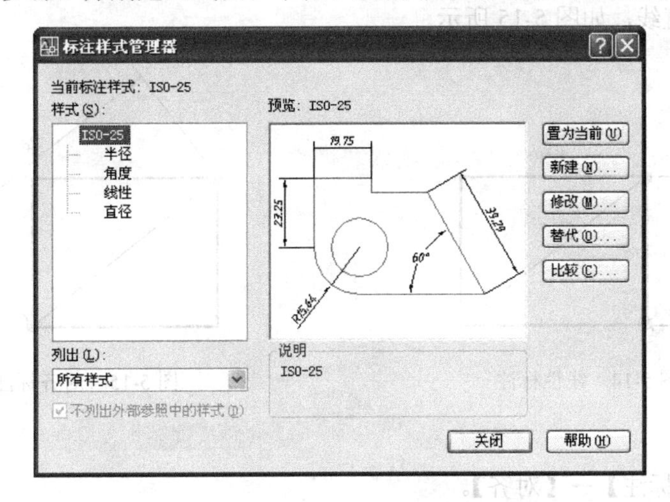

图 5-13　建立新样式后的【标注样式管理器】

5.2　尺寸标注命令

了解尺寸标注的组成与要求、标注样式的创建和设置方法后，可以使用标注工具标注图样的尺寸。AutoCAD 提供了完整的标注命令，如“线性”、“角度”、“直径”、“半径”、“引线”、“公差”、“圆心标记”、“基线”、“连续”、“对齐”、“弧长”、“坐标”、“快速”和“折弯”等。

5.2.1　线性尺寸标注

【标注】中的【线性】命令用于标注水平、垂直线性尺寸。如图 5-14 所示。

【运行方式】

- 菜　单：【标注】→【线性】。
- 工具栏：单击【标注】工具栏中的 图标按钮。

- 命令行：Dimlinear 或 Dimlin

【操作过程】

命令：Dimlinear↙（输入命令）

指定第一条尺寸界线原点或<选择对象>：拾取线段一端点

指定第二条尺寸界线原点：拾取线段另一端点

指定尺寸线位置或[多行文字(M)/文字(T)/角度(A)/水平(H)/垂直(V)/旋转(R)]：移动光标指定尺寸线位置

【选项说明】

【多行文字（M）】：选择该选项将弹出多行文字编辑器，可以输入或修改标注内容。

【文字（T）】：选择该选项将直接在命令行输入标注内容。

【角度（A）】：选择该选项，可以设置标注文字的倾斜角度。

【水平（H）】和【垂直（V）】：选择该选项，可以标注两点间的水平或垂直距离。

【旋转（R）】：选择该选项时，标注按指定角度倾斜的尺寸。

5.2.2 对齐尺寸标注

利用【对齐】标注命令标注倾斜直线的长度，其尺寸线平行于所标注的直线或两个尺寸界线原点连成的直线，如图 5-15 所示。

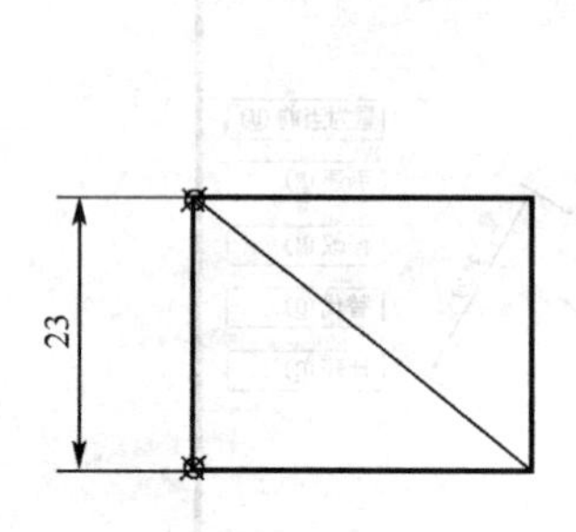

图 5-14 线性标注

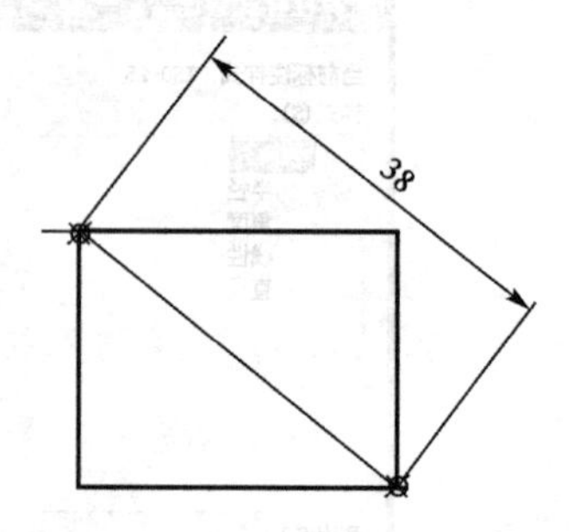

图 5-15 对齐标注

【运行方式】

- 菜 单：【标注】→【对齐】。
- 工具栏：单击【标注】工具栏中的图标按钮。
- 命令行：DIMALIGNED。

【操作过程】

命令： dimaligned↙（输入命令）

指定第一条尺寸界线原点或 <选择对象>：拾取线段一端点

指定第二条尺寸界线原点：拾取线段另一端点

指定尺寸线位置或[多行文字(M)/文字(T)/角度(A)]：移动光标指定尺寸线位置

5.2.3 角度尺寸标注

【角度】命令用来标注圆弧的中心角、圆上一段圆弧的中心角、两条不平行直线的夹角以及三点形成的角度尺寸。

【运行方式】

- 菜 单：【标注】→【角度】。
- 工具栏：单击【标注】工具栏中的 图标按钮。

• 命令行：DIMANGULAR 或 DIMANG。

【操作过程】

命令：Dimangular 或 Dimang

选择圆弧、圆、直线或<指定顶点>:

① 当选择圆弧时，命令行出现以下提示：

指定标注弧线位置或 [多行文字(M)/文字(T)/角度(A)/象限点(Q)]：移动光标指定尺寸线位置[结果如图 5-16（a）所示]

② 当选择圆时，命令行出现以下提示：

指定角的第二个端点：指定角的第二个端点（角度的起点默认为选择对象时的拾取点）

指定标注弧线位置或[多行文字(M)/文字(T)/角度(A)]：移动光标指定尺寸线位置[结果如图 5-16（b）所示]

③ 当选择一条直线后，命令行出现以下提示：

选择第二条直线：指定另一条直线

指定标注弧线位置或[多行文字(M)/文字(T)/角度(A)]：移动光标指定尺寸线位置[结果如图 5-16（c）所示]

④ 当直接回车时，即指定三点标注角度，命令行出现以下提示：

指定角的顶点：拾取点作为角的顶点

指定角的第一个端点：指定一点

指定角的第二个端点：指定另一点

指定标注弧线位置或 [多行文字(M)/文字(T)/角度(A)/象限点(Q)]：移动光标指定尺寸线位置[结果如图 5-16（d）所示]

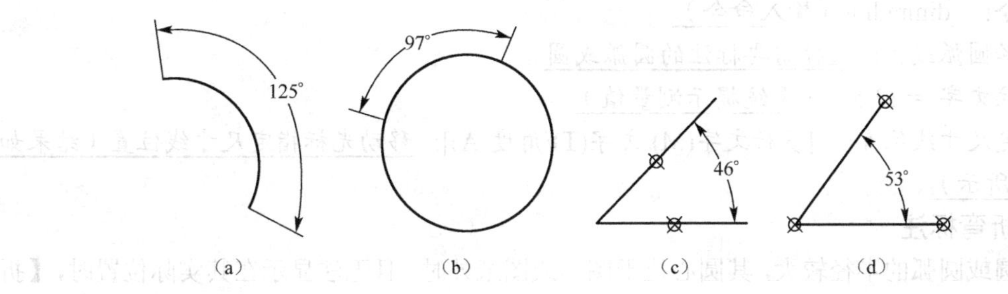

图 5-16　角度标注

5.2.4　弧长标注

【弧长】标注命令用来标注圆弧线段或多段线圆弧线段部分的弧长。

【运行方式】

• 菜　单：【标注】→【弧长】。
• 工具栏：单击【标注】工具栏中的 图标按钮。
• 命令行：DIMARC。

【操作过程】

命令：_dimarc

选择弧线段或多段线弧线段：选择需要标注的圆弧

指定弧长标注位置或 [多行文字(M)/文字(T)/角度(A)/部分(P)/引线(L)]：移动光标指定尺

寸线位置（结果如图 5-17 所示）

5.2.5 直径标注

【直径】命令标注圆和圆弧的直径尺寸，并且系统自动在标注文字前添加直径符号“ϕ”。

【运行方式】

- 菜　单：【标注】→【直径】。
- 工具栏：单击【标注】工具栏中的图标按钮。
- 命令行：DIMDIAMETER。

【操作过程】

命令: _dimdiameter （输入命令）

选择圆弧或圆: 选择需要标注的圆弧或圆

标注文字 =25　（系统提示测量值）

指定尺寸线位置或 [多行文字(M)/文字(T)/角度(A)]: 移动光标指定尺寸线位置（结果如图 5-18 所示）

5.2.6 半径标注

【半径】命令用来标注圆弧和圆的半径，且自动在标注文字前添加符号“*R*”。

【运行方式】

- 菜　单：【标注】→【半径】。
- 工具栏：单击【标注】工具栏中的图标按钮。
- 命令行：DIMDRADIUS。

【操作过程】

命令: _dimradius（输入命令）

选择圆弧或圆: 选择需要标注的圆弧或圆

标注文字 =12.5　（系统提示测量值）

指定尺寸线位置或 [多行文字(M)/文字(T)/角度(A)]: 移动光标指定尺寸线位置（结果如图 5-19 所示）

5.2.7 折弯标注

当圆或圆弧的半径较大，其圆心位于图形或图纸外时，且无法显示在其实际位置时，【折弯】命令可以标注折弯的半径尺寸，如图 5-20 所示。

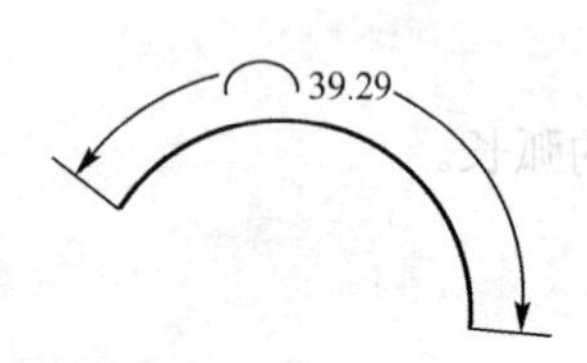

图 5-17　弧长标注

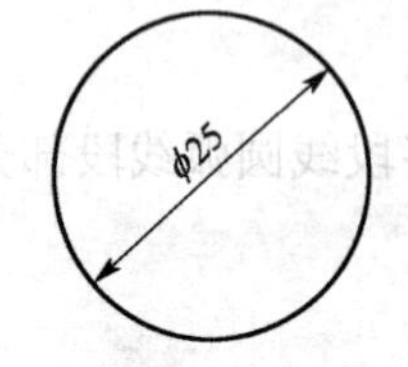

图 5-18　直径标注

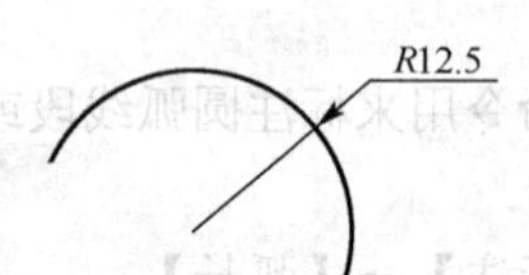

图 5-19　半径标注

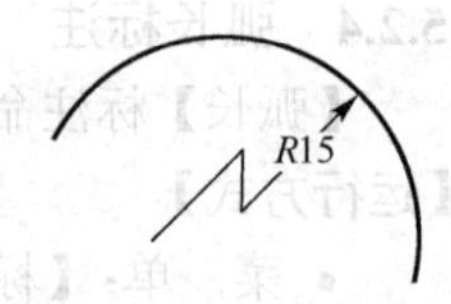

图 5-20　折弯标注

【运行方式】

- 菜　单：【标注】→【折弯】。
- 工具栏：单击【标注】工具栏中的图标按钮。
- 命令行：DIMJOGGED。

【操作过程】

命令：_dimjogged（输入命令）

选择圆弧或圆：选择需要标注的圆弧或圆

指定中心位置替代：在圆弧或圆的中心线上指定替代圆心，作为折弯半径标注的中心点

指定尺寸线位置或 [多行文字(M)/文字(T)/角度(A)]：移动鼠标，指定一点，确定尺寸线的角度和标注文字的位置

指定折弯位置：指定连接尺寸界线和尺寸线的横向直线的中点，系统将按折弯角度标注折弯半径

5.2.8 基线标注

【基线】标注命令用来创建一系列由相同原点测量出来的标注。在创建基线标注之前，必须已经创建了可以作为基准尺寸的线性、对齐或角度标注，如图 5-21 所示。

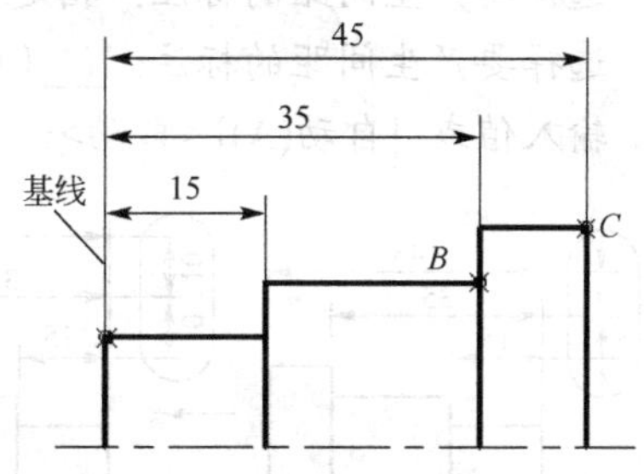

图 5-21 基线标注

【运行方式】

- 菜 单：【标注】→【基线】。
- 工具栏：单击【标注】工具栏中的图标按钮。
- 命令行：DIMBASELINE 或 DIMBASE。

【操作过程】

命令：_dimbaseline（输入命令）

指定第二条尺寸界线原点或 [放弃(U)/选择(S)] <选择>：s↙（选择 S，并回车）

选择基准标注：选择图 5-21 中的尺寸 15 的左端作为基准标注

指定第二条尺寸界线原点或 [放弃(U)/选择(S)] <选择>：选择图 5-21 中 *B* 点

标注文字 ＝35

指定第二条尺寸界线原点或 [放弃(U)/选择(S)] <选择>：选择图 5-21 中 *C* 点

标注文字 ＝45

5.2.9 连续标注

【连续】标注命令用来创建一系列端对端放置的标注，每个连续标注都从前一个标注的第二个尺寸界线处开始。在创建连续标注之前，必须已经创建了线性、对齐或角度标注。

【运行方式】

- 菜 单：【标注】→【连续】。
- 工具栏：单击【标注】工具栏中的图标按钮。
- 命令行：DIMCONTINUE。

【操作过程】

命令：_dimcontinue（输入命令）

指定第二条尺寸界线原点或 [放弃(U)/选择(S)] <选择>:

操作过程与【基线标注】相同，只是选择基准时，应选择已标注对象的第二尺寸界线。如图 5-22 所示。

图 5-22 连续标注

5.2.10 标注间距

【标注间距】命令可调整平行的线性标注和角度标注之间的间距。如图 5-23 所示。

【运行方式】

- 菜　单：【标注】→【标注间距】。
- 工具栏：单击【标注】工具栏中的图标按钮。
- 命令行：DIMSPACE。

【操作过程】

命令：_DIMSPACE↙（输入命令）

选择基准标注：选择图 5-23（a）中的尺寸 15

选择要产生间距的标注：指定对角点：找到 2 个　框选另两个标注

选择要产生间距的标注：↙（回车，结束对象选择）

输入值或 [自动(A)] <自动>：10↙[键入平行尺寸间距数值，结果如图 5-23（b）所示]

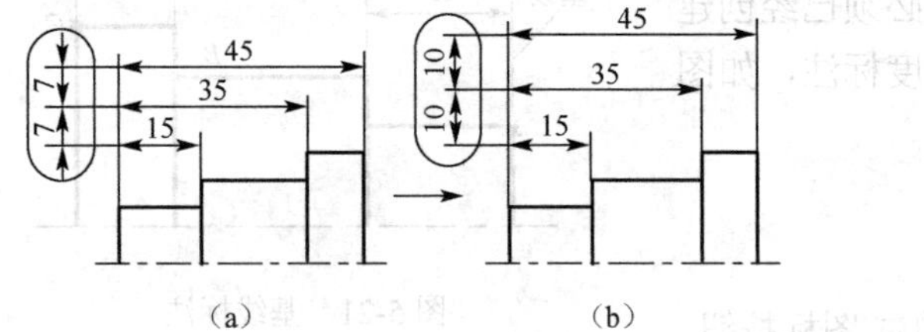

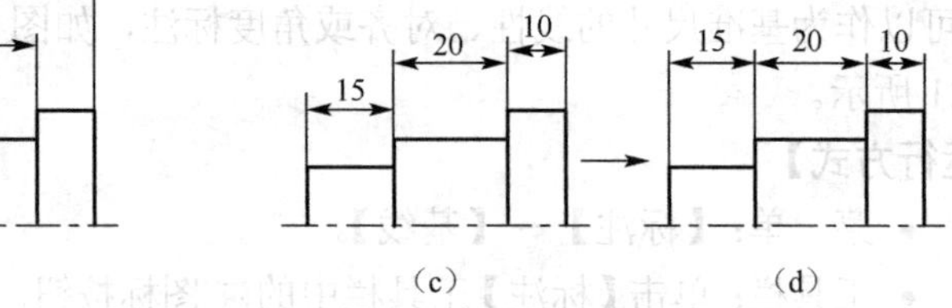

图 5-23　标注间距

除了调整尺寸线间距，还可以通过输入间距值为 0 使尺寸线相互对齐，如图 5-23（d）所示。

5.2.11　多重引线标注

多重引线是具有多个选项的引线对象。该命令用于绘制引线和创建多种格式的注释文字。对于多重引线，先放置引线对象的头部、尾部或内容均可。在多重引线样式管理器中可设置引线的形式、箭头、文字对齐方式等（参见第 8 章 8.1.2 节设置多重引线样式）。

【运行方式】

- 菜　单：【标注】→【多重引线】。
- 工具栏：单击【多重引线】工具栏中的图标按钮。
- 命令行：MLEADER 或 MLD。

【操作过程】

mleader 命令：

指定引线箭头的位置或 [引线基线优先(L)/内容优先(C)/选项(O)] <选项>:

命令使用过程参见第 8 章 8.2.2 节尺寸标注中的标注倒角。

5.2.12　圆心标记

【圆心标记】命令用来标注圆和圆弧的圆心。此时只需要选择待标注圆心的圆和圆弧即可。

【运行方式】

- 菜　单：【标注】→【圆心标记】。
- 工具栏：单击【标注】工具栏中的图标按钮。
- 命令行：DIMCENTER。

【操作过程】

命令：_dimcenter

选择圆弧或圆：选择要作标记的圆或圆弧

圆心标记的形式可以由系统变量 Dimcen 设置。当该变量的值大于 0 时，作圆心标记，且该值是圆心标记线长度的一半；当变量的值小于 0 时，画出中心线，且该值是圆心处小十字线长度的一半。

5.2.13 坐标标注

【坐标】标注命令用来标注相对于用户坐标原点的坐标。在使用【坐标】标注之前，通常应设置 UCS 原点与基准相符。

【运行方式】

- 菜 单：【标注】→【坐标】。
- 工具栏：单击【标注】工具栏中的图标按钮。
- 命令行：DIMORDINATE。

【操作过程】

命令：dimordinate

指定点坐标：拾取要标注坐标的点

指定引线端点或 [X 基准(X)/Y 基准(Y)/多行文字(M)/文字(T)/角度(A)]:

【选项说明】

① 指定引线端点：默认情况下，指定引线的端点位置后，系统将在该点标注出指定点坐标。

② 【X 基准（X）】、【Y 基准（Y）】选项：分别用来标注指定点的 X、Y 坐标。

5.2.14 快速标注

【快速标注】命令用来快速创建成组的基线、连续、阶梯和坐标标注，快速标注多个圆、圆弧，以及编辑现有标注的布局。

【运行方式】

- 菜 单：【标注】→【快速标注】。
- 工具栏：单击【标注】工具栏中的图标按钮。
- 命令行：QDIM。

【操作过程】

命令：_qdim

选择要标注的几何图形：选择要标注的几何对象

选择要标注的几何图形：↙（回车结束对象选择）

指定尺寸线位置或 [连续(C)/并列(S)/基线(B)/坐标(O)/半径(R)/直径(D)/基准点(P)/编辑(E)/设置(T)] <连续>：指定尺寸位置或输入选项

使用该命令可以进行【连续】、【并列】、【基线】、【坐标】、【半径】和【直径】等一系列标注。

5.2.15 形位公差标注

在机械图样中经常需要标注形位公差。

【运行方式】

- 菜 单：【标注】→【公差】。

- 工具栏：单击【标注】工具栏中的图标按钮。
- 命令行：TOLERANCE。

【操作过程】

以上操作弹出【形位公差】对话框，如图 5-24 所示，从中可以设置公差的符号、值及基准等参数。

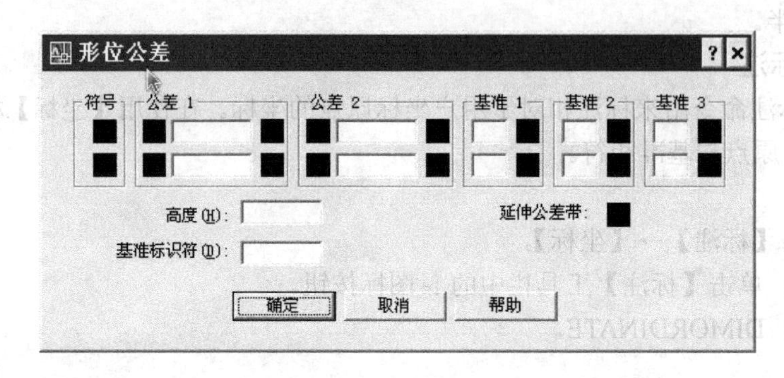

图 5-24 【形位公差】对话框

① 【符号】：单击下面的黑方框，打开【特征符号】对话框，如图 5-25 所示，可以为第 1 个或第 2 个公差选择几何特征符号。

② 【公差 1】、【公差 2】选项组：单击其下方的黑方框，将插入一个直径符号。在中间的文本框中，可以输入公差值。单击该列后面的黑方框，将打开图 5-26 所示的【附加符号】对话框，可以为公差选择包容条件符号。

图 5-25 公差特征符号

图 5-26 选择包容条件

③ 【基准 1】、【基准 2】和【基准 3】选项组：设置公差基准和相应的包容条件。

④ 【高度】文本框：设置投影公差带的值。投影公差带控制固定垂直部分延伸区的高度变化，并以位置公差控制公差精度。

⑤ 【延伸公差带】选项：单击其右侧黑方框，可在延伸公差带值的后面插入延伸公差带符号。

⑥ 【基准标识符】文本框：创建由参照字母组成的基准标识符号。

5.3 尺寸标注的编辑

在进行尺寸标注时，系统的标注样式可能不符合具体要求，在此情况下，可以根据需要，对所标注的尺寸进行编辑修改，而不必删除所标注的尺寸对象再重新进行标注。尺寸标注的编辑包括对已标注尺寸的标注位置、文字位置、文字内容、标注样式等进行修改。

5.3.1 编辑标注

【运行方式】

- 菜　单：【标注】→【倾斜】。
- 工具栏：单击【标注】工具栏中的图标按钮。
- 命令行：DIMEDIT。

【操作过程】

命令：_dimedit

输入标注编辑类型 [默认(H)/新建(N)/旋转(R)/倾斜(O)] <默认>：输入编辑选项

① 选择【默认】选项，按默认位置和方向放置尺寸文字。

② 选择【新建】选项，打开【在位文字编辑器】，编辑标注文字内容。

③ 选择【旋转】选项，可将选定的标注对象文字按指定角度旋转。操作时先设置角度值，然后选择尺寸对象。

④ 选择【倾斜】选项，然后选择一个或多个标注对象，最后输入尺寸界线倾斜角度（尺寸界线相对于 X 轴正方向的角度）。

5.3.2 编辑标注文字

【编辑标注文字】DIMTEDIT 命令用来修改选定标注对象的尺寸文本的放置位置，有动态拖动文字的功能。

【运行方式】

- 菜　单：【标注】→【对齐文字】。
- 工具栏：单击【标注】工具栏中的图标按钮。
- 命令行：DIMTEDIT。

【操作过程】

命令：_dimtedit

选择标注：选择需要编辑的标注对象

指定标注文字的新位置或 [左(L)/右(R)/中心(C)/默认(H)/角度(A)]：选择相应的选项

①【左】、【右】和【中心】：将标注文字左移、右移和放置在尺寸线的中间。

②【默认】：将标注文字的位置放在系统默认的位置上。

③【角度】：将标注文字旋转给定角度。

5.3.3 更新标注

【更新】DIMSTYLE 标注命令可以将图形中已标注的尺寸的标注样式更新为当前尺寸标注样式。

【运行方式】

- 菜　单：【标注】→【标注更新】。
- 工具栏：单击【标注】工具栏中的图标按钮。
- 命令行：DIMSTYLE。

【操作过程】

命令：_dimstyle

当前标注样式：ISO-25 注释性：否

输入标注样式选项

[注释性(AN)/保存(S)/恢复(R)/状态(ST)/变量(V)/应用(A)/?] <恢复>: _apply

选择对象：选择需要更新的标注对象

选择对象：再选择其他需要更新的标注对象，或回车，结束命令，所选标注对象按当前标注样式重新显示。

5.4 习题

（1）思考题

① 标注尺寸时所采用的字体与文字样式是否有关？

② 在 AutoCAD 中可以使用的标注类型是哪些？

③ 线形尺寸标注指的是哪些尺寸标注？

④ 怎样修改尺寸标注中的箭头大小及式样？

⑤ 在采用基线标注和连续标注前是否需要先标注一个尺寸？

⑥ 怎样在【尺寸标注管理器】对话框中创建符合我国制图标准的标注样式？

（2）上机

① 参照 5.1 建立尺寸标注样样式。

② 绘制并标注图 5-27 所示图形。

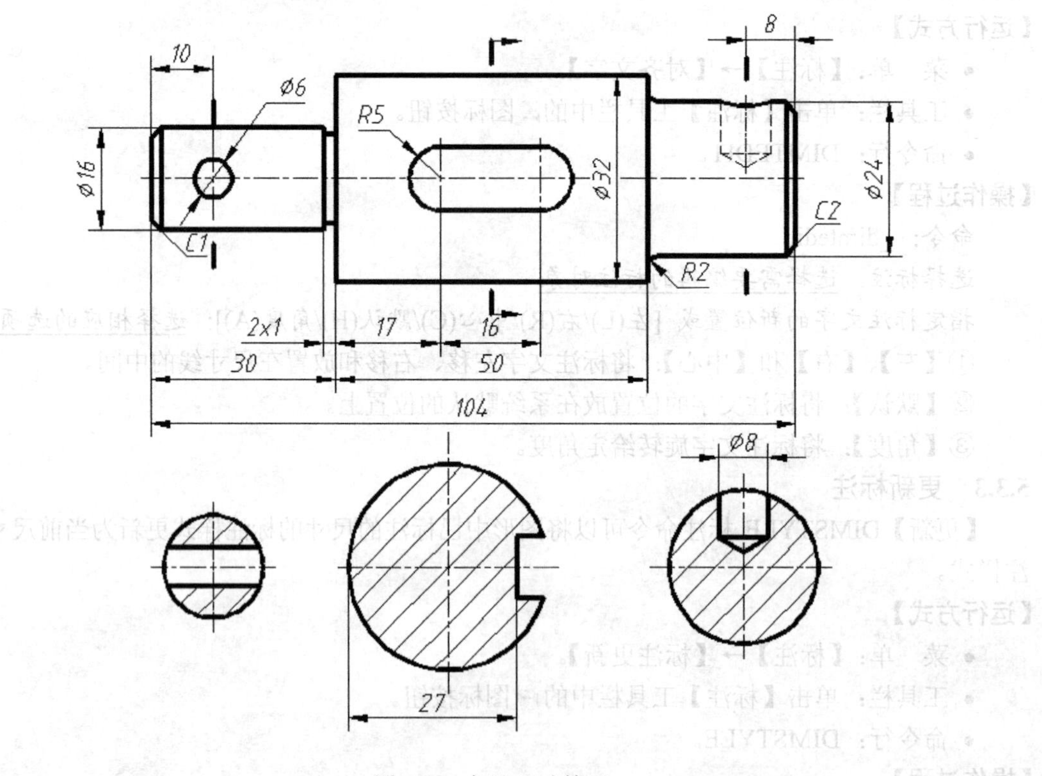

图 5-27　标注尺寸练习

第6章 图块与属性

块是一组由用户定义的图形对象的集合，即一个块可以包含多个图形对象。在绘制工程图样时，可将标准件、常用件、表面粗糙度符号、化工管路的附件等重复使用的图形对象预先定义为块，在使用的时候只要在需要的位置插入它们即可，从而大大提高了绘图的速度。

通过本章的学习，掌握图块的创建、插入和保存，动态块的创建和应用及带属性块的创建、应用和编辑等。

6.1 图块的创建与应用

AutoCAD 中的图块分为内部块和外部块，内部块保存在当前图形中，并且只能在当前图形中通过块插入命令被引用，而外部块以外部文件的形式保存在硬盘中，在任何 CAD 图形中均可以被调用。

6.1.1 内部块

用 BLOCK 命令制作的块为内部块。

【运行方式】

- 菜 单：【绘图】→【块】→【创建】。
- 工具栏：单击 【绘图】工具栏中的图标按钮。
- 命令行：BLOCK 或 B、BMAKE。

【操作过程】

以上操作弹出图 6-1 所示的【块定义】对话框。该对话框各项内容释义如下。

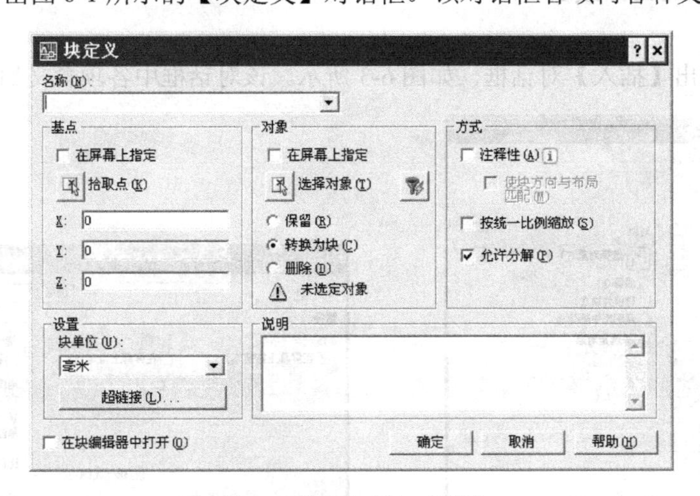

图 6-1 【块定义】对话框

①【名称(N)】后的文本框中，输入要创建图块的名称。

②【基点】区中，指定一点作为基点，以便作为图块插入时的参照点。可以通过输入坐标来确定基点，也可以单击【拾取点】按钮在绘图区指定一点作为基点。

③【对象】区中，通过单击【选择对象】按钮，在绘图区选择要创建图块的图形对象；可以设置被选中的图形对象是否要保存为原状、是否要转换为图块、是否要删除。

④【方式】区中，设置块是否可分解等。

6.1.2 外部块

用 WBLOCK 命令制作的块为外部块。利用该命令可以将图形对象保存为图形文件或将图块转换成图形文件。

【运行方式】

命令行：WBLOCK 或 W。

【操作过程】

以上操作弹出图 6-2 所示【写块】对话框。对话框中各项含义如下。

①【源】选项组：用于指定要存储为块的图形对象。其中，选中【块】，可以将当前图形中已创建的图块保存为图形文件；选中【整个图形】，可以将当前的整个图形进行写块存储；选中【对象】，可以选择当前图形中的部分对象进行存储保存。

②【目标】选项组：用于设置块保存的文件名和路径。

比较【块定义】对话框和【写块】对话框，两者的区别在于：【写块】对话框中多出了【文件名和路径】下拉列表框，需要指定【外部块】存储在硬盘的位置。实质上，【外部块】就是一个图形文件，在保存为块文件后其文件名的扩展名为“.dwg”。从这个意义上来说，可以将任意的图形文件作为块插入到其他文件中。

6.1.3 插入块

将已经制作完成的图块插入到当前图形中，通常使用 INSERT 命令。

【运行方式】

- 菜　单：【插入】→【块】。
- 工具栏：单击 【绘图】工具栏中的图标按钮。
- 命令行：INSERT 或 I。

【操作过程】

以上操作弹出【插入】对话框，如图 6-3 所示。该对话框中各项含义如下。

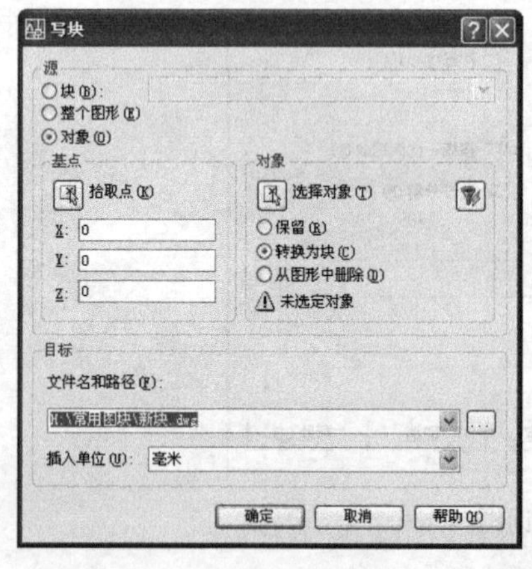

图 6-2 【写块】对话框

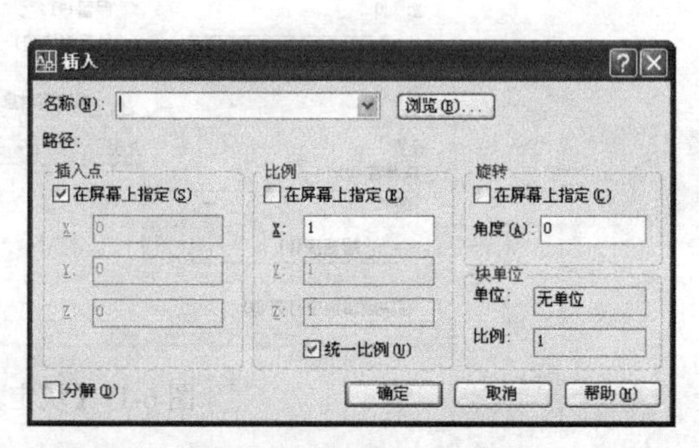

图 6-3 【插入】对话框

①【名称】：用于指定要插入的图块名称。单击下拉列表，从所列出的图块中选取所需的图块；或单击【浏览】，打开【选择图形文件】对话框，选择保存的图块和外部图形。

②【插入点】：用于指定块的插入点位置。

③【缩放比例】：用于设置块插入时的缩放比例。在 X、Y、Z 轴方向上可以采用不同的缩放比例，也可以采用相同的缩放比例。

④【旋转】：指定块插入时的旋转角度。

⑤【分解】：表示 AutoCAD 在插入图块的同时，将把该图块分离使其成为单独的图形实体，否则插入后的图块将作为一个整体。

【操作示例】

将图 6-4（a）所示的 M10 六角头螺栓定义为图块，将其存储在磁盘中，然后在图 6-4（b）的 *B*、C 位置分别插入，其中 *B* 点螺栓为 M10，*C* 点螺栓为 M5。

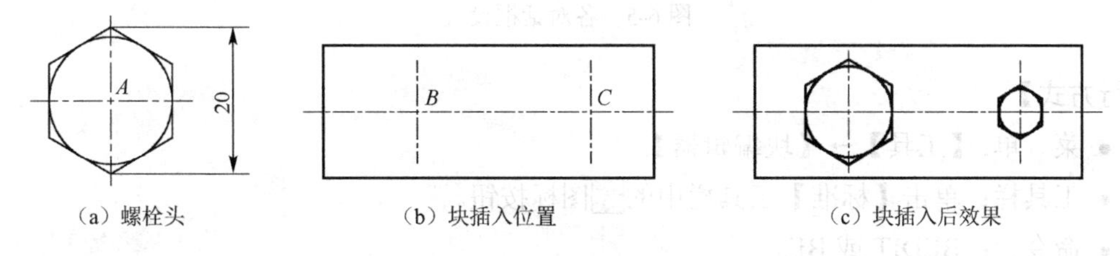

图 6-4　图块定义举例

操作步骤如下。

① 绘制图形：使用【直线】、【多边形】、【圆】命令绘制图形并使用正确的线型。

② 制作图块：切换【0】层为当前层，执行 BLOCK 命令。在弹出的【块定义】对话框中[图 6-5（a）]分别作如下操作。

a. 在【名称】文本框中输入“螺栓头-M10”。

b. 单击【拾取点】按钮，返回绘图界面，拾取点 *A* 为插入基点。

c. 单击【选择对象】按钮，返回绘图界面，选择图形对象。

d. 单击【确定】按钮，所选对象已定义为 “螺栓头-M10”图块。

③ 制作外部块：执行 WBLOCK 命令，在弹出的【写块】对话框中[图 6-5（b）]分别作如下操作：

a. 单击【块】，在下拉列表中选择“螺栓头-M10”。

b. 单击【文件名和路径】后的[...]按钮，设置存放路径。

c. 单击【确定】按钮，结束操作。

④ 执行 INSERT 命令，打开【插入】对话框[图 6-5（c）]，分别作如下操作。

a. 插入块名：“螺栓头-M10”。

b. 勾选【统一比例】，设置【X】=1，按【确定】按钮。

c. 系统返回绘图界面，拾取图 6-4（b）中的 *B* 点，结束命令。

重复执行 INSERT 命令，在【插入】对话框中设置【X】=0.5，在图 6-4（b）中的 *C* 点插入 M5 的螺栓头，结果如图 6-4（c）所示。

6.1.4　修改图块

如果要对已插入到当前图形中的块进行修改，使用【块编辑器】是最快捷的方式。

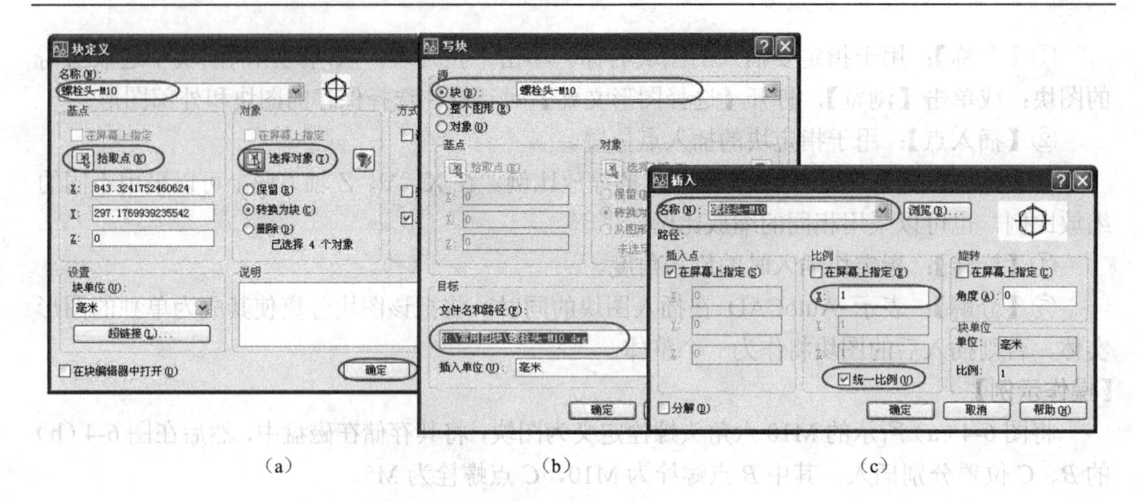

（a）　　　　　　　　　　（b）　　　　　　　　　　（c）

图 6-5　各对话框设置

【运行方式】

- 菜　单：【工具】→【块编辑器】。
- 工具栏：单击【标准】工具栏中的图标按钮。
- 命令行：BEDIT 或 BE。
- 快捷方式：双击图块。

【操作过程】

以上操作弹出【编辑块定义】对话框，如图 6-6 所示，在该对话框中选择要编辑的图块，单击【确定】按钮后，弹出【块编辑器】窗口（图 6-7）。如将图 6-4（c）中插入的块，再加一个垫片，此时，在【块编辑器】绘图窗口绘制，并单击【关闭块编辑器】按钮。结果图中所插入的“螺栓头-M10”图块都发生了变化，如图 6-8 所示。

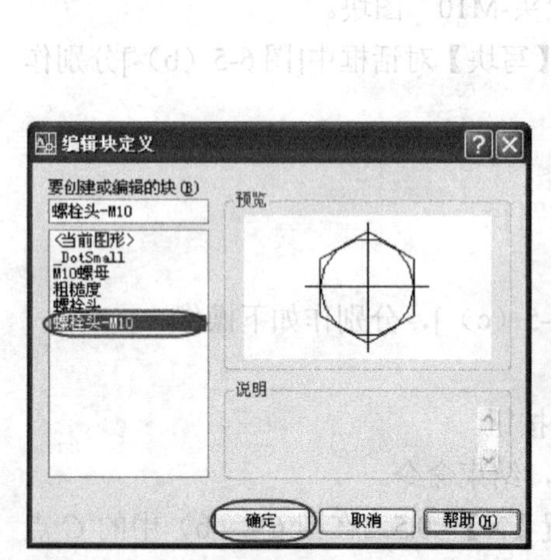

图 6-6 【编辑块定义】对话框

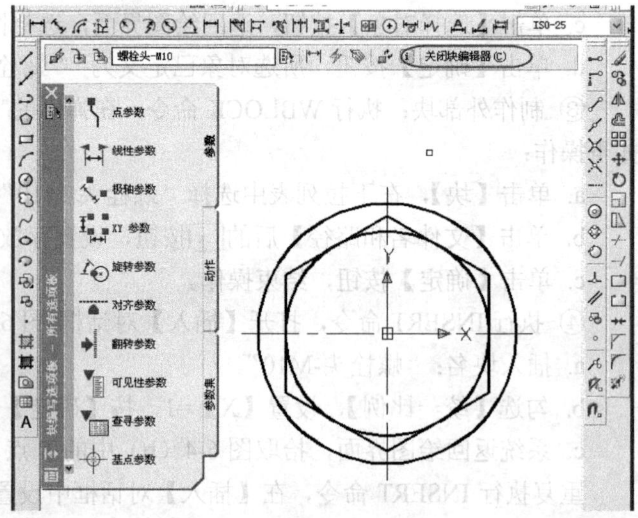

图 6-7 【块编辑器】窗口

使用【分解】EXPLOD 命令可以分解图块。

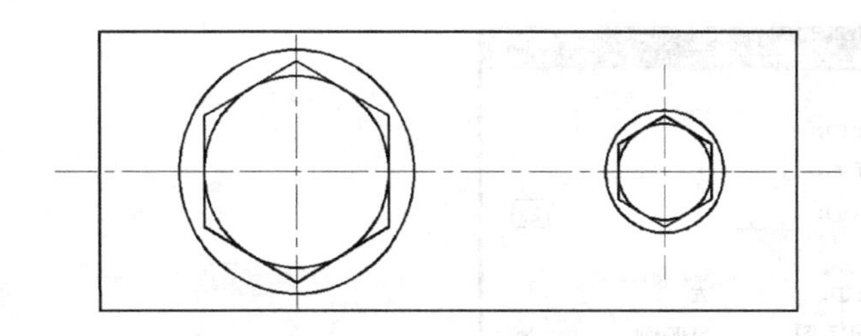

图 6-8　块被修改后的显示

6.2　创建和编辑块的属性

属性是一些附加的文本信息，是块的组成部分，通常用于在块的插入过程中进行自动注释。属性中可能包含的数据包括零件型号、价格、注释和物主的名称等。

6.2.1　定义属性

当需要定义带有属性的块时，首先应该绘制组成块的对象，然后采用【定义属性】命令建立块的属性，最后把所有块的对象连同已定义的属性一起做成块，这样定义成的块称为属性块。

【运行方式】

- 菜　单：【绘图】→【块】→【定义属性】。
- 命令行：ATTDEF 或 DDATTDEF、ATT。

【操作过程】

以上操作弹出图 6-9 所示的【属性定义】对话框。对话框中各项含义如下。

①【模式】选项组：用于设置属性的模式。实际使用时，该选项组默认图 6-9 所示的设置。

②【属性】选项组：用于设置属性数据。在【标记】文本框中输入属性标记；在【提示】文本框中输入插入包含该属性定义的块时系统在命令行中将显示的提示内容；在【默认】文本框中输入默认属性值。

③【插入点】选项组：用于指定属性位置。通常选择“在屏幕上指定”复选框。

④【文字设置】区选项组：用于设置属性文字的对齐方式、样式、高度、注释性和旋转角度。

【操作示例】

按图 6-10 所示制作闸阀属性块，并将其插入到图 6-11 管路中。

操作步骤如下。

① 绘制闸阀外形图，如图 6-10（a）所示。

② 定义属性：执行 ATTDEF 命令，打开【属性定义】对话框，所做设置如图 6-12 所示；单击【确定】按钮，结果如图 6-10（b），所显示的“直径”被定义了属性。

③ 使用 BLOCK 或 WBLOCK，将图形连同属性“直径”一起做成图块，图块命名为“闸阀”，插入点为闸阀图形中点。结果如图 6-10（c）所示。

④ 使用 INSERT，将属性块“闸阀”分别插入到指定点 *A*、*B*、*C* 处。如插入到 *A* 时，操作过程为：

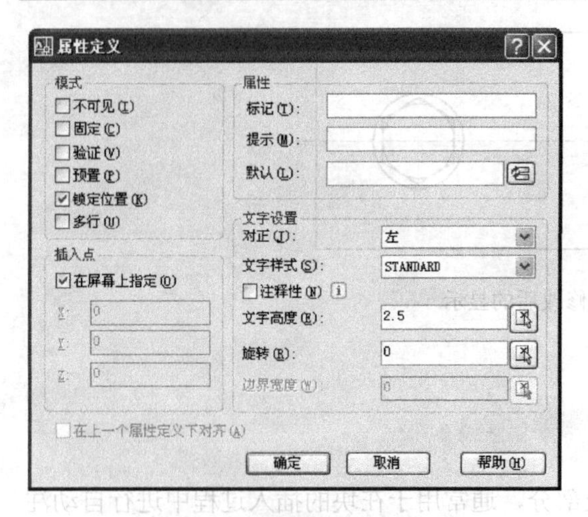

图 6-9 【属性定义】对话框

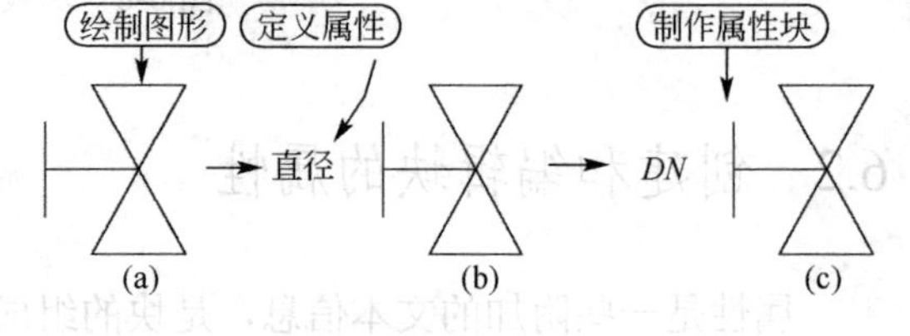

图 6-10 闸阀属性块制作过程

命令: INSERT↙（输入命令，弹出图 6-13 所示对话框，设置完成后按【确定】）

指定插入点或 [基点(B)/比例(S)/旋转(R)]: r（选择【旋转】）

指定旋转角度 <0>: –90（输入旋转角，顺时针为负）

指定插入点或 [基点(B)/比例(S)/旋转(R)]: 拾取图 6-11 中点 *A*

输入属性值

输入直径 <DN>: ↙（回车默认，结果如图 6-14 所示）

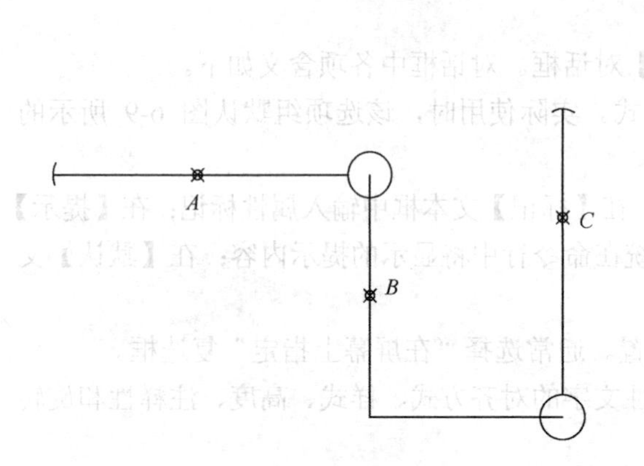

图 6-11 管路图

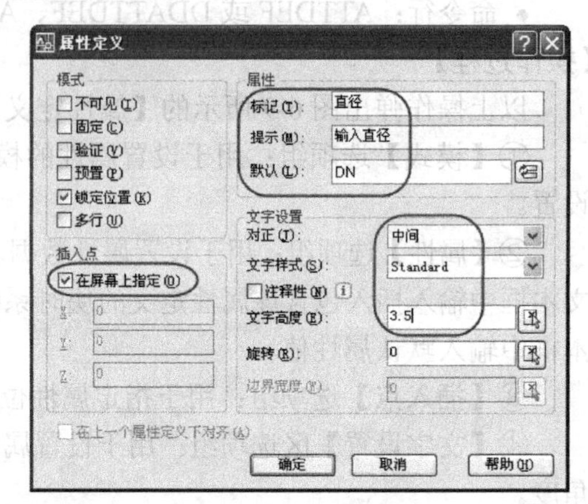

图 6-12 闸阀属性设置

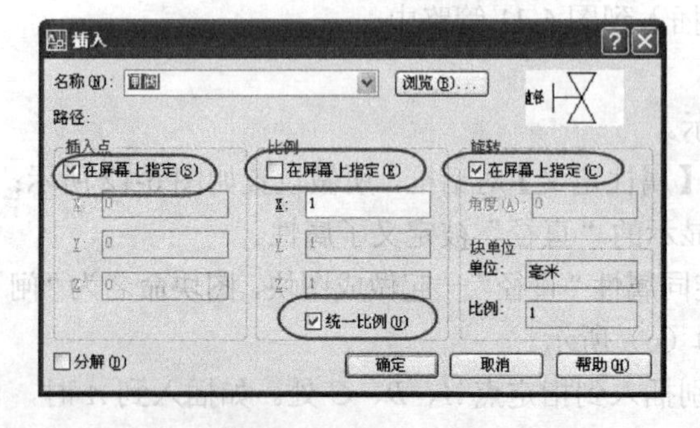

图 6-13 【插入】闸阀属性块的设置

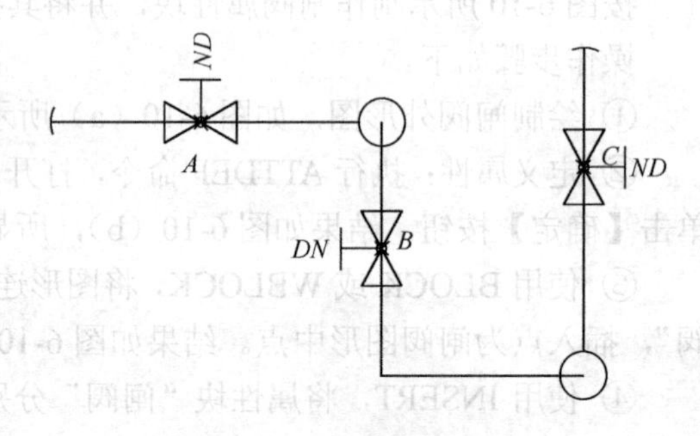

图 6-14 插入闸阀后的管路

6.2.2 修改属性定义

如图 6-10（b）所示，若要修改已定义的“直径”属性，可以使用【编辑属性定义】命令。

【运行方式】

- 菜 单：【修改】→【对象】→【文字】→【编辑】。
- 工具栏：单击【文字】工具栏中的 A 图标按钮。
- 命令行：DDEDIT 或 ED。
- 快捷方式：双击属性文字。

【操作过程】

以上操作命名行显示如下：

命令：_ddedit↙（输入命令）

选择注释对象或 [放弃(U)]：选择要修改的属性[如选择图 6-10（b）中的“直径”，弹出图 6-15 所示【编辑属性定义】对话框，可以在此编辑属性，单击【确定】结束编辑]

6.2.3 修改属性块中的属性

如果属性已经附加到图块中，如图 6-14 中的“闸阀”属性块被插入到图形中，但块中的属性位置及方向不符合要求，需要调用【增强属性编辑器】进行修改。

【运行方式】

- 菜 单：【修改】→【对象】→【属性】→【单选】。
- 工具栏：单击【修改Ⅱ】工具栏中的图标按钮。
- 命令行：EATTEDIT。
- 快捷方式：双击属性块。

【操作过程】

① 修改 *A* 处属性块　双击 *A* 处属性块，弹出图 6-16 所示【增强属性编辑器】对话框，在【属性】选项卡中输入【值】“DN25”、在【文字选项】选项卡中设置【旋转角】为“0”。单击【确定】结束编辑。

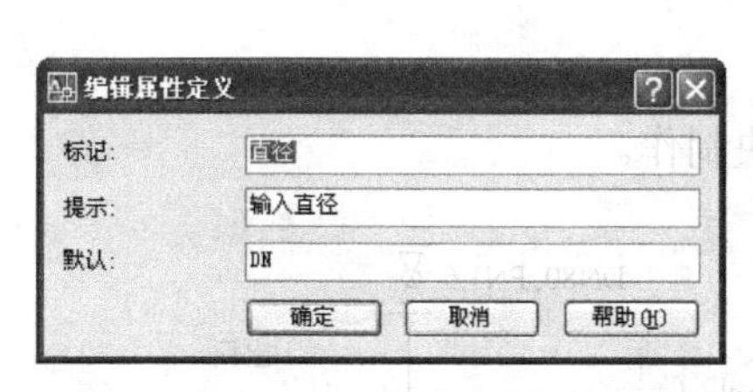

图 6-15 【编辑属性定义】对话框

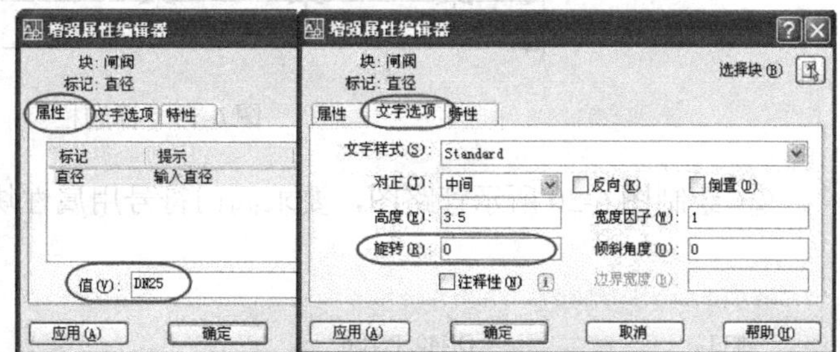

图 6-16 【增强属性编辑器】设置（一）

② 修改 *C* 处属性块　双击 *C* 处属性块，在【增强属性编辑器】对话框的【属性】选项卡中，输入【值】“DN32”、在【文字选项】选项卡中，勾选【反向】、【颠倒】，如图 6-17 所示。单击【确定】结束编辑。

用同样的方法修改 *B* 处属性块值，结果分别修改了属性值及显示方位，最后整理图形结果如图 6-18 所示。

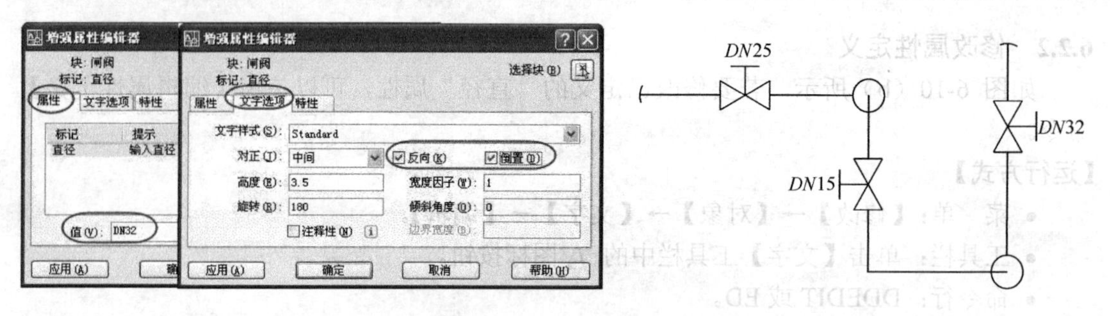

图 6-17 【增强属性编辑器】设置（二）　　　　图 6-18 修改了属性后的管路

6.3 习题

（1）思考题

① 什么是块？它的主要作用是什么？

② 创建一个图块的操作步骤是什么？

③ 什么是块的属性？如何创建带属性的图块？

④ 如果用户想把创建的图块插入到其他图形文件中去，采用什么方法？

⑤ 试说明 BLOCK、WBLOCK 这两个命令有什么不同？

（2）练习题

① 绘制图 6-19 所示标题栏并定义属性，再将标题栏和属性一起定义为属性块。

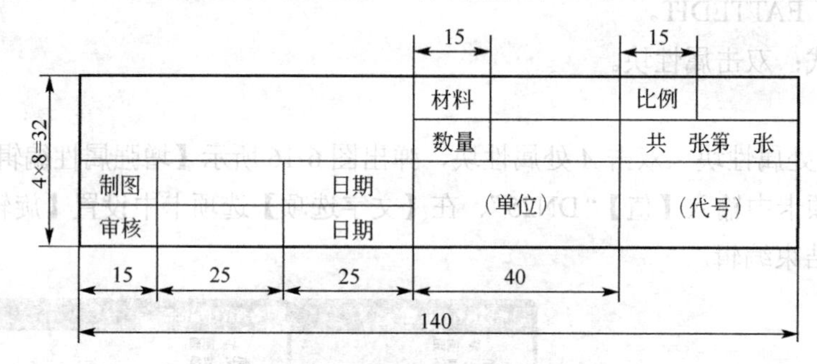

图 6-19 标题栏

② 绘制图 6-20 所示管路图，要求阀门符号用属性块制作。

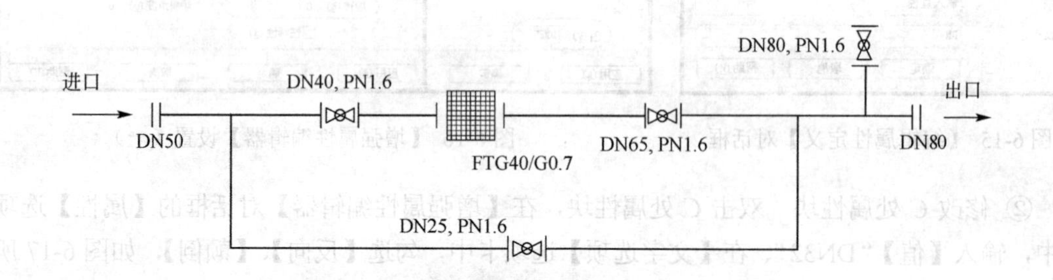

图 6-20 管路图

第7章 图形打印

手工绘图过程为：先选图幅、定比例，最后绘图。而 AutoCAD 绘图程序则相反：先按 1∶1 比例以实际尺寸绘图，最后选图幅、定比例输出打印。CAD 绘图程序共分为以上两大步骤。前面各个章节所讲述的内容实际上都规列为第一步，本章主要介绍绘图程序的第二步：图形输出打印。

AutoCAD 为用户提供了完善的图形打印功能，用户可以直接在【模型】中打印单一视口视图，也可以在【布局】中，用不同比例在一张图纸上打印图形的多视口视图。通常草图的打印采用前一种方法，而正式图纸都应在图纸空间的布局中输出打印。

7.1 模型与布局

7.1.1 模型、布局释义

【模型】环境是 AutoCAD 图形处理的主要环境，带有三维的可用坐标系，能创建和编辑二维、三维的对象，是没有界限的坐标空间。在模型空间，无论实体大小，都应采用 1∶1 比例绘图，这样便于发现尺寸设置不合理的地方以及满足图形的直接装配关系，避免图形之间进行烦琐的比例缩小和放大计算，防止出现换算过程中可能出现的差错。

【布局】环境是一种用于打印的特殊工具。它模拟一张用户的打印纸，可在其上创建并放置视口对象，还可以添加标题栏或其他几何图形。还可以创建多个布局以显示不同视图，每个布局可以包含不同的打印比例和图纸尺寸。布局显示的图形与图纸页面上打印出来的图形完全一样。

总之，【模型】空间的主要用途是创建图形，【布局】的用途是设置二维打印空间。

7.1.2 模型与布局环境的切换

模型与布局的切换可以通过以下方式实现。

（1）选项卡

单击 AutoCAD 绘图区域底部的【模型】、【布局】选项卡，如图 7-1 所示。

（2）使用 TILEMODE（TM 或 TI）系统命令

当 TILEMODE=1 时，为模型空间；当 TILEMODE=0 时，为图纸空间。图 7-2 为模型空间的图形界面，当切换至图纸空间时，默认的图形界面如图 7-3 所示，其中，白色区域为图纸，虚线是缺省的可打印区域的边界线，实线窗口为自动形成的浮动视口。

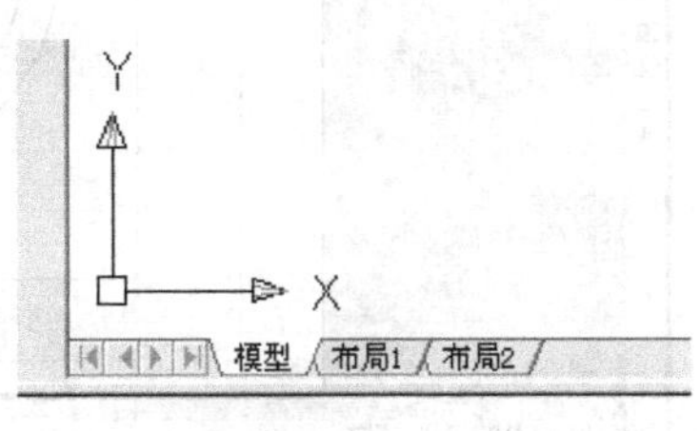

图 7-1 【模型】、【布局】选项卡

7.1.3 布局中的模型空间与图纸空间

在【布局】中，若图形处于【图纸空间】，系统坐标标识显示为三角形，如图 7-4（a）所示，此时，无法编辑或选择在模型环境中所绘制的对象；若图形处于【模型空间】，系统坐标标识则显示为通常的二维坐标形式，如图 7-4（b）所示，此时，图中浮动视口边界颜色变深（图 7-5），即视口被激活，视口内图形能被编辑。

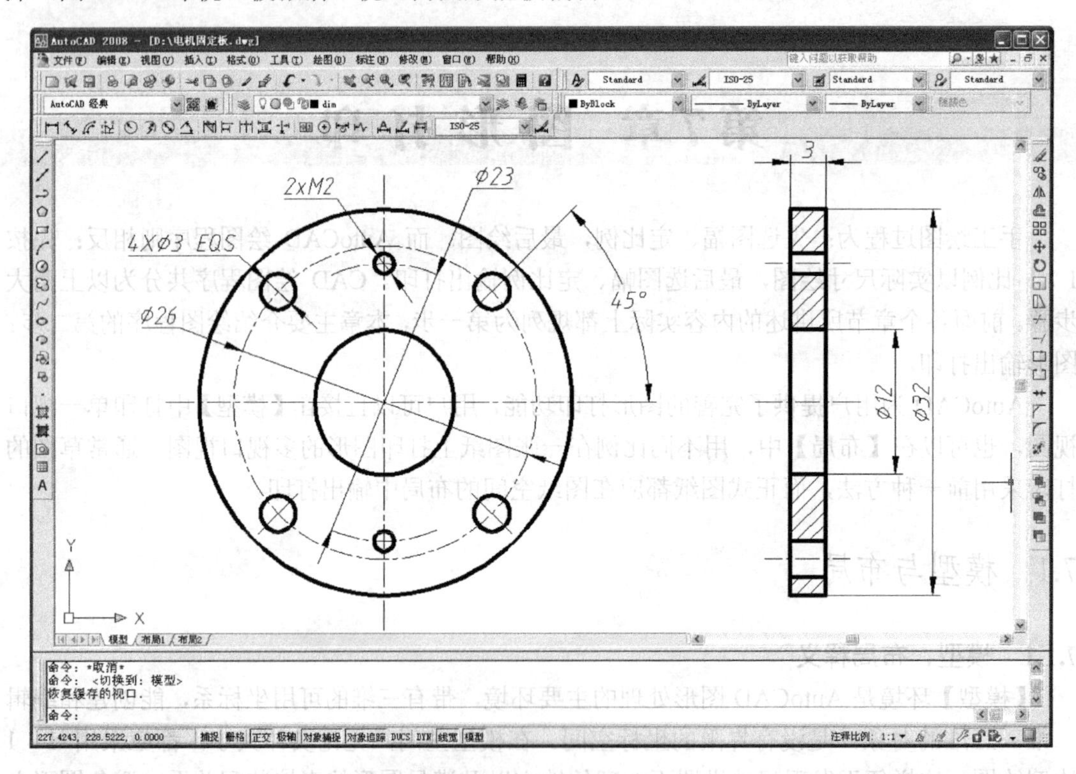

图 7-2 【模型】环境的图形界面

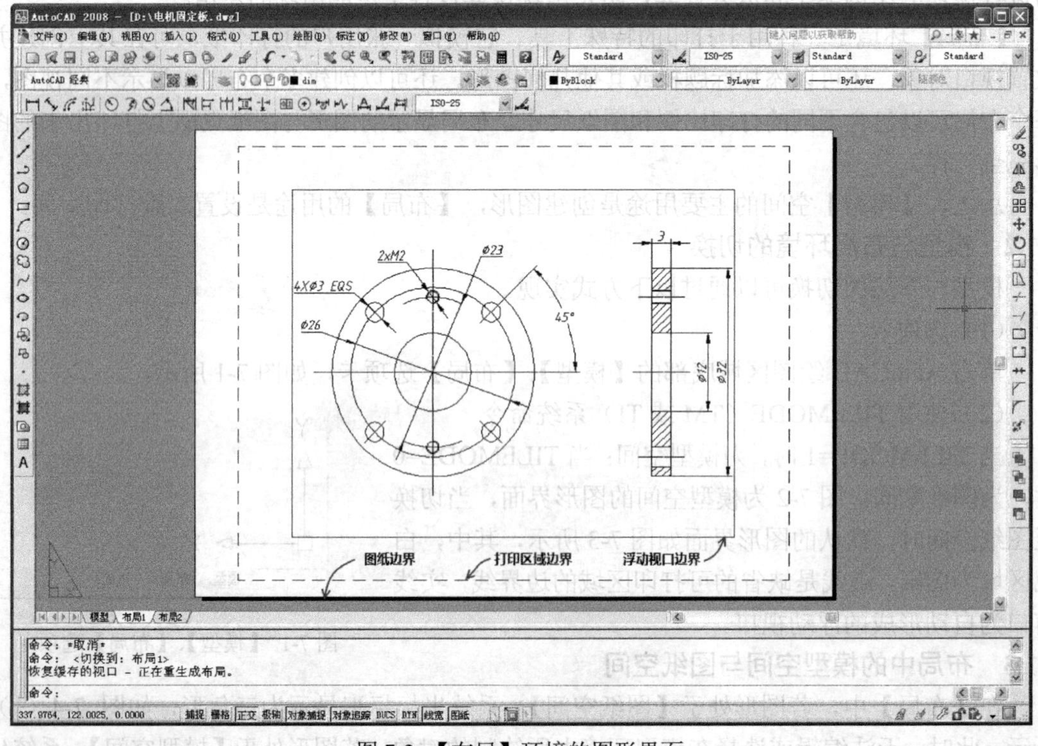

图 7-3 【布局】环境的图形界面

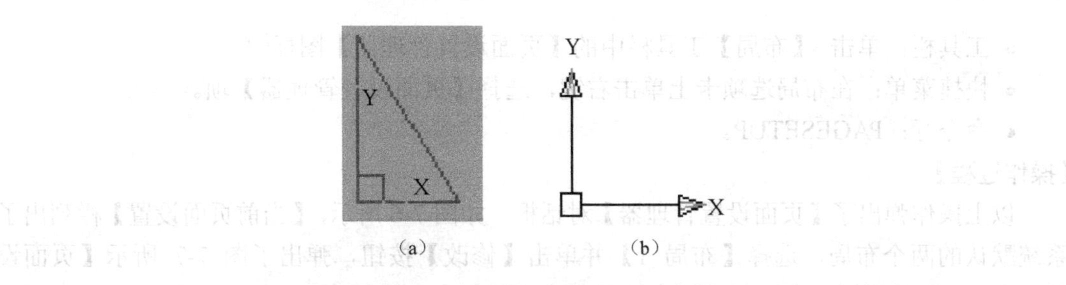

图 7-4　图纸模型空间与图纸空间坐标标识

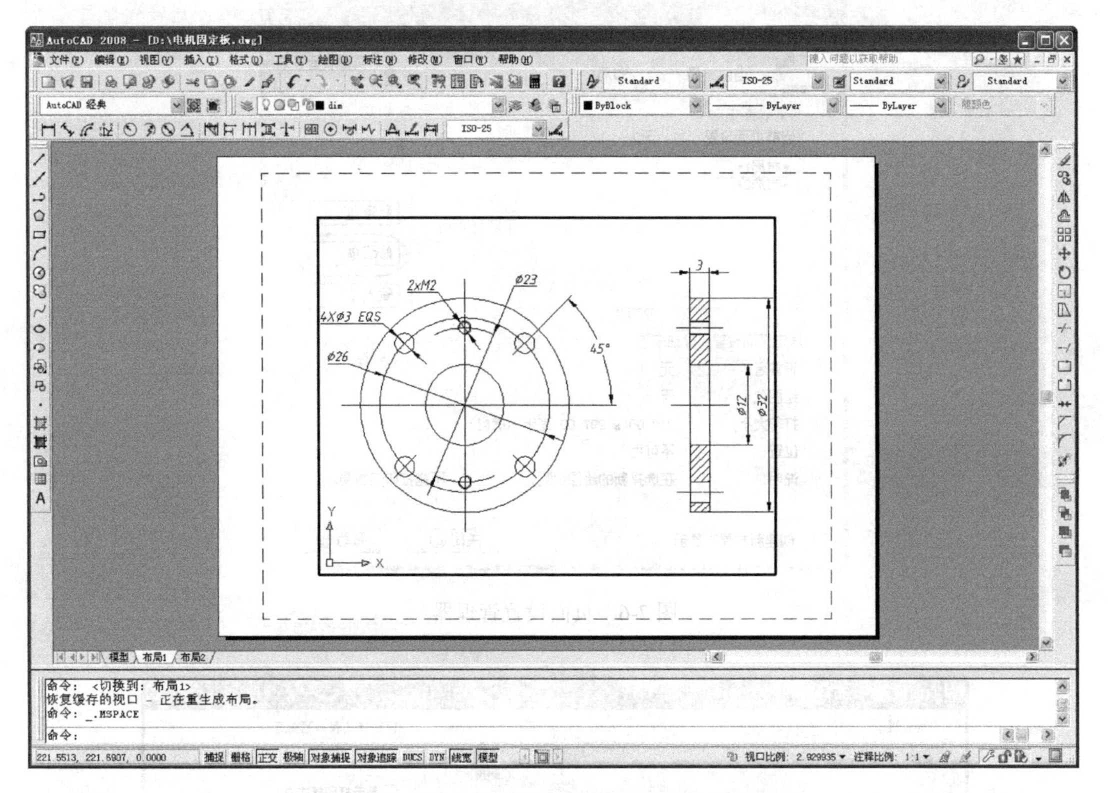

图 7-5　【布局】中处于【模型空间】的图形显示

布局中的【模型空间】与【图纸空间】的切换，可以通过以下途径。

- 状态栏：单击【模型或图纸空间】模型图标按钮。
- 命令行：MSPACE（MS）（模型空间）或 PSPACE（PS）（图纸空间）。

7.2　在布局中打印图形

以图 7-2 中的图形为例，介绍在【布局】中打印图纸的一般步骤。

7.2.1　页面设置

如图 7-3 所示，在【模型】空间图形绘制完成后，切换至【布局 1】准备打印出图。下一步必须调用【页面设置管理器】，进行相关页面设置。

【运行方式】

- 菜　单：【文件】→【页面设置管理器】。

- 工具栏：单击 【布局】工具栏中的【页面设置管理器】图标。
- 快捷菜单：在布局选项卡上单击右键，选择【页面设置管理器】项。
- 命令行：PAGESETUP。

【操作过程】

以上操作弹出了【页面设置管理器】对话框，如图 7-6 所示，【当前页面设置】栏列出了系统默认的两个布局，选择【布局 1】并单击【修改】按钮，弹出了图 7-7 所示【页面设置一布局 1】对话框，在该对话框中按如下步骤进行各项设置。

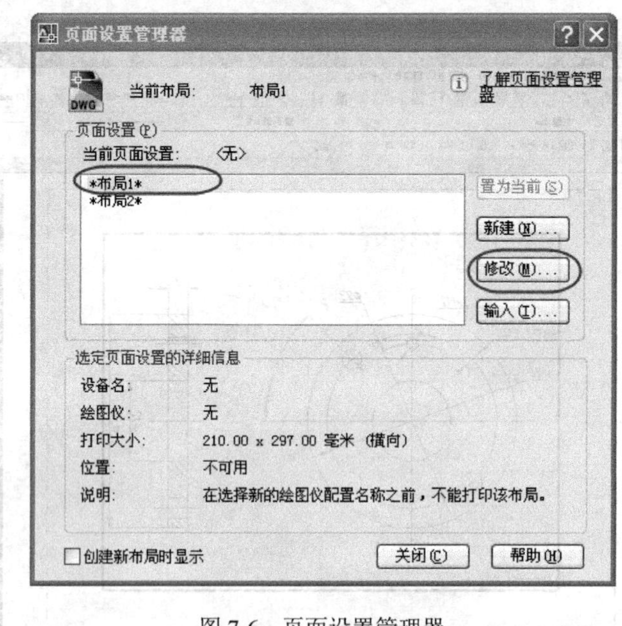

图 7-6　页面设置管理器

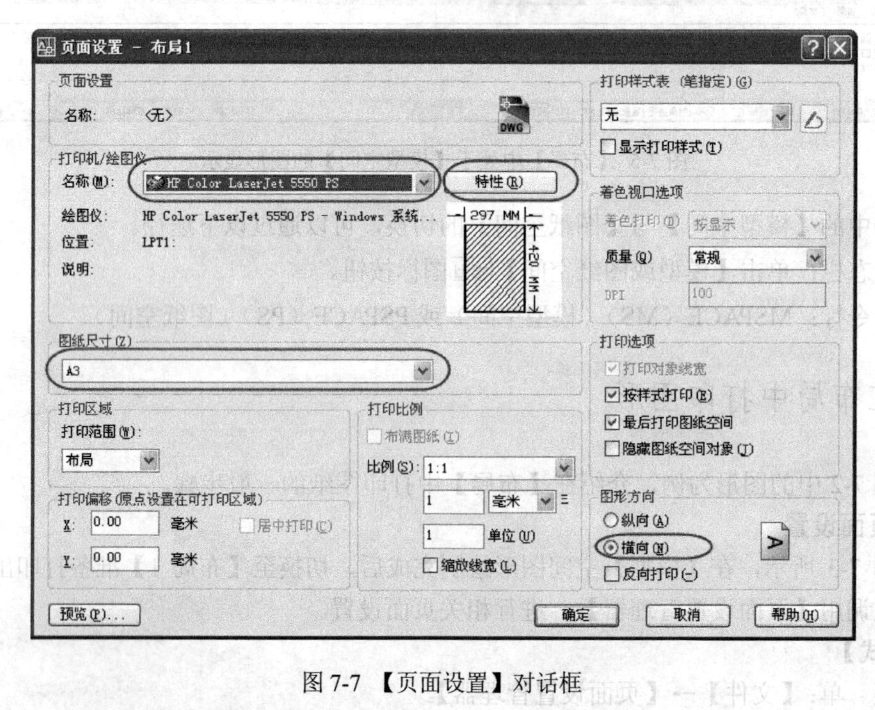

图 7-7 【页面设置】对话框

（1）选择打印设备

在【打印机/绘图仪】栏的【名称】下拉列表框中选择打印设备。选择打印设备时，用户的计算机必须正确安装了打印机驱动程序，否则【名称】下拉列表框中没有可供选择的打印设备名称。如图 7-7 所示，本例选择【HP Color LaserJet 5550 PS】打印机。

（2）选择图纸幅面

在【页面设置-布局 1】对话框中，单击【图纸尺寸】栏的下拉列表，选择所需图纸的大小，本例选择【A3】，如图 7-7 所示。

注意：若先选定了打印机，此时，下拉列表中给出了该打印设备可用的标准图纸尺寸；如果没有选定打印机，则显示全部标准图纸尺寸。

（3）设置图纸方向

指定图形在图纸上的打印方向。本例选择【横向】使用图纸。

（4）修改标准图纸可打印区域

从【模型】切换至【布局】时，图纸界面上有一虚线窗口（图 7-3），虚线内为可打印区域，虚线外则无法打印。为了使整张图纸都能被打印，必须重新设置可打印区域范围。过程如下。

① 单击【页面设置－布局 1】对话框中【打印机/绘图仪】后的【特性】按钮，弹出如图 7-8 所示的【绘图仪配置编辑器】对话框；在【设备和文档设置】选项卡中，选择【修改标准图纸尺寸（可打印区域)】；在【修改标准图纸尺寸】下拉列表中，选择图纸尺寸【A3】；然后，单击【修改】按钮。

② 在弹出的【自定义图纸尺寸－可打印区域】对话框中，设置【上】、【下】、【左】、【右】全部为“0”，如图 7-9 所示；单击【下一步】，出现【自定义图纸尺寸－文件名】对话框，默认系统提示的文件名，如图 7-10 所示；单击【下一步】，在弹出的【自定义图纸尺寸－完成】对话框中（图 7-11），单击【完成】按钮。

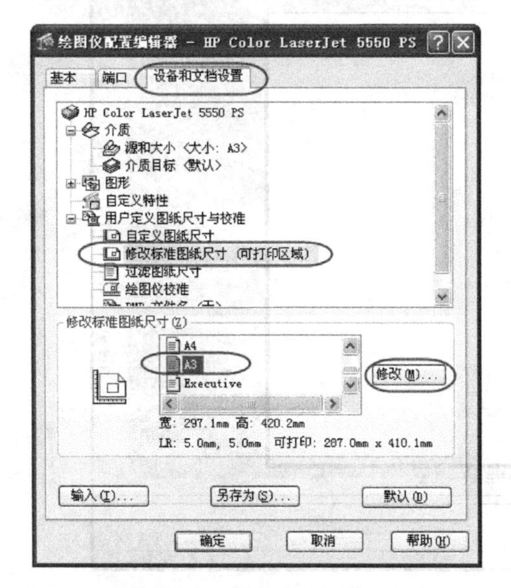

图 7-8 【绘图仪配置编辑器】对话框

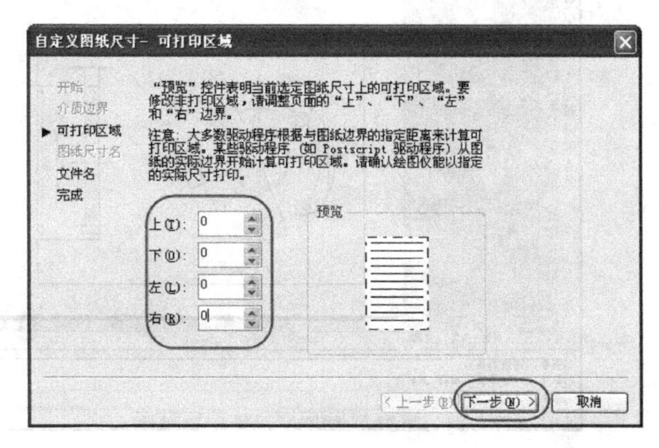

图 7-9 【自定义图纸尺寸—可打印区域】对话框

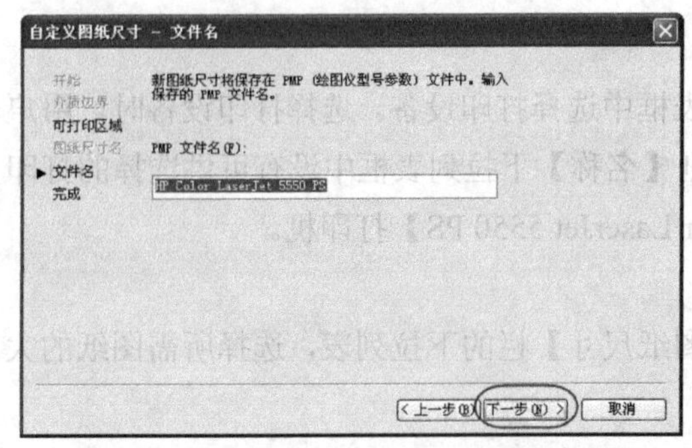

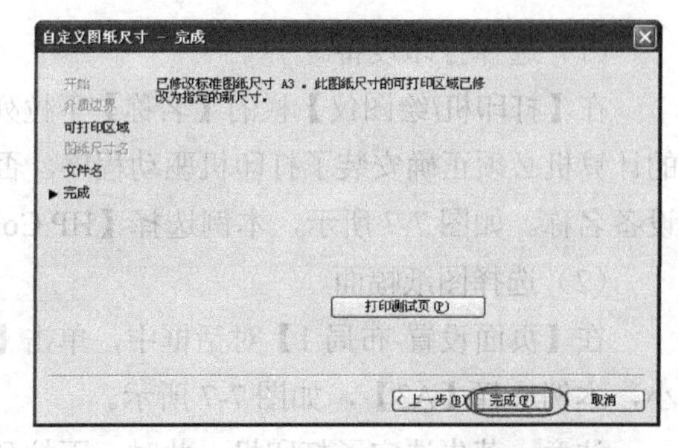

图 7-10 【自定义图纸尺寸－文件名】对话框　　图 7-11 【自定义图纸尺寸－完成】对话框

③ 系统返回【绘图仪配置编辑器】页面，单击【确定】按钮，弹出【修改打印机配置文件】信息框，如图 7-12 所示，再单击【确定】按钮；系统又返回到【页面设置】对话框。此时，打印机名称显示为【HP Color LaserJet 5550 PS.pc3】，即原打印机名称加了后缀“.pc3”，如图 7-13 所示。单击【确定】按钮，并单击随后出现的【页面设置管理器】中的【关闭】按钮，系统最终返回 CAD 界面，结果如图 7-14 所示，整张 A3 图纸全部范围皆在可打印区域。

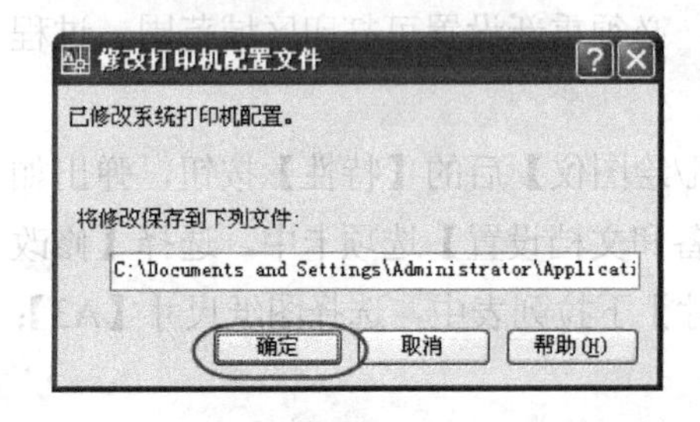

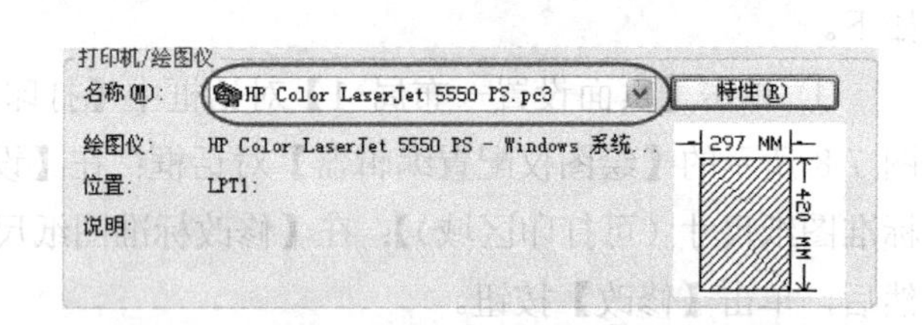

图 7-12 【修改打印机配置文件】信息框　　图 7-13 完成可打印区域后的打印机名称

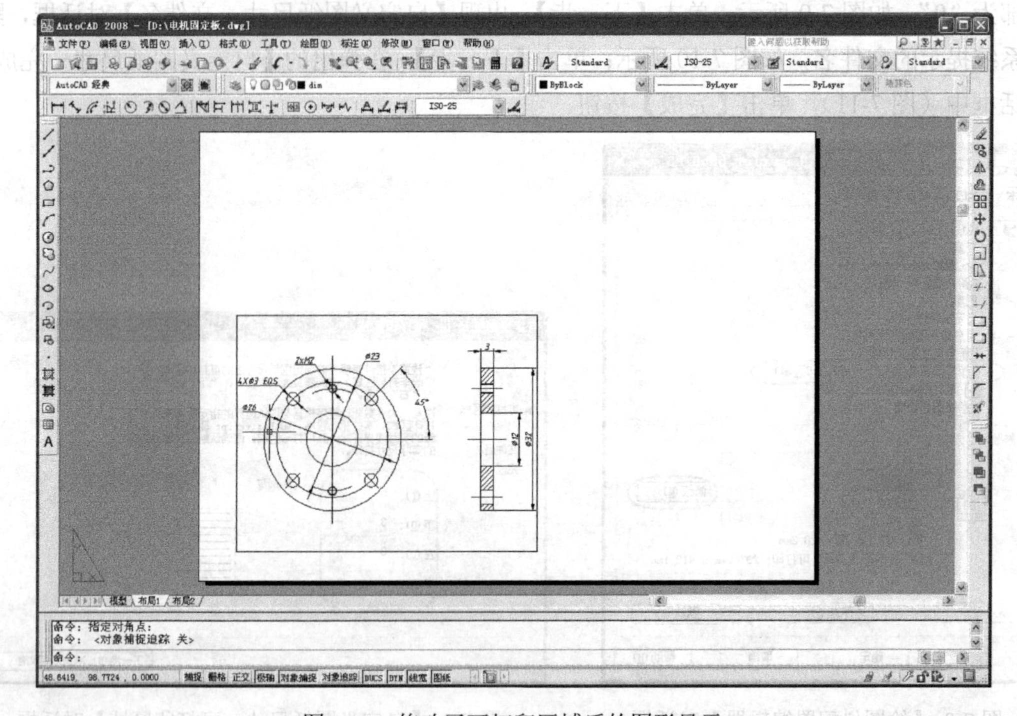

图 7-14 修改了可打印区域后的图形显示

④ 将图面中自带的视口删除，以便进行下一步操作。

7.2.2　在布局中插入图框

将国标规定的 5 种图框分别做成图框属性块，打印出图时，使用【插入】命令，将与图幅对应图框插入图纸。如本例选用 A3 图纸，因此插入 A3 图框。

【运行方式】

- 菜　单：【插入】→【块】。
- 工具栏：单击【绘图】工具栏中的【插入】图标。
- 命令行：INSERT（或 I）。

【操作过程】

以上操作弹出【插入】对话框，如图 7-15 所示。可进行如下操作。

（1）选择欲插入的对象文件

单击【浏览】按钮，找到插入对象。此时，【名称】后出现被插入的对象名称，并在其下方同时显示该文件所在路径。如图 7-15 所示。

（2）设置【插入点】、【比例】

去掉【在屏幕上指定】复选框前的勾，设置【X】、【Y】、【Z】值皆为“0”（即插入点为坐标原点）；单击【统一比例】复选框，设置【X】=1，如图 7-15 所示。

单击【确定】按钮，系统返回 CAD 界面，在随后出现的【编辑属性】对话框（图 7-16）中单击【确定】按钮，结果所选图框被插入到图纸界面，如图 7-17 所示。

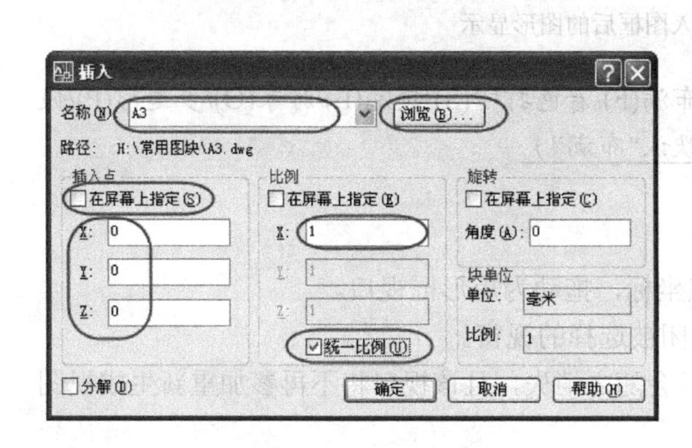

图 7-15 【插入】对话框

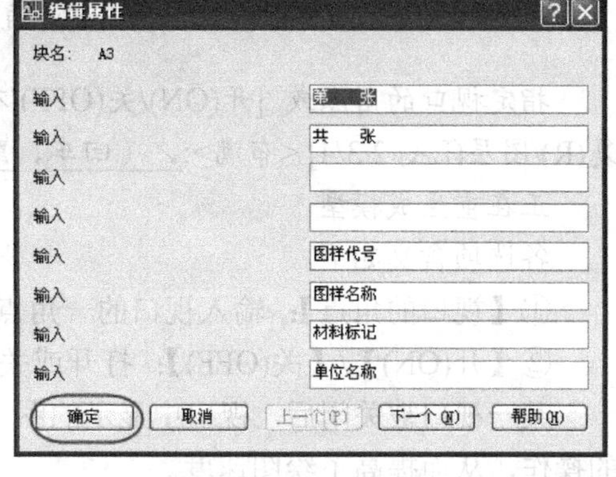

图 7-16 【编辑属性】对话框

7.2.3　将图形调入布局

将在【模型】环境绘制的图形，调入选定的标准图纸中，需要使用 MVIEW 命令。

【运行方式】

- 菜　单：【视图】→【视口】→【一个视口】。
- 工具栏：单击 【视口】工具栏中的【单个视口】图标。
- 命令行：MVIEW (MV)或-VPORTS。

【操作过程】

以上操作命令显示如下：

命令: mv↙（输入命令）

MVIEW

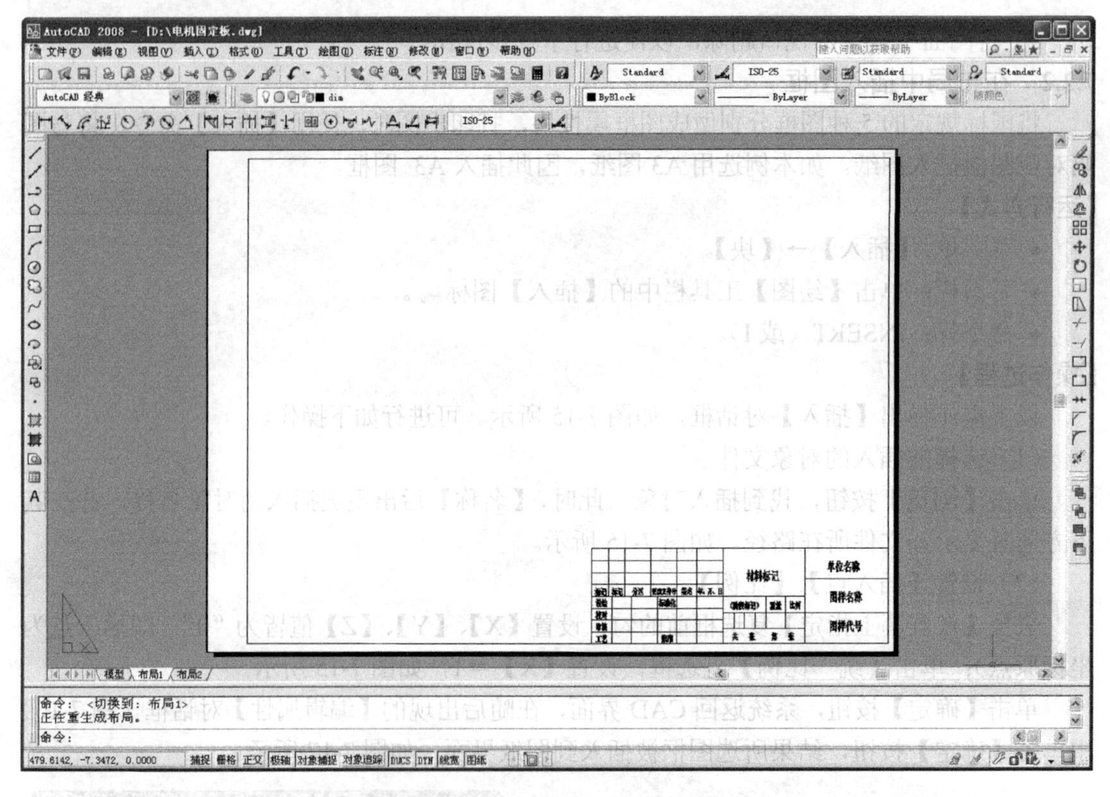

图 7-17 插入图框后的图形显示

指定视口的角点或 [开(ON)/关(OFF)/布满(F)/着色打印(S)/锁定(L)/对象(O)/多边形(P)/恢复(R)/图层(LA)/2/3/4] <布满>:↙（回车，默认“布满”）

正在重生成模型。

各选项含义如下。

①【视口的角点】：输入视口的一角点坐标，拖动为矩形框视口。

②【开(ON)】/【关(OFF)】：打开或关闭被选择的视窗。

某一视口被关闭后，视口中显示的图像会随之消失，且该视口将不再参加重新生成视图的操作，从而提高了绘图速度。

③【布满(F)】：该选项所创建的视口，充满了当前图纸的可打印区域。

④【着色打印(S)】：该选项指定如何打印布局中的视口。主要用于三维图形。

⑤【锁定(L)】：该选项用于锁定和解锁被选定视口中的视图，包括视图的大小和方向。随后提示：

视口视图锁定 [开(ON)/关(OFF)]: （输入 on 或 off ）

选择对象: 选择一个或多个视口

⑥【对象(O)】：该选项将指定的实体目标转变为一个视窗。该实体目标可以是多段线、椭圆、样条曲线、区域或圆，但必须封闭。

⑦【多边形(P)】：该选项可以由直线段和圆弧线段、多段线等组成的边界产生一个浮动视口。此时，命令行将出现与 Pline（多段线）相似的命令提示：

指定起点:

指定下一个点或 [圆弧(A)/长度(L)/放弃(U)]: 指定一点

指定下一个点或 [圆弧(A)/闭合(C)/长度(L)/放弃(U)]: 指定另一点

⑧【恢复(R)】：该选项把模型空间的平铺视口配置转换成图纸空间的浮动视口，且浮动视口的数目、布置及视图与模型空间的内容完全一致。随后提示：

输入视口配置名或 [?] <*Active>: ↙（回车）

指定第一个角点或 [布满(F)] <布满>: ↙（回车）

⑨【图层(LA)】：将选定视口的图层特性替代重置为它们的全局图层特性。

⑩【2】/【3】/【4】：这三项分别表示视口数量，操作过程相似，读者可以自己练习。

本例使用 MVIEW 中的【布满】选项，结果如图 7-18 所示，图形充满图纸窗口。

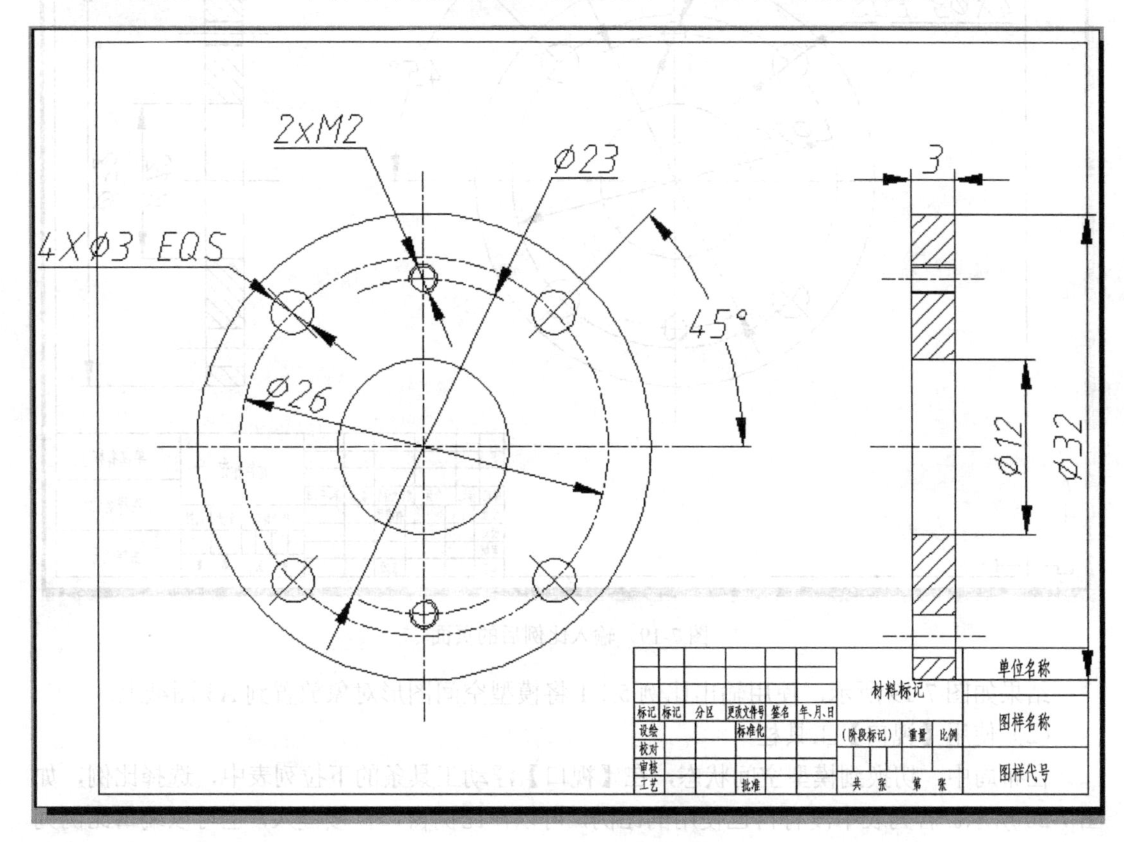

图 7-18　调入图形后的页面

7.2.4　确定输出比例

若要将模型空间的图形恰当置入图纸空间的浮动视口中，需选用合适的比例。设置比例有两种途径。

（1）使用【缩放】ZOOM 命令

在布局中，切换到模型空间状态，然后使用【ZOOM】命令，其操作过程如下：

命令: ms↙（键入命令，并回车）

MSPACE

命令: z↙（键入命令，并回车）

ZOOM

指定窗口的角点，输入比例因子 (nX 或 nXP)，或者

[全部(A)/中心(C)/动态(D)/范围(E)/上一个(P)/比例(S)/窗口(W)/对象(O)] <实时>: 5xp↙（键入比例，并回车）(表示采用 5∶1 比例将图形显示到选定的图纸上，注意此时数字后要加 XP)

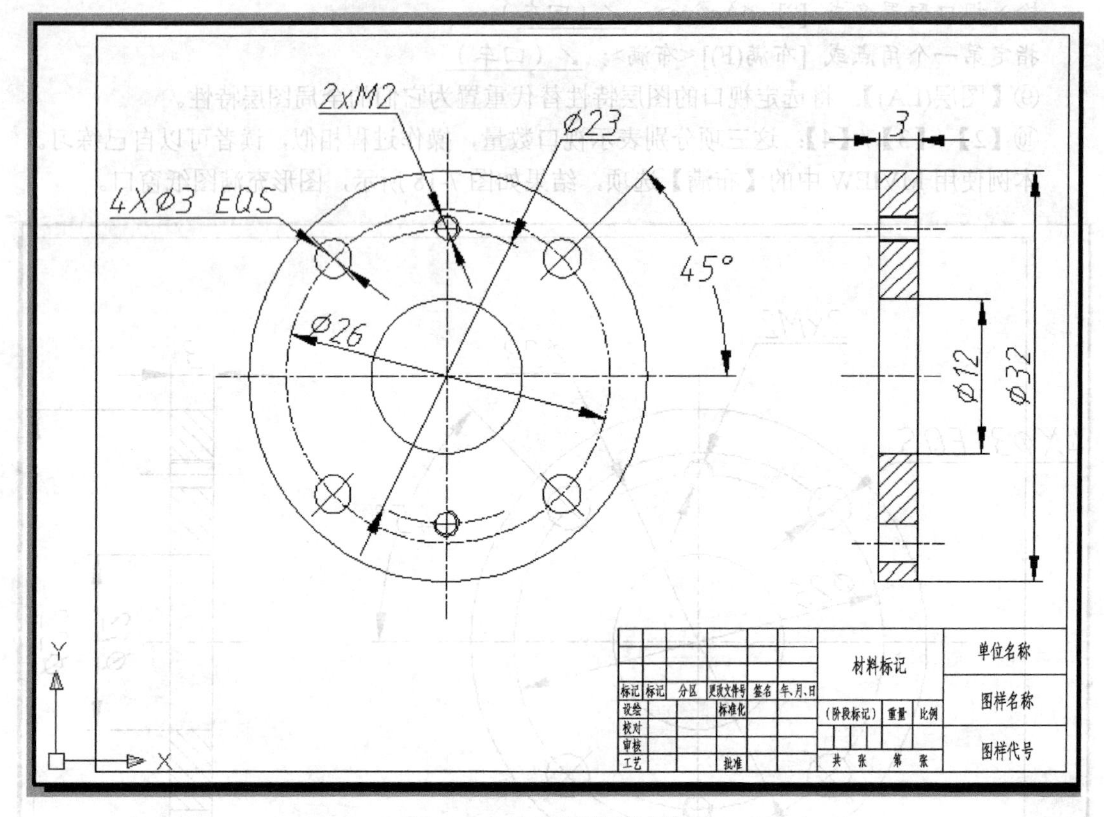

图 7-19　输入比例后的页面

结果如图 7-19 所示，使用输出比例 5∶1 将模型空间图形对象放置到 A3 图纸上。

（2）使用【视口】工具栏

在布局中，切换到模型空间状态，在【视口】浮动工具条的下拉列表中，选择比例，如图 7-20 所示。若列表中没有自己使用的比例，可以在比例窗口直接键入，也可以编辑比例列表，添加相应比例。以下演示如何将本例所使用 5∶1 比例添加到比例列表。

编辑比例列表过程如下。

① 打开【选项】对话框中的【用户系统配置】选项卡。

② 单击【编辑比例列表】按钮，弹出【编辑比例列表】对话框，如图 7-21 所示，列表显示了当前已定义的缩放比例，与在布局状态下，视口的比例列表内容一致，如图 7-20 所示。

③ 单击【添加】按钮，弹出图 7-22 所示的【添加比例】对话框，在【比例名称】选项下添加比例（如键入 5∶1），单击【确定】按钮，结果如图 7-23 所示，新比例出现在列表中。还可以通过【上移】或【下移】按钮，调整比例显示位置。

7.2.5　设置【标注全局比例】参数

上一步操作确定了输出比例（本例输出比例为 5∶1），此时，图形的实际尺寸没有改变，但尺寸标注的文字高度及尺寸箭头都放大了 5 倍，为了保证出图时图面上的文字及箭头为原来的设定值（在尺寸标注样式中设置的尺寸文字高＝3.5，箭头大小＝3），必须使用【标注全局比例】DIMSCALE 命令进行还原。

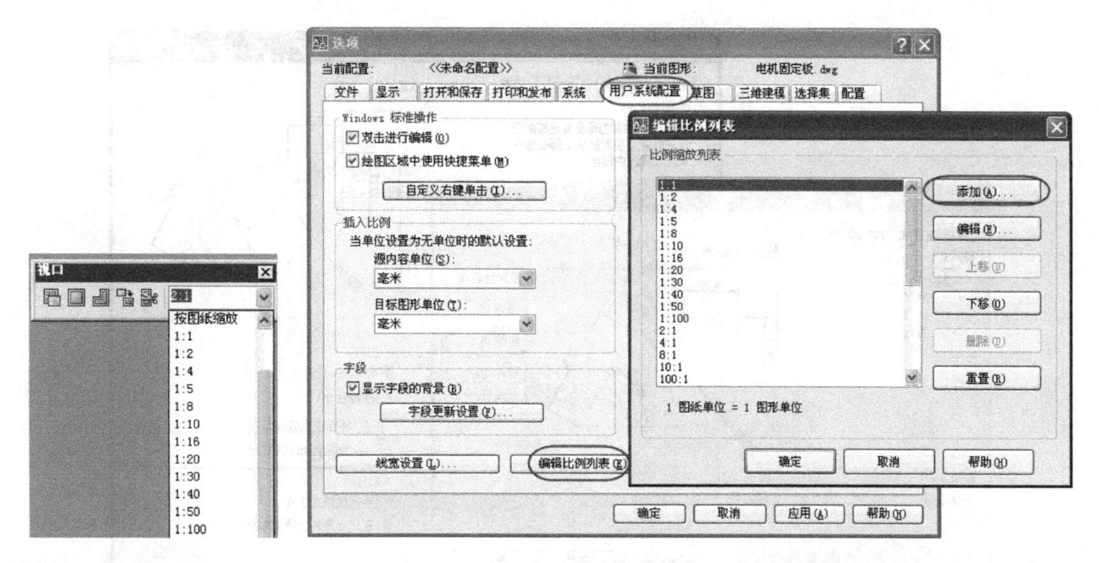

图 7-20 【视口】浮动工具条　　　　　图 7-21　打开【编辑比例列表】过程

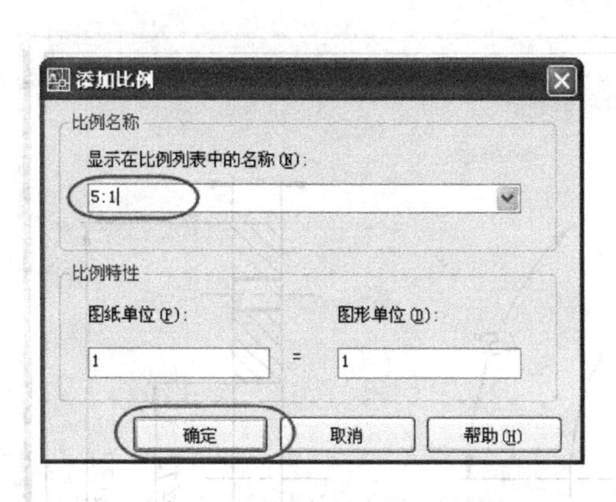

图 7-22 【添加比例】对话框

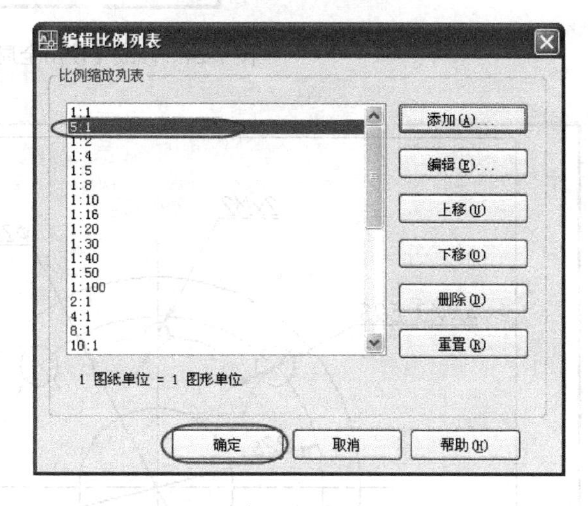

图 7-23　添加了新比例后的列表显示

（1）计算【标注全局比例】DIMSCALE 参数值

【标注全局比例】DIMSCALE 是系统变量，其系数等于图形输出比例的倒数。例如，本例输出比例为 5∶1，则 DIMSCALE 系数＝ 1/5（＝0.2）。

（2）修改【标注全局比例】DIMSCALE 参数

打开【标注样式管理器】，如图 7-24 所示，在【样式】列表中，选中【ISO-25】，单击【修改】按钮，弹出【修改标注样式：ISO-25】对话框，选择【调整】选项卡，在【标注特征比例】下，单击【使用全局比例】（dimscale）复选框，在其后键入系数（如 0.2）。

返回 CAD 界面后，图形中的尺寸标注文字、箭头等要素的大小明显改变。如图 7-25 所示。

7.2.6　整理图面

此时，图形若有加工要求，如粗糙度符号、形位公差等，应该在修改了【使用全局比例】

参数后标注；但图形中的技术要求应该在图纸空间的布局注写。

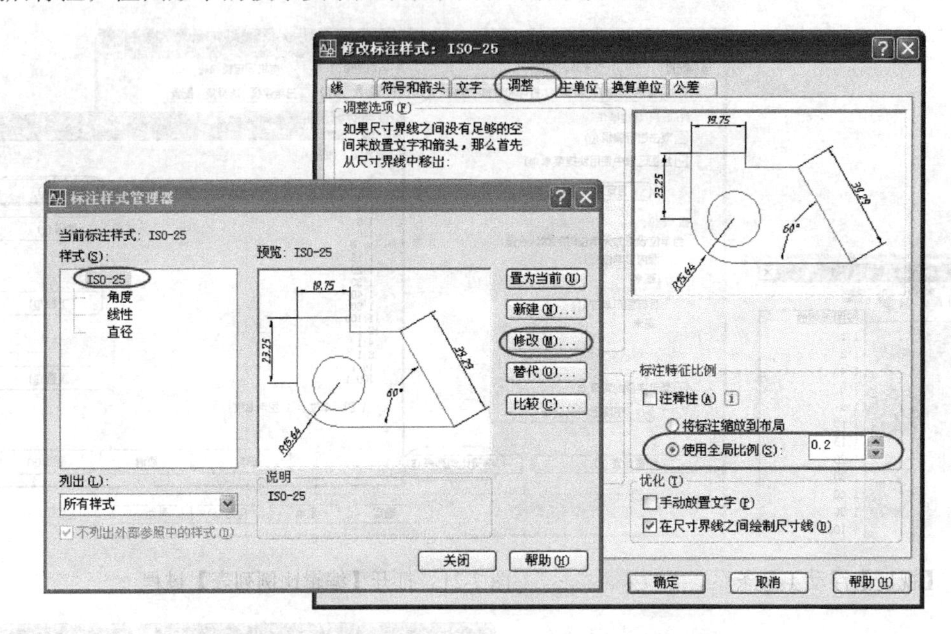

图 7-24　修改【使用全局比例】参数过程

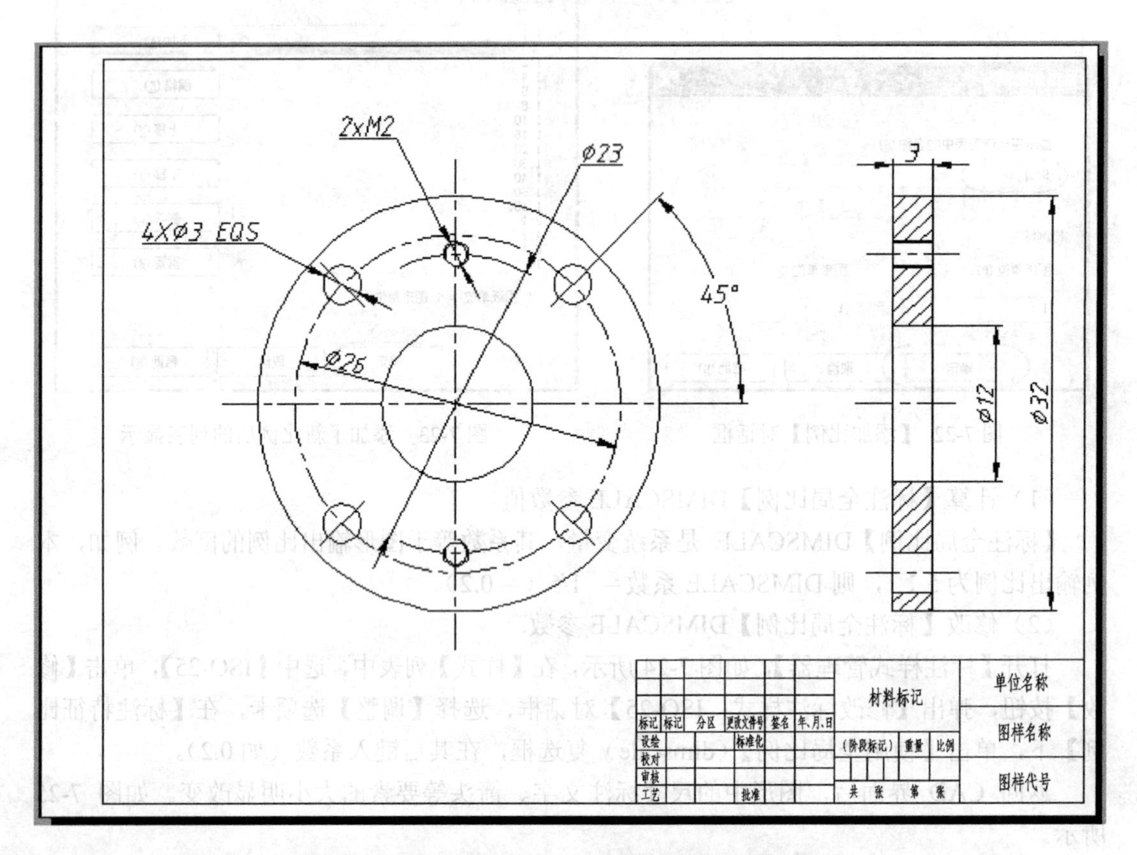

图 7-25　设置了【使用全局比例】参数后的尺寸显示

最后，切换至图纸空间，双击图框，填写标题栏。整理后的图形如图 7-26 所示。

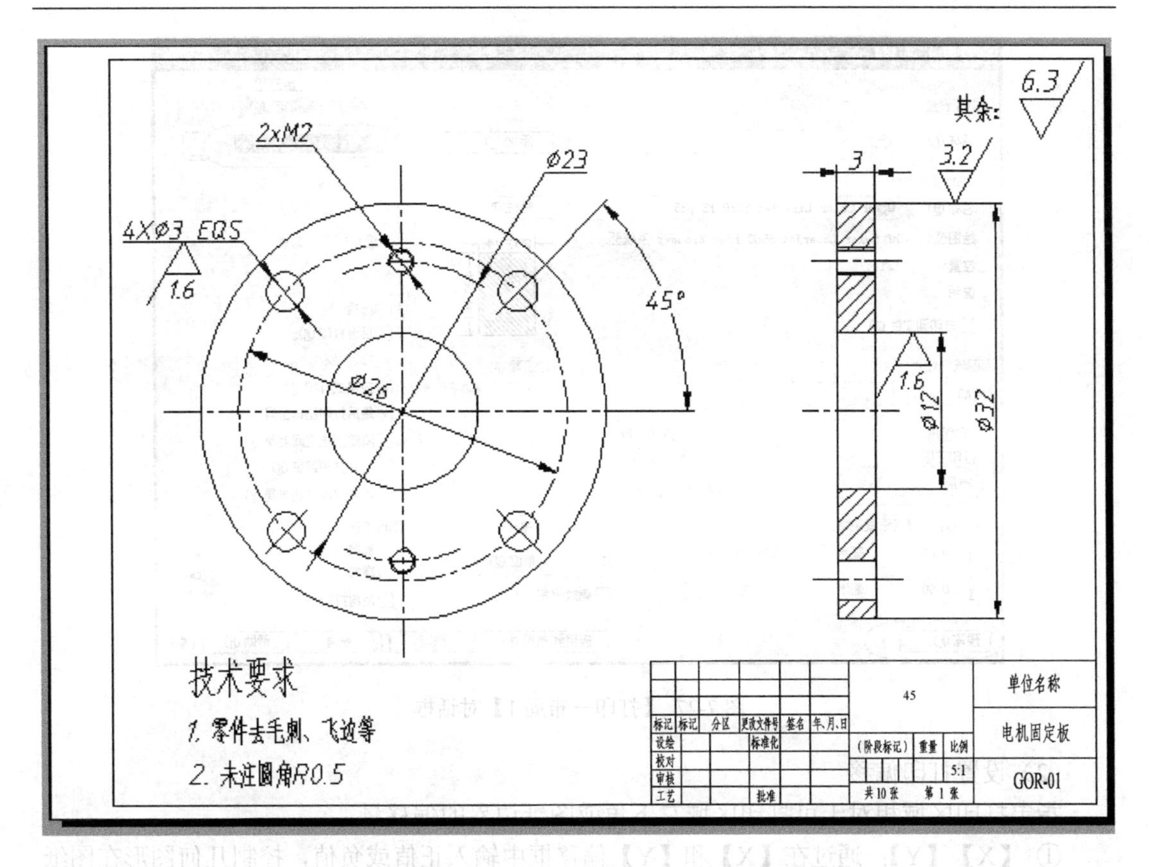

图 7-26 整理了图面后的图形显示

7.2.7 打印图形

【运行方式】

- 菜 单:【文件】→【打印】。
- 工具栏:单击【标准】工具栏中的【打印】图标。
- 命令行:PLOT。

【操作过程】

以上操作弹出【打印—布局 1】对话框，如图 7-27 所示，在此可以进行打印的各项设置。

（1）设置打印区域

指定要打印的图形部分。在【打印范围】下，可以选择要打印的图形区域。单击下拉列表，从中选择当前图形的打印区域。列表中各参数项的含义如下。

① 布局：打印布局时，将打印指定图纸尺寸的可打印区域内的所有内容，其原点从布局中的 0，0 点计算得出。本例打印区域选择该选项。

② 范围：选中该选项，将打印当前空间内的所有对象。在打印之前，AutoCAD 可能会重生成图形以便重新计算图形范围。

③ 显示：选中该选项，将打印模型空间的当前视口中的视图或布局中的当前图纸空间视图的对象。

④ 窗口：选中该选项，系统会返回绘图区要求指定一个打印区域，以打印该区域中的图形对象，此时，“窗口”按钮被激活。

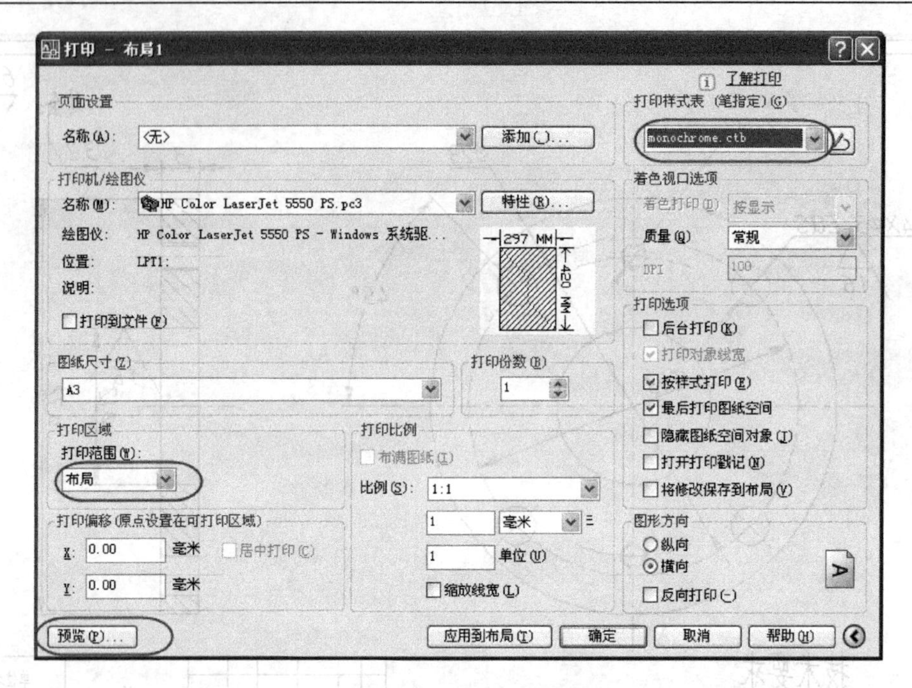

图 7-27 【打印—布局 1】对话框

（2）设置打印偏移

指定打印区域相对于可打印区域左下角或图纸边界的偏移量。

① 【X】、【Y】：通过在【X】和【Y】偏移框中输入正值或负值，控制几何图形在图纸上的偏移。通常皆默认“0”。

② 【居中打印】：选择该选项，则图形对象在图纸上居中打印。当【打印范围】设置为【布局】时，此选项不可用。

（3）设置打印比列

打印比例，是指图形单位与打印单位之间的比值。打印布局时，默认缩放比例设置为 1∶1。

① 布满图纸：缩放打印图形以布满所选图纸尺寸。当【打印范围】设置为【布局】时，此选项不可用。

② 比例：定义打印的精确比例，可以从比例的下拉列表中选取；其中，【自定义】是指用户定义的比例，可以通过输入与图形单位数等价的英寸（或毫米）数来创建自定义比例。

③ 英寸 /毫米 /像素 =单位：指定与指定的单位数等价的英寸数、毫米数或像素数。 在此对话框中所显示的单位，默认设置为图纸尺寸，并会在每次选择新的图纸尺寸时更改。【像素】仅在选择了光栅输出时才可用。

④ 缩放线宽：与打印比例成正比缩放线宽，通常不选择该项。

（4）选择打印样式表

在 AutoCAD 制图时，为区分不同图层而为不同的图层分配了不同的颜色，但进行打印时，大多情况下都要求以黑白的图形输出（不是彩色，也不是灰度级）。AutoCAD 的打印样式表分颜色相关打印样式表（CTB）或命名打印样式表（STB）。在颜色相关打印样式表中，每种颜色都有自己独立的打印格式，总共要有 255 种打印格式；命名打印样式表中，用户可自定义新的打印格式，并分配给不同的图层，多个图层可共享同一种打印格式，这样就节省了部分资源。

为了打印黑白图形，在【打印样式表】的下拉列表中，选择【monochrome.ctb】样式。

（5）设定打印选项

该项设置通常按图默认方式，如图 7-27 所示。

（6）设置打印方向

设置图形的打印方向，通常与【页面设置】中的方向要一致。在该栏中选中某个单选项或复选框后，将在右侧的图示中显示打印方向。可以设置的打印方向有以下几种。

① 纵向：将图纸的短边作为图形页面的顶部进行打印。

② 横向：将图纸的长边作为图形页面的顶部进行打印。

③ 反向打印：选中该复选框，将图形在图纸上倒置进行打印，相当于将图形旋转 180° 再进行打印。

打印设置完成后，单击【预览】按钮，系统返回到 CAD 界面，出现图 7-28 所示的预览窗口，可以预览图形打印效果；如果输出符合要求，按右键，在弹出的快捷菜单中，选择【打印】，反之选择【退出】，则可再返回【打印】对话框，修改相应的参数。

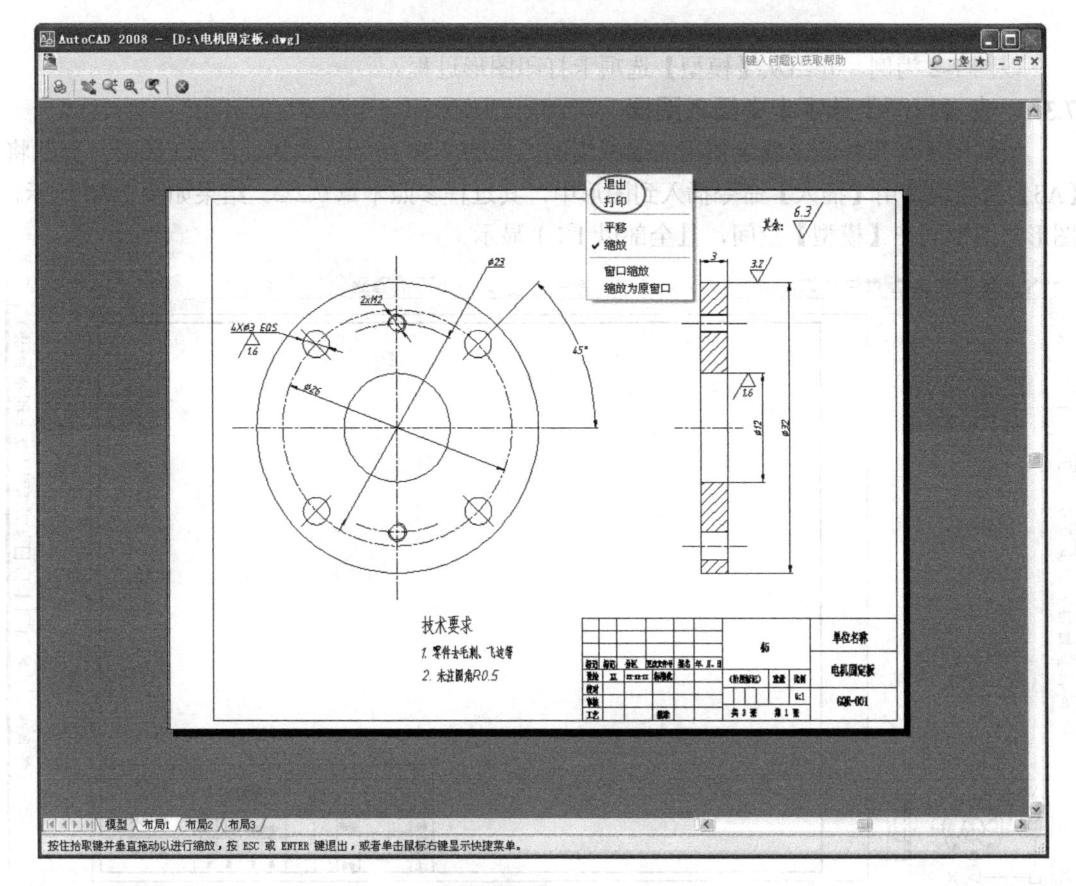

图 7-28　预览图形输出后的效果

7.2.8　保存打印设置

在 AutoCAD 中，如果大多数时候打印的参数设置都相同或相近，可以只设置一次，然后将设置的打印参数随文件一并保存，当以后需要打印其他图形文件时再将其调入，对参数稍作调整即可打印出图。保存打印设置的具体操作如下。

① 选择菜单【文件】→【打印】命令，打开【打印】对话框，如图 7-27 所示。

② 在该对话框的【页面设置】栏中的【名称】后，单击【添加】按钮，打开图 7-29 所示的【添加页面设置】对话框。

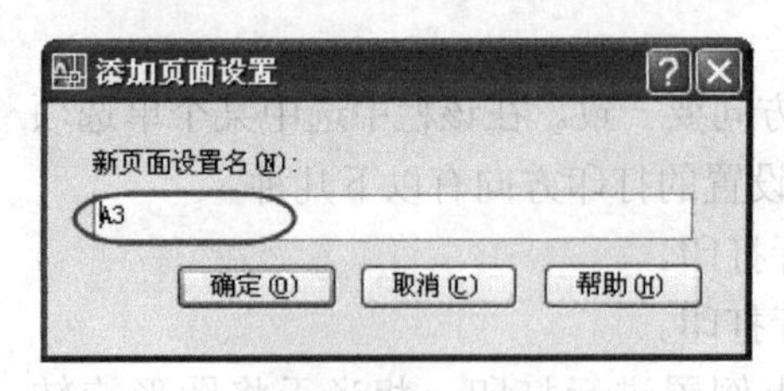

图 7-29 【添加页面设置】对话框

③ 在【新页面设置名】文本框中输入要保存的打印设置名称，如【A3】。

④ 单击【确定】按钮关闭对话框。

进行上述设置后，当保存图形时，打印参数就会随图形一并保存起来。

若当前图形文件中定义了多个页面设置后，可以直接在【打印】对话框【页面设置】名称中的下拉列表框中选择所需的页面设置。

7.3 在模型中打印图形

以图 7-2 为例，介绍从【模型】选项卡打印图形过程。

7.3.1 在【模型】选项卡中插入图框

根据图形复杂程度，确定使用的图纸幅面。如图 7-30 所示，本例使用 A3 图幅，因此将【A3】属性块使用【插入】命令插入到图形中，其过程参照本章 7.2.2。结果如图 7-30 所示，图形与图框同在【模型】空间，且全部以 1∶1 显示。

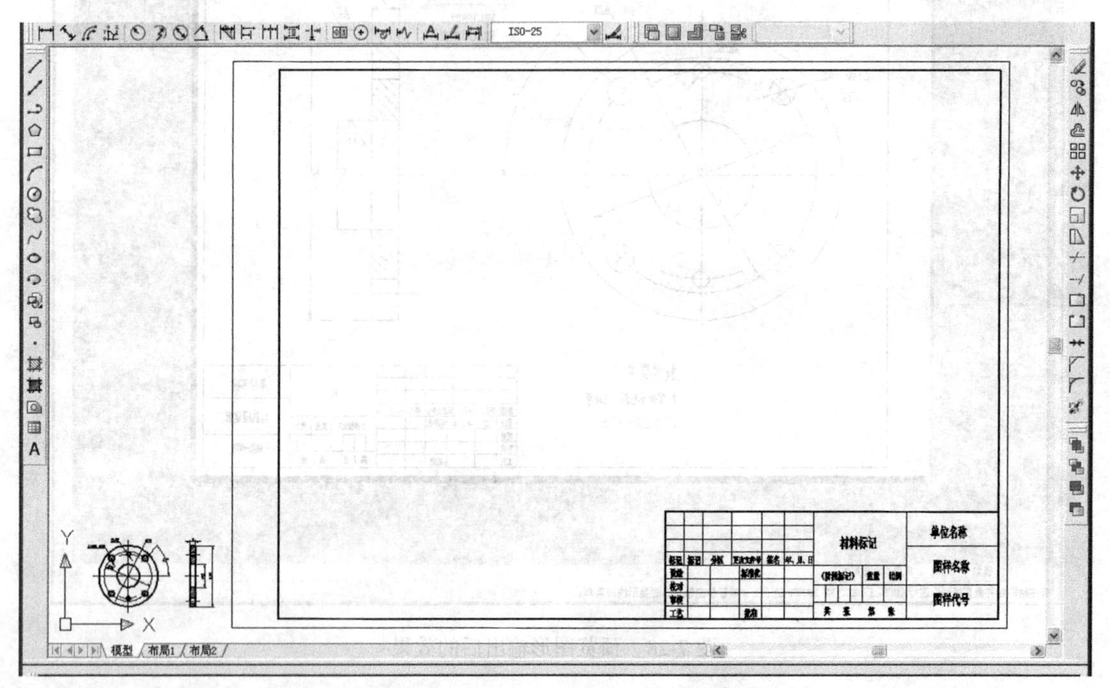

图 7-30 在【模型】空间插入 A3 图框后的图面显示

7.3.2 确定图框缩放比例

要使图形合适地放入图框，从图 7-30 可以看出，要么将图形放大，或者将图框缩小。为了保证图形的实形性（1∶1 的图形），因此，必须采用后者，即缩小图框以适应图形。缩放图形大小应使用【缩放】SCALE 命令

【运行方式】

- 菜　单:【修改】→【缩放】。
- 工具栏：单击　【修改】工具栏中的【缩放】图标。
- 命令行：SCALE（SC）。

【操作过程】

以上操作命令行显示如下：

命令: sc↙（键入命令，并回车）

SCALE

选择对象: （选择图框）找到 1 个

选择对象: ↙（回车）

指定基点: （选择图框左下角点）

指定比例因子或 [复制(C)/参照(R)] <1.0000>: 0.2（键入缩放比例，即将图框缩小 5 倍）

结果如图 7-31 所示，图框被缩小了 5 倍。

7.3.3　设置【标注全局比例】参数并整理图面

使用【移动】命令将图形放置在图框内，并调出【标注样式管理器】修改【标注全局比例】参数，该参数＝图框缩放倍数（本例为 0.2），其过程参照 7.2.5。

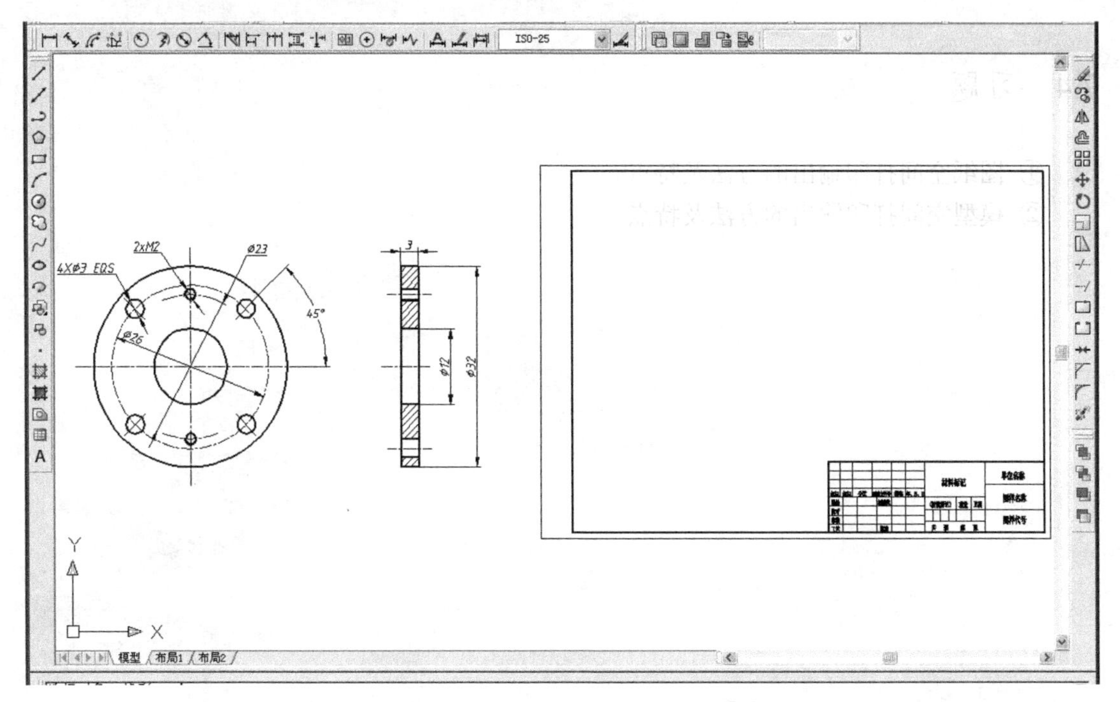

图 7-31　使用【缩放】后的 A3 图框

在插入粗糙度符号、注写技术要求时，要保证文字字高与尺寸标注的一致性。填写标题栏时，比例一栏填写“5∶1”。

7.3.4　打印图形

发布【打印】命令后，弹出图 7-32 所示的【打印－模型】对话框，打印设置如图中所做

标记。

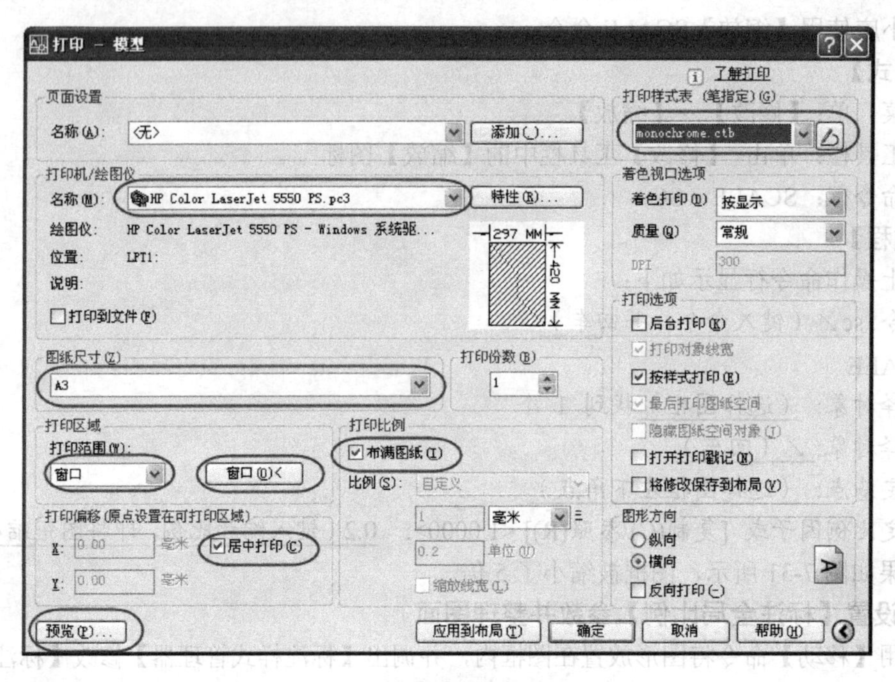

图 7-32 【打印－模型】对话框

7.4 习题

① 图纸空间打印输出的方法及特点。

② 模型空间打印输出的方法及特点。

第 8 章　工程图绘制实例

本章主要介绍绘制工程图的基本方法、作图步骤。将常用图形做成图形库以及建立完善的样板文件是提高作图效率的有效方法。通过介绍标准零件图和标准装配图的绘制过程，了解了工程图绘制的步骤，能起到举一反三的作用。

8.1　完善样板文件

在第 2 章中制作了最基础的样板文件，现在可以将文字、尺寸标注、表格以及多重引线等样式添加进去，以完善该样板文件；也可以将常用的图形或符号制作成图块，保存在电脑的某个分区或一同保存在样板文件中，使得以后使用快捷，提高作图效率。

8.1.1　设置文字、尺寸以及表格样式

设置步骤如下。

① 打开样板文件（如本例 D：\我的样板.dwt）。

② 设置文字样式：见第 4 章 4.1 节设置文字样式，如表 8-1 所示。

表 8-1　文字样式设置内容

样 式 名	字　体	宽 度 因 子
Standard	gbeitc.shx，gbcbig.shx	1
工程字	仿宋_GB2312	0.7

③ 设置尺寸标注样式：参见第 5 章 5.1 节设置尺寸标注样式。

④ 修改基础表格样式：参见第 4 章 4.3.1 表格样式。

将以上内容使用【保存】命令保存。

8.1.2　设置多重引线样式

图形中的倒角以及装配图中的零件序号需要用【多重引线】Mleader 命令进行标注，但它们的端部形式及文字高度要求不同，因此必须根据具体情况设置不同的多重引线样式。本操作应在样板文件（如本例 D：\我的样板.dwt）中进行。

【运行方式】

- 菜　单：【格式】→【多重引线样式】。
- 工具栏：单击【多重引线】工具栏中的图标按钮。
- 命令行：MLEADERSTYLE 或 **MLS**。

【操作过程】

以上操作弹出【多重引线样式管理器】对话框，如图 8-1 所示。在该对话框中分别创建“倒角标注”、“零件序号标注”两种样式。

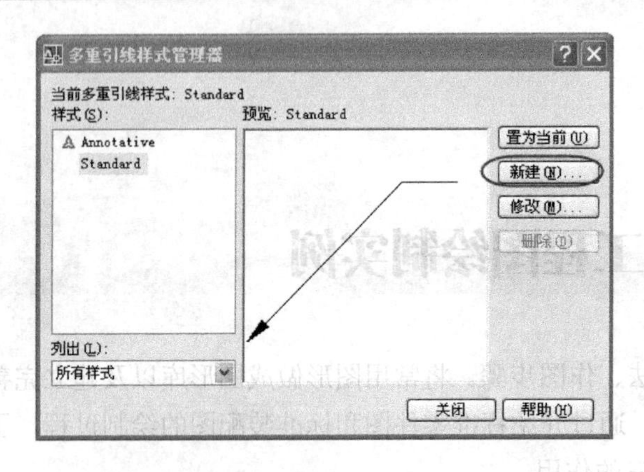

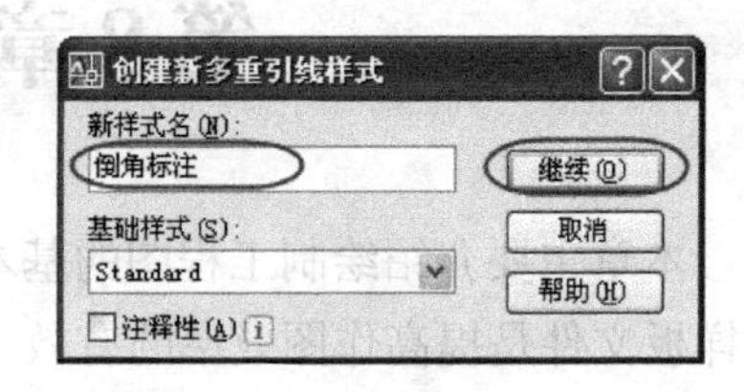

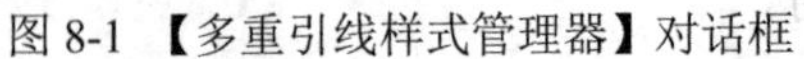

图 8-1 【多重引线样式管理器】对话框　　　　图 8-2 【创建新多重样式】对话框

（1）创建“倒角标注”样式

① 命名样式：单击【多重引线样式管理器】对话框中的【新建】按钮，在弹出的【创建新多重引线样式】对话框（图 8-2）的【新样式名】下方，输入“倒角标注”，并单击【继续】按钮，调出【修改多重引线样式：倒角标注】对话框。

② 设置【引线格式】：单击【引线格式】选项卡，设置【类型】→【直线】；【箭头】中的【符号】→【无】，如图 8-3（a）所示。

③ 设置【引线结构】：单击【引线结构】选项卡，设置【约束】选项中的【最大引线点数】→【2】；勾选【基线设置】下的两个选项，【设置基线距离】→【0】；选择【比例】选项中的【指定比例】，如图 8-3（b）所示。

④ 设置【内容】：单击【内容】选项卡，设置【多重引线类型】→【多行文字】；【文字样式】→【Standard】；【文字角度】→【水平】；【文字高度】→【3.5】；【连接位置-左】、【连接位置-又】→【最后一行加下划线】；【基线间距】→【0】。如图 8-3（c）所示。

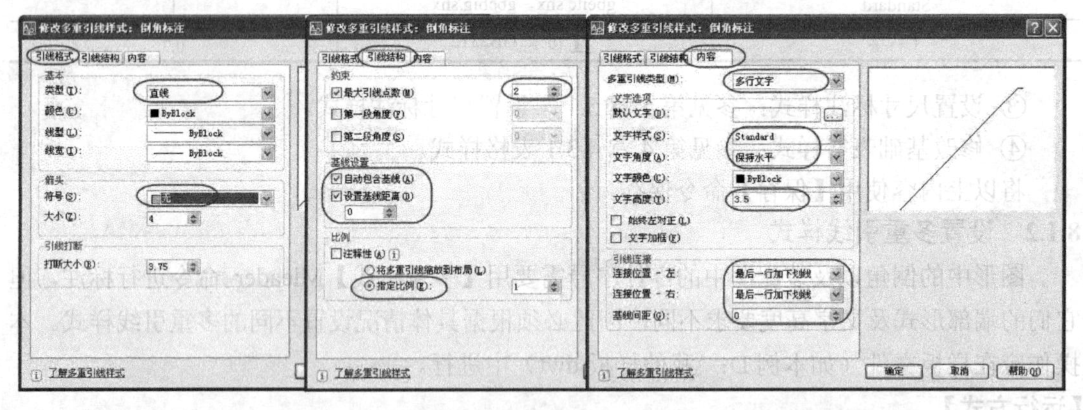

（a）设置【引线格式】　　（b）设置【引线结构】　　（c）设置【内容】

图 8-3 设置“倒角标注”多重引线标注样式过程

（2）创建“零件序号”样式

该样式的创建过程与“倒角标注”样式完全相同；在参数的设置方面，除了引线箭头、文字高度以及基线设置距离不同，其他设置则完全一致，因此，创建“零件序号”样式时基础样式选择“倒角标注”，如图 8-4 所示。单击【继续】按钮，在弹出的【修改多重引线样式：

零件序号】对话框中，仅需作如下三项设置（如图 8-5 所圈部分）。

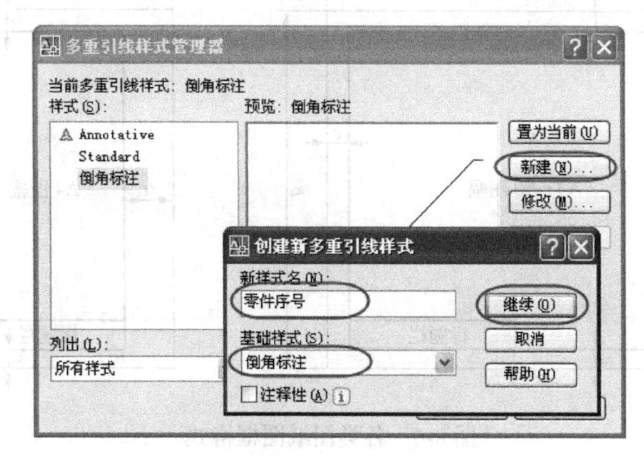

图 8-4　创建 “零件序号”引线样式

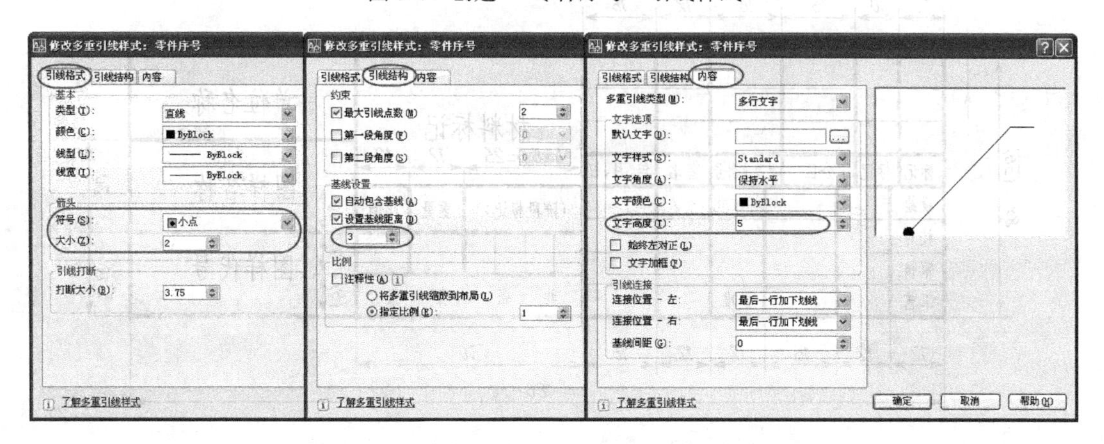

图 8-5　设置“零件序号”多重引线标注样式过程

① 设置引线箭头：单击【修改多重引线样式：零件序号】的【引线格式】选项卡，设置【箭头】【符号】→【小点】;【大小】→【2】。

② 设置基线距离：单击【引线结构】选项卡，【设置基线距离】→【3】。

③ 设置文字高度：单击【内容】选项卡，设置【文字高度】→【5】。

单击【保存】命令保存样板文件。

8.1.3　制作常用图块

建议将常用图块保存在一个指定文件夹中，绘图时便于调用。

（1）制作各类标准图纸属性块

工程图常用的图纸幅面及规格见表 8-2 所列，图框格式如图 8-6 所示，其中标题栏规格与内容如图 8-7 所示。

表 8-2　图纸幅面及规格

幅面代号	A0	A1	A2	A3	A4
尺寸 $B\times L$	841×1189	594×841	420×594	297×420	210×297
a	25				
C	10			5	

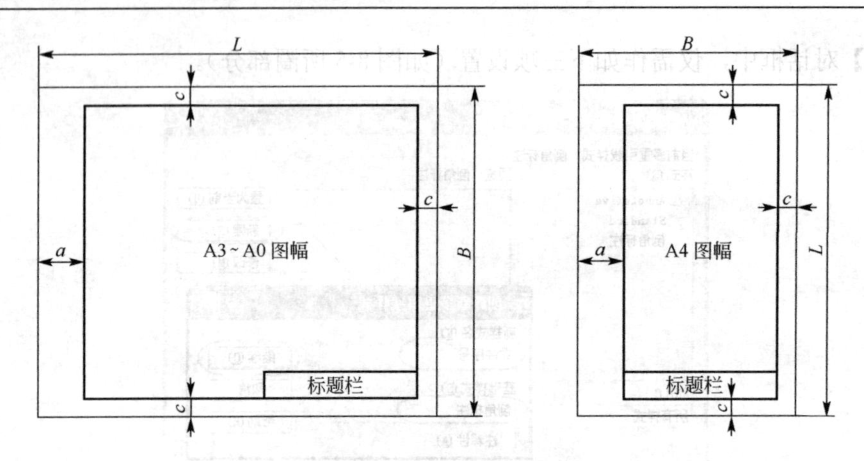

图 8-6　各类图纸图框格式

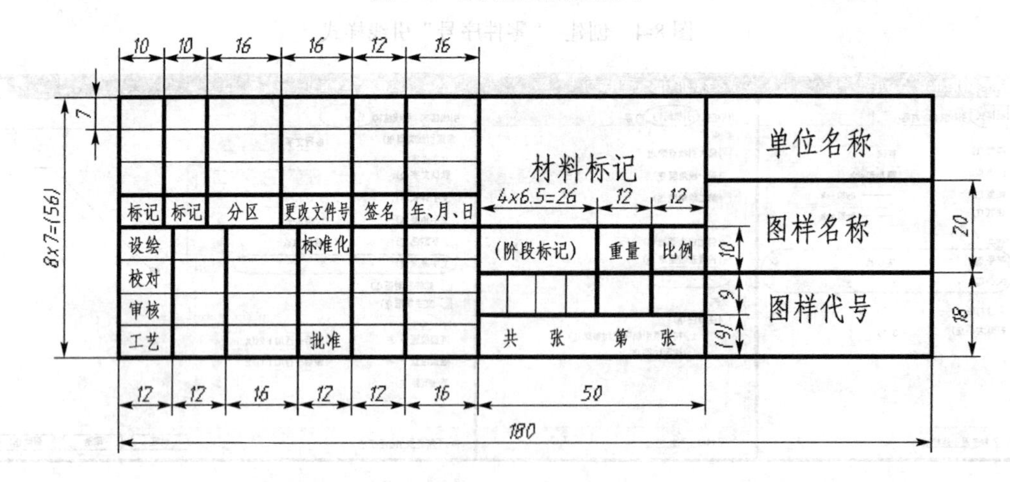

图 8-7　标题栏规格及内容

每一张标准图纸，都有标题栏和图框。将标题栏中经常需要变动名称的文字赋予属性，与标题栏框格、图框线一起做成各类标准图纸图块，会使标题栏的填写变得非常便捷。

① 标题栏的制作

◆ 绘制标题栏框格：按图 8-7 所示尺寸及线型，绘制图 8-8 所示框格。

◆ 文字注写：使用【多行文字】注写标题栏中不需变动内容的文字，如图 8-9 所示。

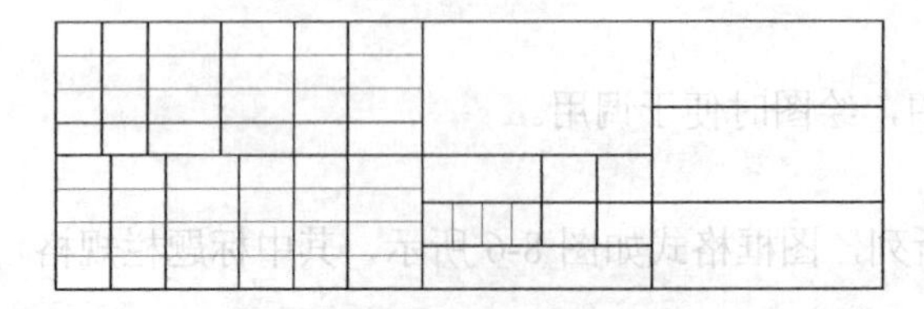

图 8-8　标题栏框格

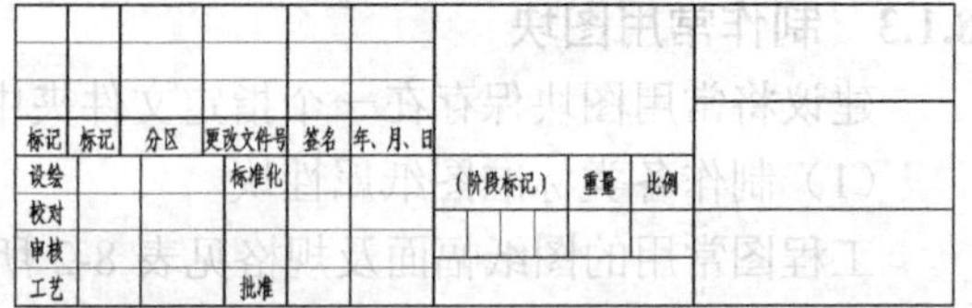

图 8-9　标题栏中注写文字

◆ 定义属性：首先按图 8-10 所示在欲定义属性的框格中绘制辅助线；然后使用【定义属性】命令在弹出的【属性定义】对话框中进行各项设置（见图 8-11 中所圈内容），单击【确定】按钮，返回 CAD 界面，光标选中辅助线中点，此时带属性的文字“设绘”插入框格中，其过程如图 8-12 所示；下一步使用【复制】命令将“设绘”复制到带辅助线的各框格中，注意复制点皆为辅助线的中点，如图 8-13 所示；再次使用【复制】命令，以框格角点为参照，将属性文字复制到其他框格中，结果如图 8-14 所示；接着通过双击属性文字，在弹出的【编辑属性定义】对话框中修改属性内容，结果如图 8-15 所示；最后单击“材料标记”等文字（图 8-16 中所圈文字），在【特性】选项板中，设置文字字高为“5”。

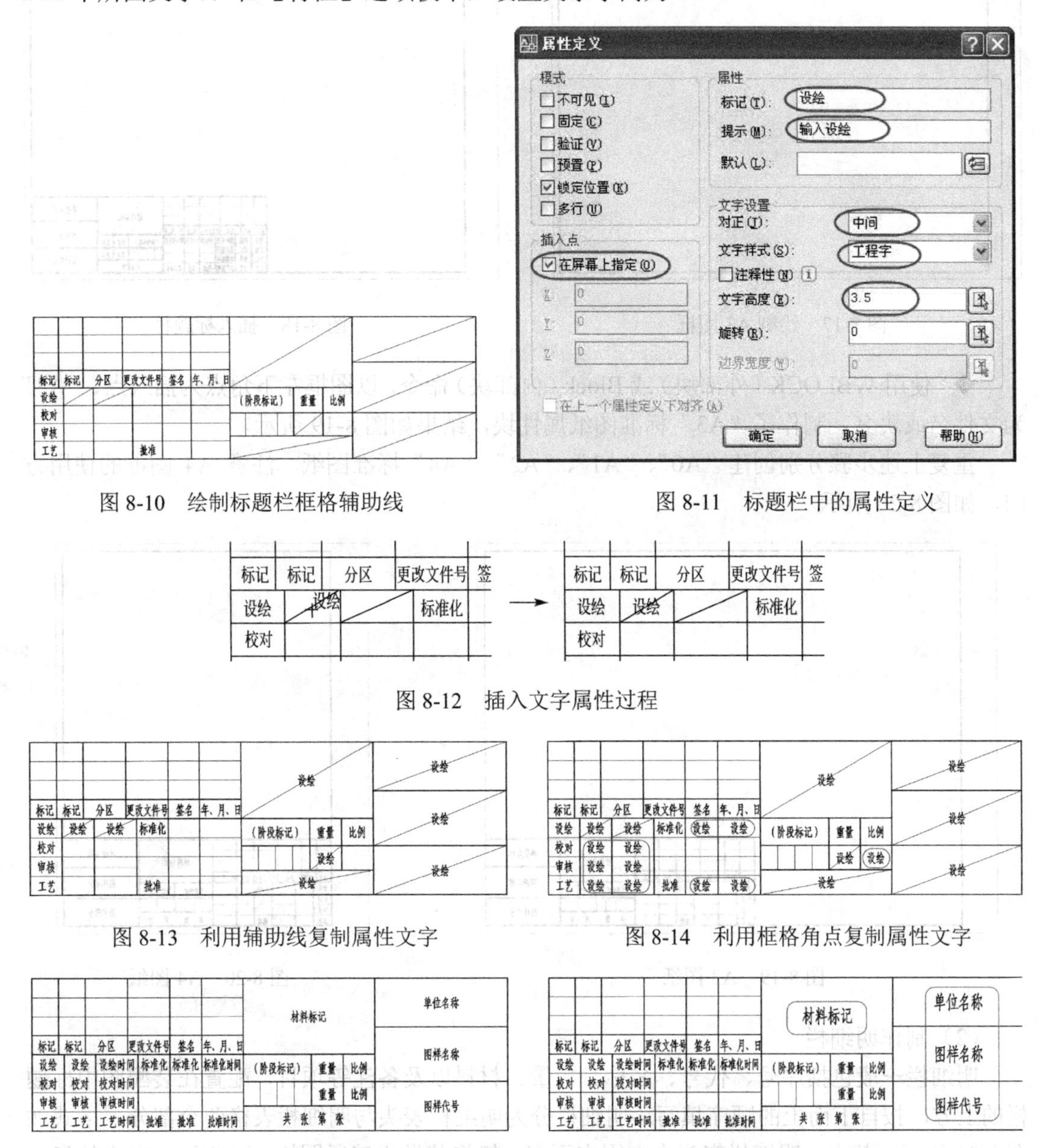

图 8-10　绘制标题栏框格辅助线

图 8-11　标题栏中的属性定义

图 8-12　插入文字属性过程

图 8-13　利用辅助线复制属性文字

图 8-14　利用框格角点复制属性文字

图 8-15　修改对应属性内容

图 8-16　修改字高

◆ 使用 WBLOCK（外部块）或 Block（内部块）命令，以标题栏右下角点为插入点、块名称为“标题栏”，制作了标题栏属性块，结果如图 8-7 所示。

② 各类标准图纸属性块的制作　以 A3 图纸为例进行介绍。

◆ 绘制 A3 图框：根据表 8-2 绘制 A3 图框，如图 8-17 所示，外框为细实线，内框为粗实线。

◆ 插入标题栏：使用【插入】命令，将“标题栏”图块按图 8-6 所示的位置插入到图框中，同时使用【分解】命令将其分解（为了避免块中嵌块），结果如图 8-18 所示。

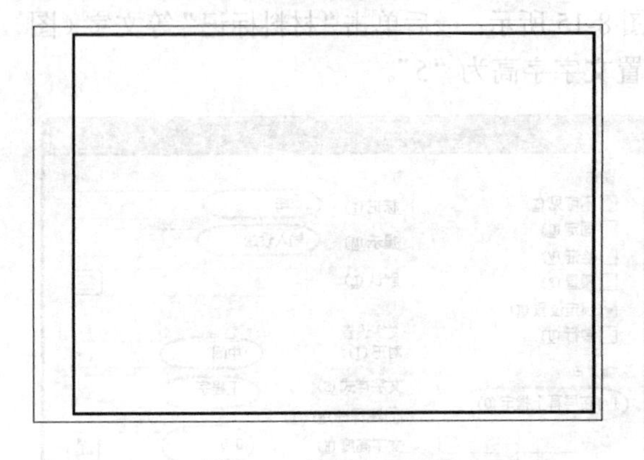

图 8-17　绘制 A3 图框

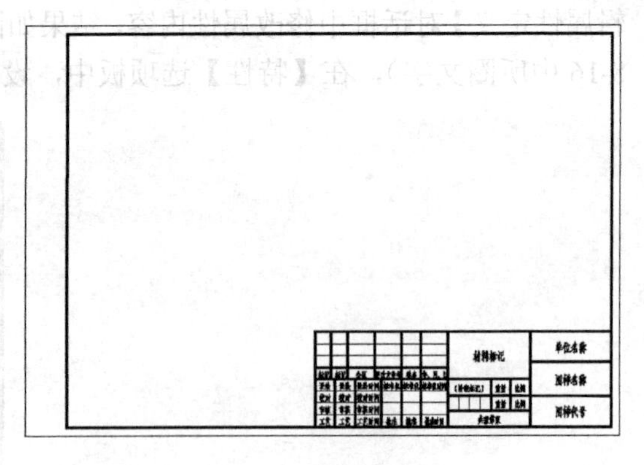

图 8-18　插入标题栏

◆ 使用 WBLOCK（外部块）或 Block（内部块）命令，以图框左下角点为插入点、“A3”为文件名或块名，制作了“A3”标准图纸属性块，结果如图 8-19 所示。

重复上述步骤分别创建“A0”、“A1”、“A2”、“A4”标准图纸。注意 A4 图框的使用方向，如图 8-20 所示。

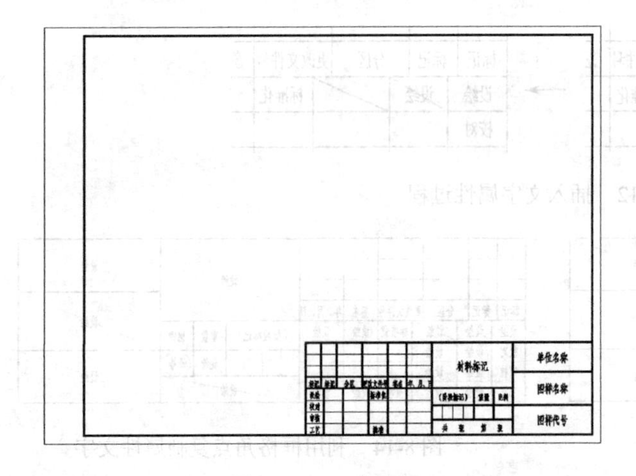

图 8-19　A3 图纸

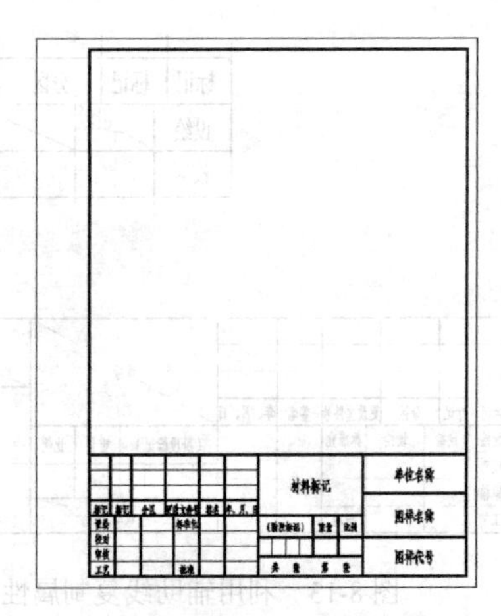

图 8-20　A4 图纸

（2）制作明细栏

明细栏一般包括序号、代号、名称、数量、材料以及备注等项目，配置在装配图中标题栏的上方，按自下而上的顺序填写。明细栏分为明细栏表头与明细栏表格两个部分，格式如图 8-21 所示。其中，明细栏表头内容固定不变，仅将其做成普通图块；而明细栏表格的每一空格处，将来都要填写与表头相对应的内容，是变化的，因此需将其制作成属性块。

① 制作明细栏表头图块　参照图 8-21 绘制框格，同时注意图框线型要正确；使用【多行文字】Mtext 命令注写相应内容，结果如图 8-22 所示；使用 WBLOCK（外部块）或 Block（内部块）命令，以明细栏表头的左下角点为插入点、“明细栏表头”为文件名或块名，制作了“明细栏表头”图块。

② 制作明细栏表格属性块　其操作步骤与“标题栏”的制作相同，过程如图 8-23 所示，需要特别说明的是，在定义属性时，【默认】后不填写任何内容，这样做成的属性块显示为

空格。

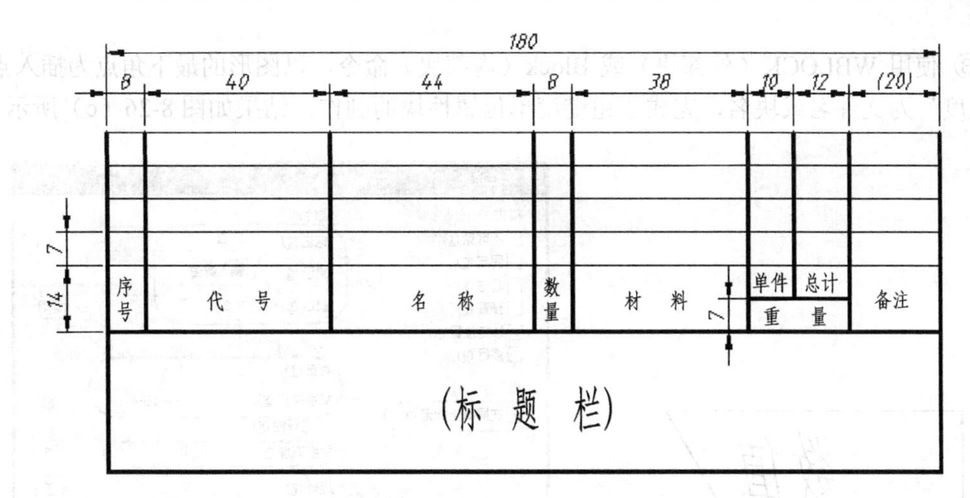

图 8-21　装配图中明细栏格式

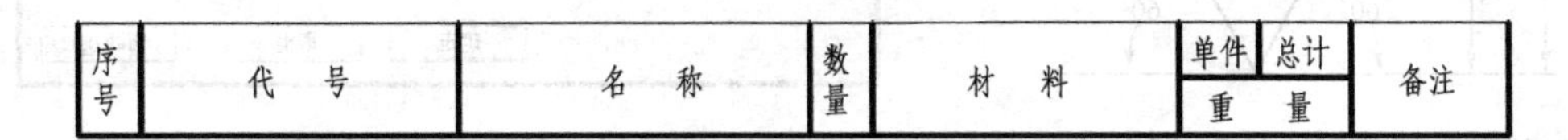

图 8-22　明细栏表头

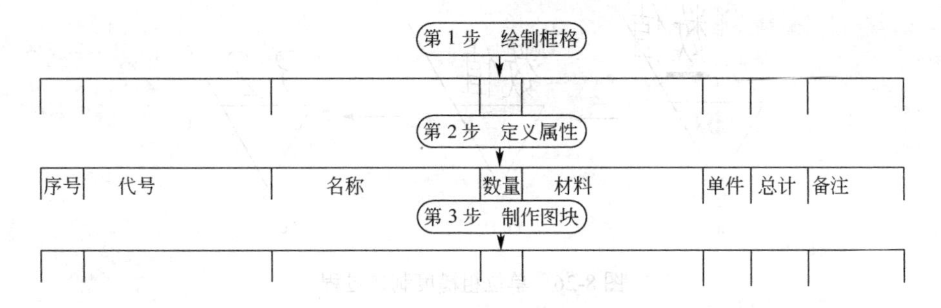

图 8-23　明细栏表头制作过程

（3）制作单位粗糙度属性块

图 8-24 为制图标准规定的表面粗糙度画法，其中 H=1.4h（h 为字体高度）。

所谓单位属性块，即以字高 h=1mm 制作的属性块。实际绘制图时，由于输出比例的不同，模型空间中尺寸标注的实际字高也不同，将粗糙度符号制作成单位属性块，进行粗糙度标注时，图中尺寸标注的实际字高就是单位属性块的插入比例，这样使得图中粗糙度符号满足制图标准。其制作步骤如下。

① 绘制粗糙度符号图形：按字高 h=1mm，按图 8-24 的比例关系绘制图形。

② 定义属性：使用【定义属性】命令将需要经常变化的数值赋予属性，其设置见图 8-25（见所圈内容）。特别注意：文字高度应为“1”、文字对正应为“中间”。单击【确定】按钮，返回 CAD 界面，此时命令行提示：

命令：_attdef

指定起点：0.6↙[打开【对象捕捉】和【对象追踪】，光标停留在水平线中点，待出现

靶点后上移，出现如图 8-26（a）所示的追踪线，然后输入 0.6，回车，结果如图 8-26（b）所示]

③ 使用 WBLOCK（外部块）或 Block（内部块）命令，以图形的最下角点为插入点、“粗糙度”为文件名或块名，完成了粗糙度单位属性块的制作，结果如图 8-26（c）所示。

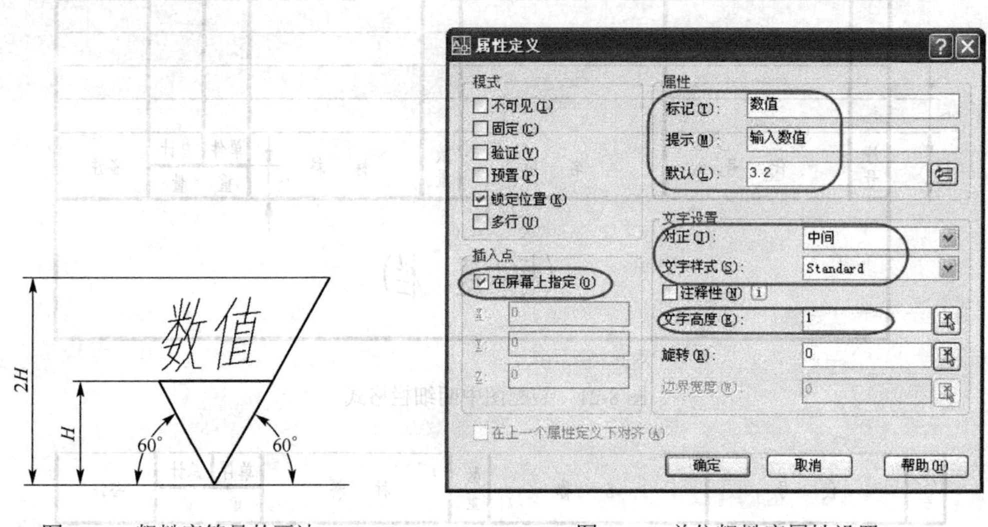

图 8-24　粗糙度符号的画法　　　　图 8-25　单位粗糙度属性设置

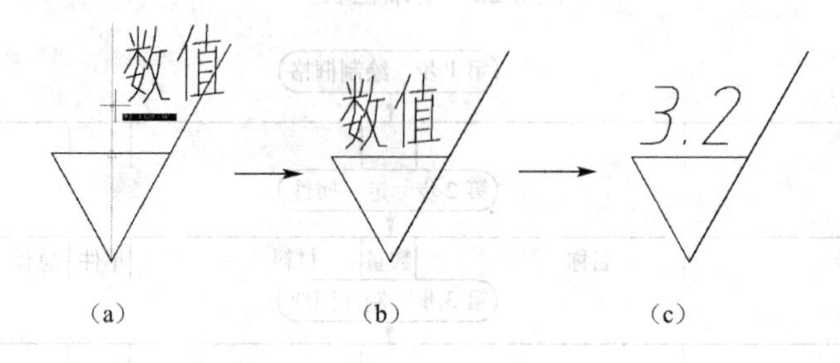

图 8-26　单位粗糙度制作过程

注意：若绘制以上图块时，仍然是在“我的样板”文件中，此时可以删除 CAD 界面中的所有图形，然后保存文件，则该样板文件隐含有图块。

8.2　标准零件图的作图过程

图 8-27 为直齿圆柱齿轮零件图，该图中既有图形、尺寸，又有表格、尺寸公差、粗糙度及形位公差、技术要求等，涵盖了零件图的所有内容，图例非常典型，以下详细介绍该零件图的绘图过程。

8.2.1　绘制圆柱齿轮图形

（1）新建图形

选择主菜单【文件】→【新建】命令或单击工具栏上的□按钮新建一个文件，此时，样板文件被调用，新文件中的绘图环境、文字和表格样式、尺寸标注样式都被自动加载。将该文件以名称 “圆柱齿轮”保存在对应文件夹中，开始绘制图形。

（2）绘制齿轮局部视图

使用【圆】、【直线】、【偏移】、【延伸】、【修剪】、【删除】等命令，绘制过程如图 8-28 所示。注意绘图过程中图层的切换。

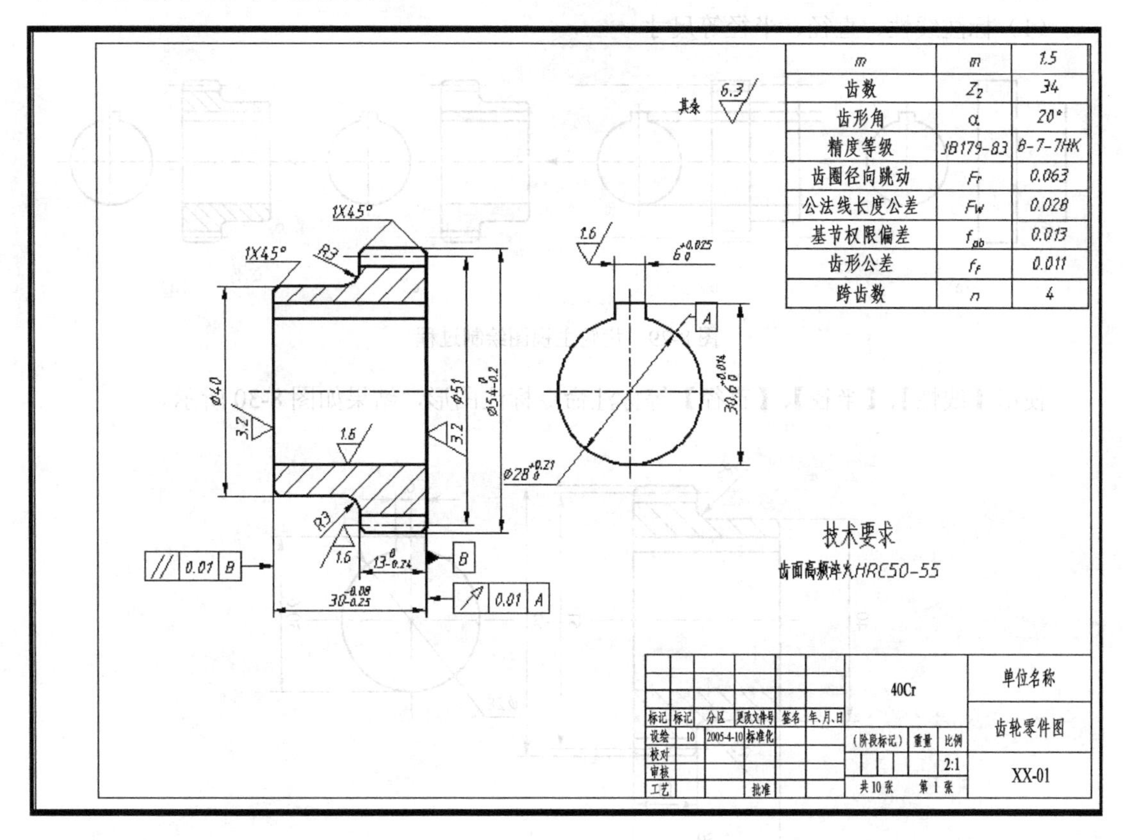

图 8-27　直齿圆柱齿轮零件图

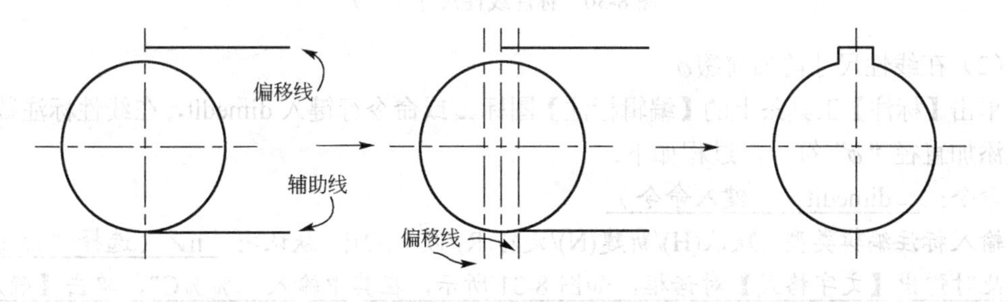

图 8-28　齿轮局部视图绘制过程

（3）绘制齿轮主视图

① 设置【粗实线】层为当前层，使用【矩形】命令分别绘制 13×54、17×40 两个矩形；使用【移动】命令将其与左视图对齐，如图 8-29（a）所示。

② 使用【直线】命令绘制带键槽的轴孔，使用【偏移】命令得到分度线与齿根线，如图 8-29（b）所示。

③ 使用【修剪】、【打断】、【倒角】、【圆角】命令整理图形，如图 8-29（c）所示。

④ 使用【图案填充】命令，将图形打剖面符号，如图 8-29（d）所示。

8.2.2 尺寸标注

设置【尺寸线】层为当前层，再进行尺寸标注。

（1）标注线性、直径、半径等尺寸

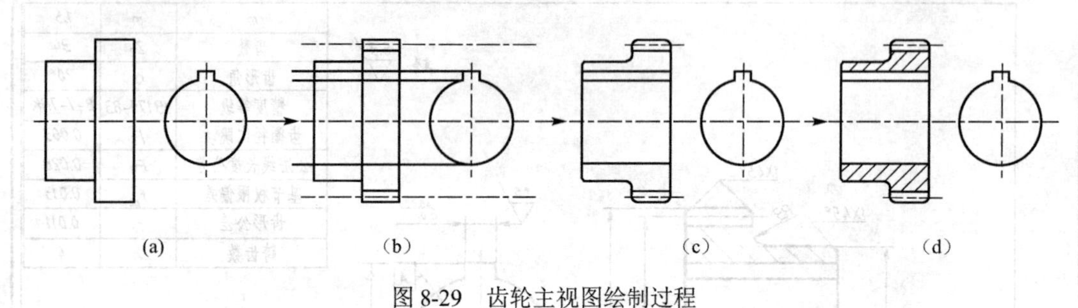

图 8-29 齿轮主视图绘制过程

使用【线性】、【半径】、【直径】等标注命令标注图形，结果如图 8-30 所示。

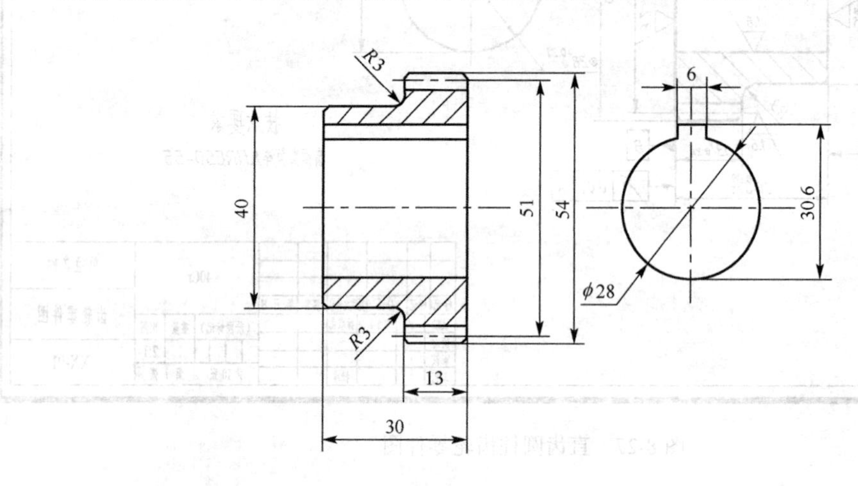

图 8-30 标注线性尺寸（一）

（2）在线性尺寸前加前缀ϕ

单击【标注】工具条上的【编辑标注】图标或命令行键入 dimedit，在线性标注数字前批量添加直径“ϕ”符号，过程如下：

命令: _dimedit↙（键入命令）

输入标注编辑类型 [默认(H)/新建(N)/旋转(R)/倾斜(O)] <默认>: n↙（选择“新建”选项，此时弹出【文字格式】对话框，如图 8-31 所示，在其中输入“%%C”，单击【确定】，系统返回 CAD 界面）

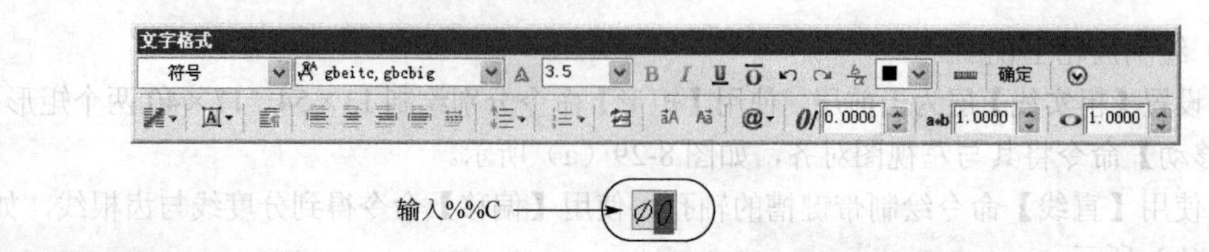

图 8-31 标注线性尺寸（二）

选择对象：　找到 1 个（选择尺寸“54”）

选择对象：指定对角点：找到 1 个，总计 2 个（选择尺寸“51”）

选择对象：　找到 1 个，总计 3 个（选择尺寸“40”）

选择对象：↙（回车）

结果如图 8-32 所示，所选对象前添加了“ϕ”。

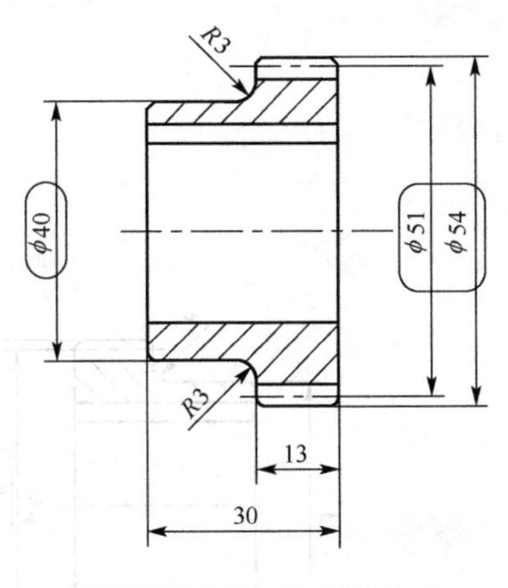

图 8-32　加尺寸前缀

（3）标注尺寸公差

通常在【特性】选项板的【公差】选项中进行尺寸公差标注，其操作过程如下。

① 打开【特性】选项板：选中图中需标注公差的尺寸（如“30”、“13”、“ϕ54”、“ϕ28”等），按鼠标右键，在弹出的快捷菜单中，单击【特性】，如图 8-33 所示。

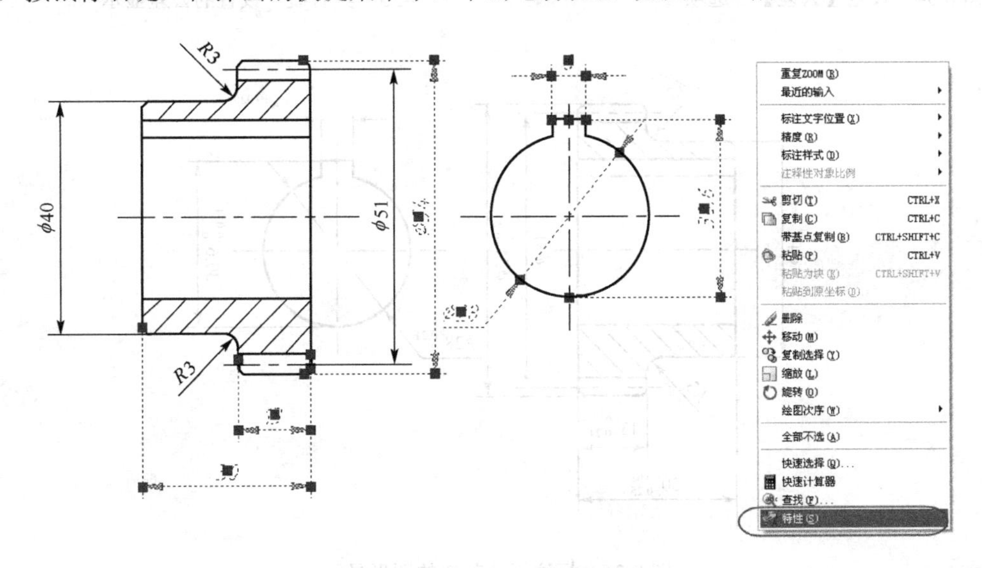

图 8-33　打开【特性】选项板过程

② 设置公差：在弹出的【特性】选项板中，找到【公差】选项，作如下设置（图 8-34）：【显示公差】→【极限偏差】；【水平放置公差】→【下】；【公差精度】→【0.000】；【公差文字高度】→【0.7】。

按【Esc】键或按住右键，图中被选中对象的“夹点”消失，尺寸后带有相同公差，如图

8-35 所示。

③ 填写各公差值：分别选中带公差的各尺寸对象，在【特性】选项板的【公差】选项中，输入相应的【公差上偏差】与【公差下偏差】值，结果如图 8-36 所示。

（4）标注倒角

设置【倒角标注】为多重引线当前样式，使用【多重引线】Mleader 标注命令进行标注，其命令行显示如下：

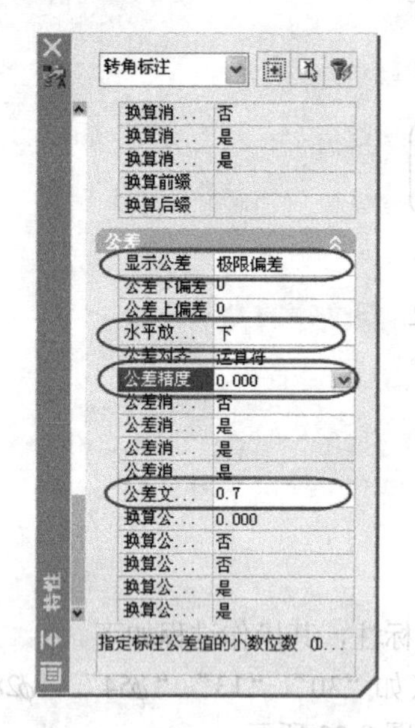

图 8-34　设置【公差】各选项

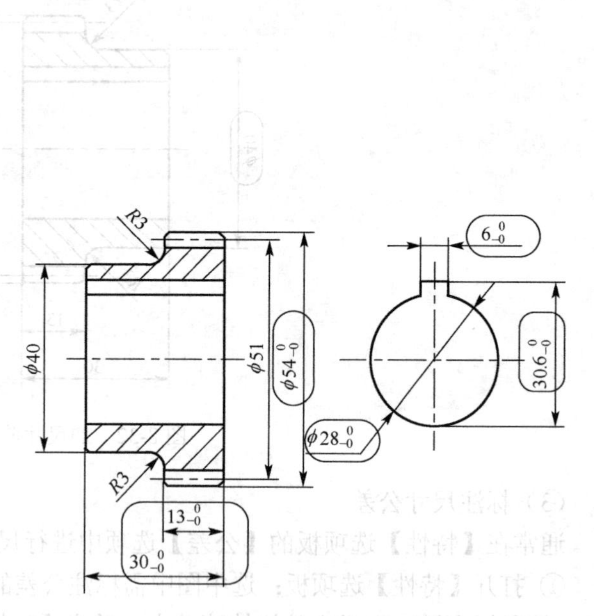

图 8-35　具有统一设置的公差显示

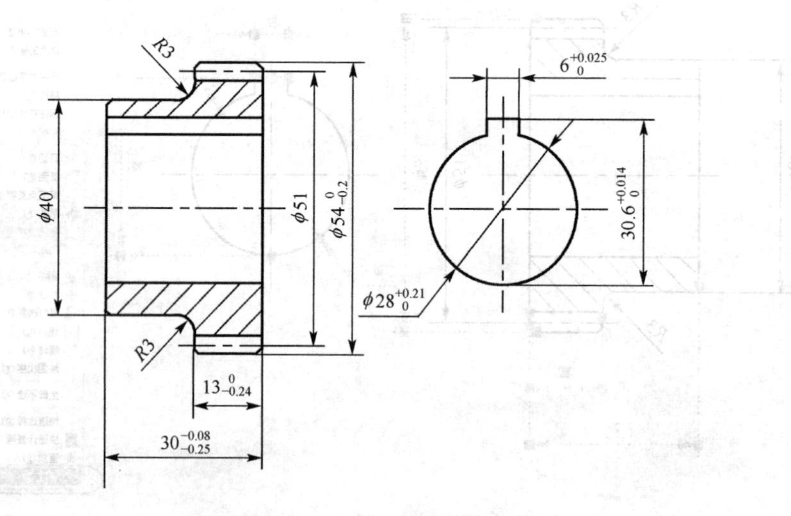

图 8-36　标注了公差值的图形显示

命令：mleader↙（键入命令）

指定引线基线的位置或 [引线箭头优先(H)/内容优先(C)/选项(O)] <选项>：指定 *a* 点［如图 8-37（a）所示，点 *a* 为两条 45º 追踪线的交点，指定该点为基线位置］

指定引线箭头的位置：指定 *b* 点［如图 8-37（b）所示，点 *b* 为倒角线上的点］

指定基线距离 <0.0000>: ↙［回车，在弹出的【在位文字编辑器】中键入“1×45°”，按【确定】按钮，结果如图 8-37（c）所示］

使用【直线】命令，绘制 *ac* 线，结果如图 8-37（d）所示。

重复执行【多重引线】标注命令，标注另一处倒角。

图中的粗糙度符号、形位公差以及基准符号，最好等到确定了打印比例，调整好【使用全局比例】dimscale 参数后再进行标注。

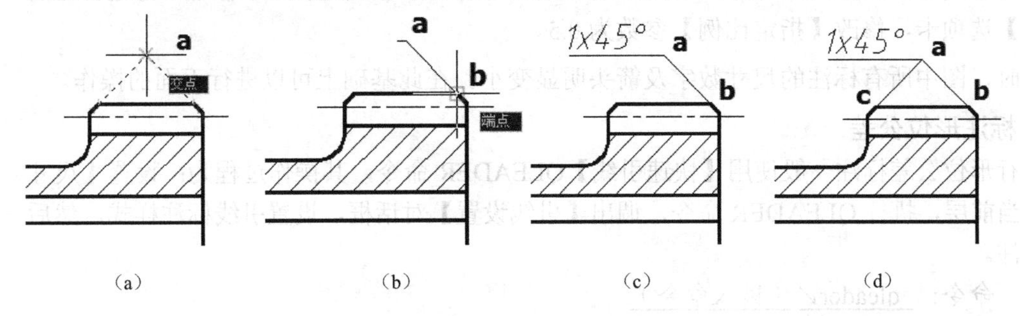

图 8-37　倒角标注过程

8.2.3　选图幅、插图框、定比例

切换至【布局】，启动【页面设置】对话框，从中选择打印机、指定打印图纸规格（A3）并修改 A3 图幅打印区域；然后，插入 A3 图框；使用【MVIEW】命令中的【布满】选项将图形调入。其详细步骤参见 7.2 节。

在【布局】中，使用【MSPACE】命令或单击状态栏中【模型或图纸空间】模型图标按钮，切换到模型空间状态；再使用【ZOOM】或【视口】工具栏，确定输出比例为 2∶1。结果如图 8-38 所示。

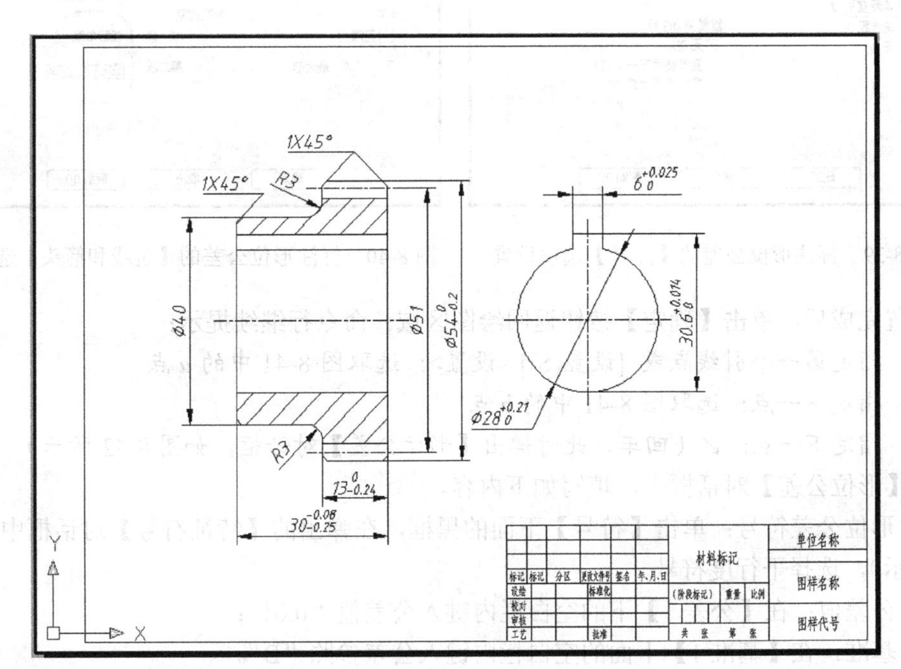

图 8-38　采用 2∶1 比例放大后的图面

8.2.4 根据输出比例，修改尺寸标注样式及多重引线样式

（1）修改尺寸标注样式中的【使用全局比例】参数

打开【标注样式管理器】，选中【ISO-25】，单击【修改】按钮，并选择【调整】选项卡，修改【使用全局比例】参数为 0.5（过程参见 7.2.5）。

（2）修改多重引线样式中的【倒角标注】样式比例参数

打开【多重引线样式管理器】，选择【倒角标注】样式，单击【修改】按钮，并选择【引线结构】选项卡，修改【指定比例】参数为 0.5。

此时，图中所有标注的尺寸数字及箭头明显变小。在此基础上可以进行下面的操作。

8.2.5 标注形位公差

进行形位公差标注一般使用【快速引线】QLEADER 命令，其操作过程为：设置【尺寸线】为当前层，执行 QLEADER 命令，调出【引线设置】对话框，设置引线标注样式，然后进行标注。

命令: qleader↙（键入命令）

指定第一个引线点或 [设置(S)] <设置>: ↙（直接回车，调出【引线设置】对话框）

在【注释】选项卡中，设置【注释类型】→【公差】，其他为默认设置。如图 8-39 所示。

在【引线和箭头】选项卡中，设置【引线】→【直线】；【点数】→【3】；【箭头】→【实心闭合】；【角度约束】→第一段【任意角度】、第二段【任意角度】。如图 8-40 所示。

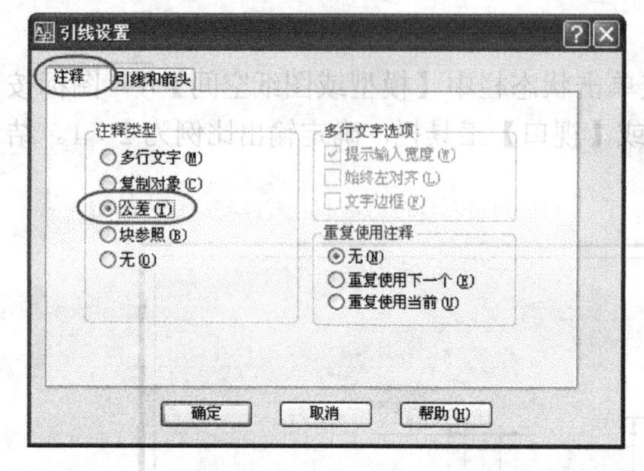

图 8-39 标注形位公差的【注释】选项设置

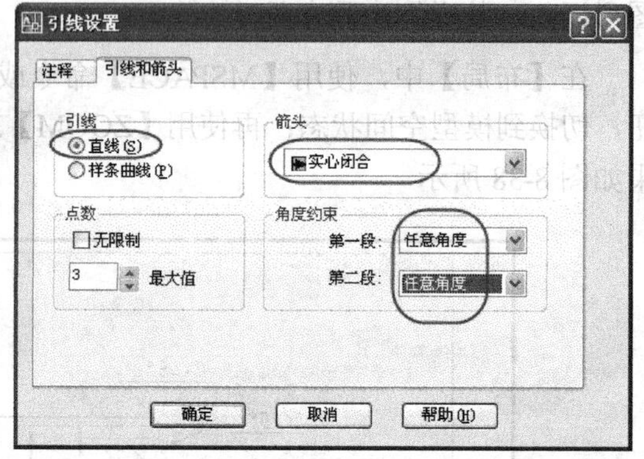

图 8-40 标注形位公差的【引线和箭头】选项设置

设置完成后，单击【确定】按钮返回绘图区域。命令行继续提示：

指定第一个引线点或 [设置(S)] <设置>: 选取图 8-41 中的 *a* 点

指定下一点: 选取图 8-41 中的 *b* 点

指定下一点: ↙（回车，此时弹出【形位公差】对话框，如图 8-42 所示）

在【形位公差】对话框中，填写如下内容。

① 形位公差符号：单击【符号】下面的黑框，在弹出的【特征符号】对话框中（如图 8-42 所示），选择平行度符号。

② 公差值：在【公差 1】下的空白栏内键入公差值“0.01”；

③ 基准：在【基准 1】下面的空白栏内键入公差参照“B”。

单击【确定】按钮，返回绘图区域，完成带“平行度”的形位公差标注；重复上述过程，

完成带“圆跳动”的形位公差标注。结果如图 8-41 所示。

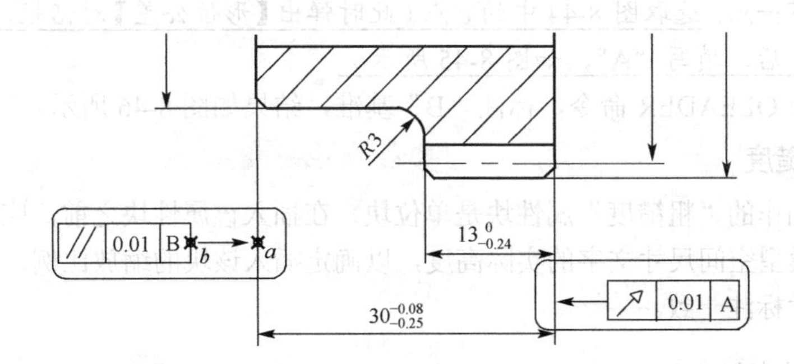

图 8-41　形位公差标注

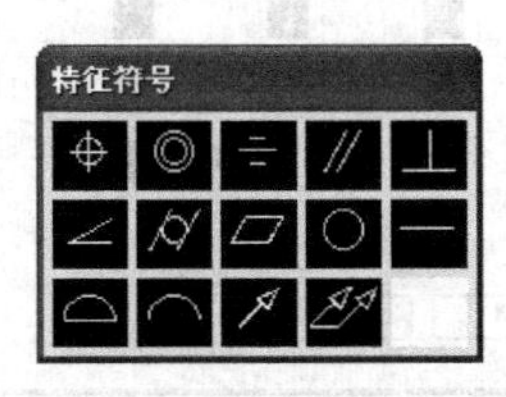

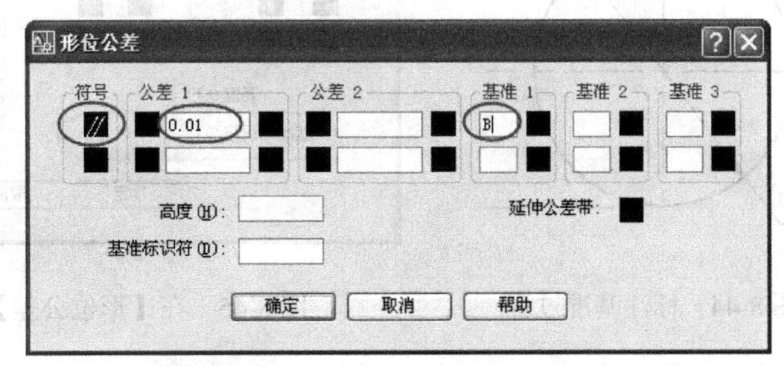

图 8-42　填写【形位公差】对话框

8.2.6　标注形位公差基准

标注基准与标注形位公差相同，也是使用【快速引线】QLEADER 命令，操作过程也完全一致，只是引线箭头要使用国标规定的【实心基准三角形】或【基准三角形】，如图 8-43 所示。其操作过程如下：

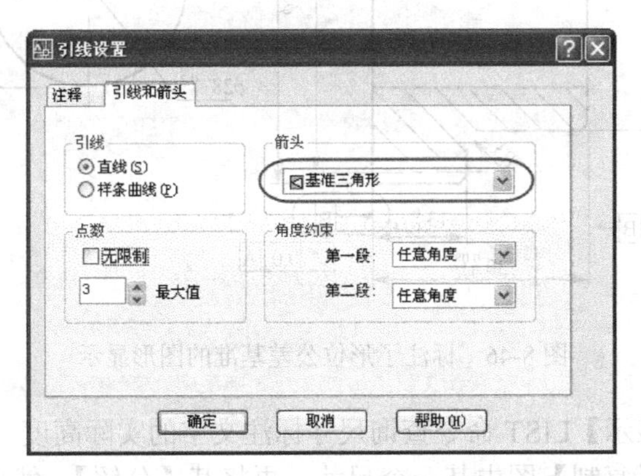

图 8-43　标注形位公差基准的【引线和箭头】选项设置

命令: qleader↙（键入命令）

指定第一个引线点或 [设置(S)] <设置>: ↙（直接回车，进行引线标注样式设置，如图 8-43，单击【确定】按钮，系统返回 CAD 界面）

指定第一个引线点或 [设置(S)] <设置>: 选取图 8-44 中的 *a* 点

指定下一点：选取图 8-44 中的 *b* 点

指定下一点：选取图 8-44 中的 *c* 点（此时弹出【形位公差】对话框，在【基准标识符】后，填写“A”，如图 8-45 所示）

重复执行 QLEADER 命令，标注“B”基准，结果如图 8-46 所示。

8.2.7 标注粗糙度

因为前面制作的“粗糙度”属性块是单位块，在插入该属性块之前，应该查询或根据输出比例计算出模型空间尺寸文字的实际高度，以确定插入该块的缩放比例，确保粗糙度上的数字高度与尺寸标注一致。

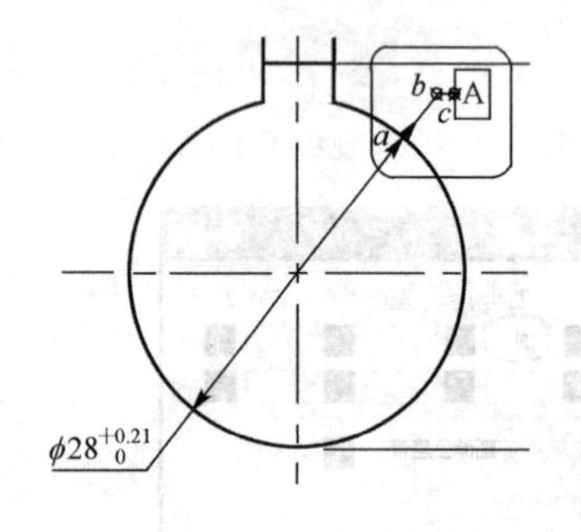

图 8-44 标注基准过程

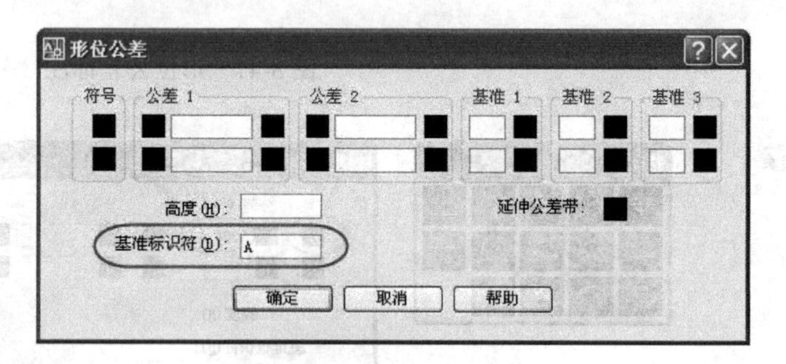

图 8-45 在【形位公差】对话框中填写基准符号

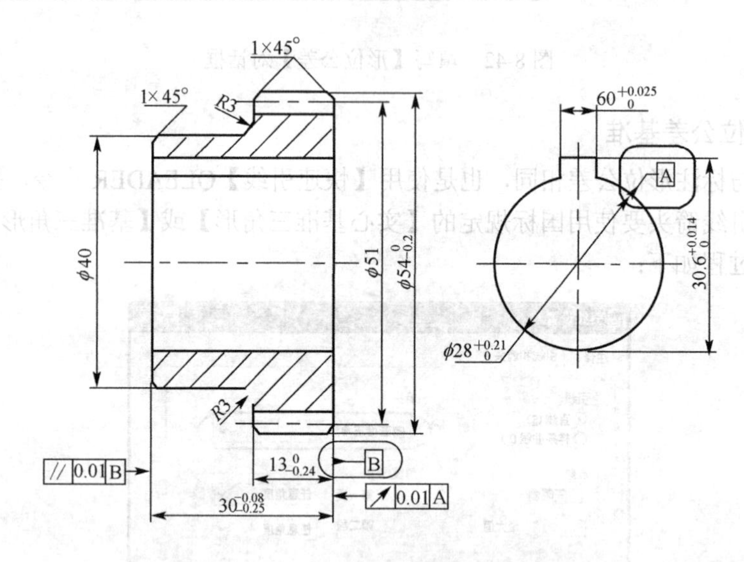

图 8-46 标注了形位公差基准的图形显示

（1）使用【列表显示】LIST 命令查询尺寸标注文字的实际高度

操作过程为：先【复制】图中某一个尺寸，再将其【分解】，然后使用【列表显示】查询。其命令行显示如下：

命令：list ↙（键入命令）

选择对象：（选择已被分解的尺寸数字） 找到 1 个

选择对象：↙（回车）

此时弹出图 8-47 所示的文本窗口，显列了备选对象的所有信息，其中【文字高度】为

1.75。

（2）插入【粗糙度】属性块

使用【插入】INSERT 命令，插入比例为 1.75，将【粗糙度】属性块插入图中，其过程如下：

命令：insert↙（键入命令）

指定插入点或 [基点(B)/比例(S)/旋转(R)]：r ↙（选择【旋转】选项，使插入的属性块与所选表面垂直）

指定旋转角度 <0>：选择图 8-48 中的 *a* 点（为顺时针方向的第一点）

指定第二点：选择图 8-48 中的 *b* 点（为顺时针方向的第二点）

指定插入点或 [基点(*B*)/比例(S)/旋转(R)]：在 *ab* 所构成的直线上任选一点

输入属性值

数值 <3.2>：↙（回车，默认该属性值，结果如图 8-48 所示）

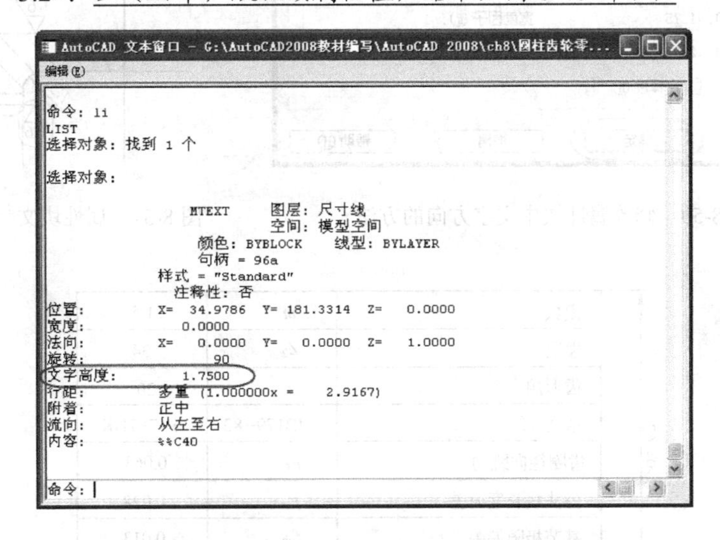

图 8-47　显示尺寸数字信息的文本窗口

重复使用【插入】命令，标注剩下的几个表面，结果如图 8-49 所示。

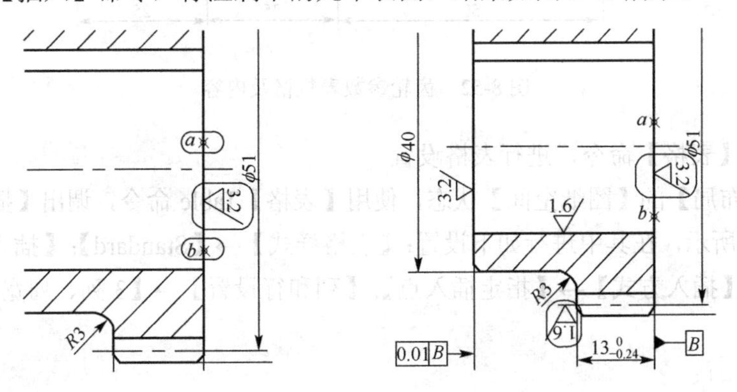

图 8-48　标注【粗糙度】过程　　图 8-49　标注了【粗糙度】的图形

（3）修改粗糙度符号中的数字方向

制图国家标准规定，粗糙度符号的数字方向应与尺寸标注一致。因此，图 8-49 中所圈的粗糙度需要修正。较快捷、实用的方法是：双击属性块，在弹出的【增强属性编辑器】的【文字选项】选项中，勾选【反向】、【倒置】复选框，如图 8-50 所示。单击【确定】按钮，返回 CAD 界面。重复上述操作，逐个修改。结果如图 8-51 所示，文字方向发生了变化。

8.2.8 制作齿轮参数表

齿轮参数表规格及内容如图 8-52 所示。本样板中默认的 Standard 样式中，基础参数已做修改，符合本表格要求。

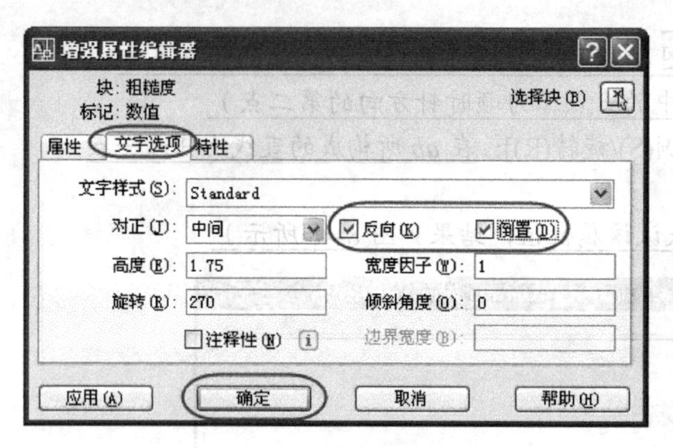

图 8-50 修改属性块中文字方向的方法

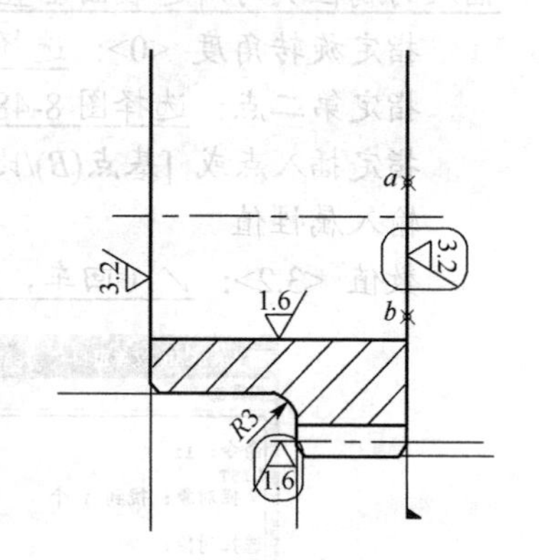

图 8-51 属性块文字修正后的显示

模数	m	1.5
齿数	Z_2	34
齿形角	α	20°
精度等级	JB179−83	8−7−7HK
齿圈径向跳动	F_r	0.063
公法线长度公差	F_w	0.028
基节极限偏差	f_{pb}	0.013
齿形公差	f_f	0.011
跨齿数	n	4

7x9=63　50　25　25

图 8-52 齿轮参数表规格及内容

（1）使用【表格】命令，进行表格设置

切换至【布局】的【图纸空间】状态，使用【表格】Table 命令，调出【插入表格】对话框，如图 8-53 所示，在其中进行如下设置：【表格样式】→【Standard】；【插入选项】→【从空表格开始】；【插入方式】→【指定插入点】；【列和行设置】→【3 列、列宽 25、 9 行、行高 1】。

（2）插入表格

单击【确定】按钮，系统返回 CAD 界面，移动鼠标在图纸的右上角空白处拾取一点，插入表格，同时弹出【在位编辑器】；此时，表格的最上面一格处于文字编辑状态，如图 8-54 所示，表格一共 11 行，因为此表格样式带标题行和表头行，因此应删除。

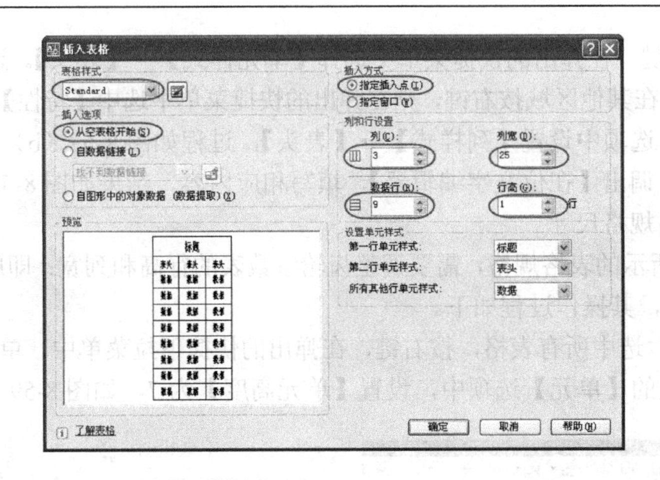

图 8-53 【插入表格】对话框参数设置

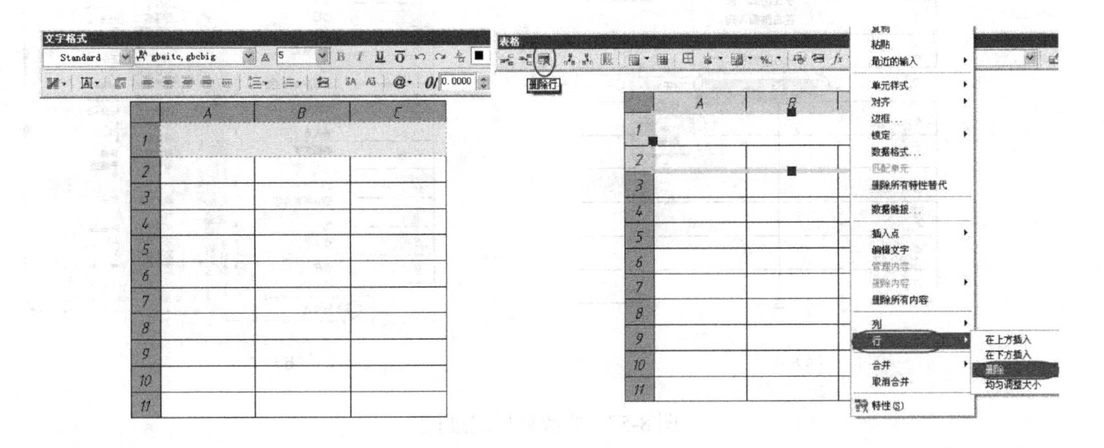

图 8-54　插入表格时的显示　　　　　图 8-55　删除表格中多余行的操作过程

（3）删除多余的行

单击第 1 行（此时弹出【表格】工具条），再按住【Shift】键单击第 2 行，即选中标题与表头两行，单击【表格】工具条中的删除按钮；或按右键，在弹出的快捷菜单中，选择【行】→【删除】，如图 8-55 所示。

（4）修改列样式，填写表格内容

双击任一表格的空白处，弹出【在位文字编辑器】，在填写第 1 列时，输入“模数”并回车，此时弹出【表格单元值无效】消息框，如图 8-56 所示。因为本表格样式设置所有表格皆为数据形式，对照图 8-52，表格的第 1、第 2 列应重新设置。

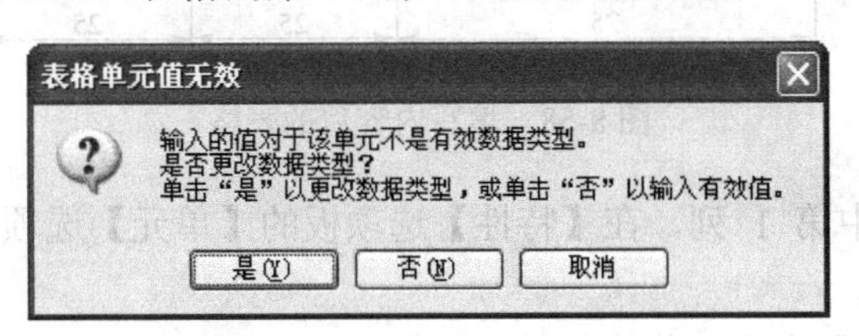

图 8-56 【表格单元值无效】消息框

操作过程为：单击第 1 列第 1 个单元格，按【Shift】键，选中第 1、2 两列；光标停留在

列标 *A*、*B* 处按右键，在弹出的快捷菜单中选择【单元样式】→【表头】。过程如图 8-57（a）所示。若光标停留在其他区域按右键，则在弹出的快捷菜单中选中【特性】，调出【特性】选项板，在【单元】选项中设置【列样式】→【表头】，过程如图 8-57（b）所示。

双击单元格，调出【在位文字编辑器】，填写相应内容，结果如图 8-58 所示。

（5）修改表格规格尺寸

对比图 8-52 所示的表格规格，需要调整齿轮参数表的行高和列宽：即所有行高为 7mm，第一列宽为 50mm，其操作过程如下。

① 调整行高：选中所有表格，按右键，在弹出的快捷下拉菜单中，单击【特性】选项，在【特性】选项板的【单元】选项中，设置【单元高度】为 7，如图 8-59 所示。

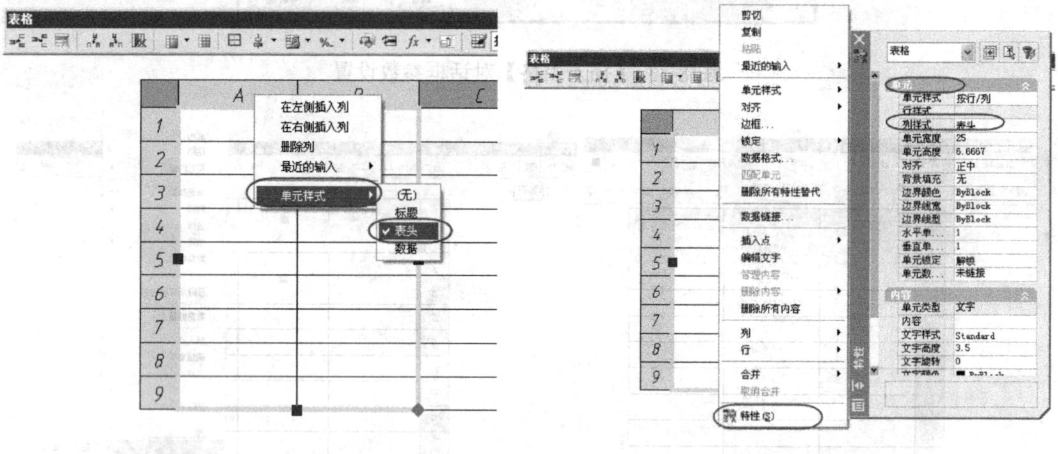

（a）　　　　　　　　　　　　　　　　（b）

图 8-57　修改列样式过程

6.67	模数	m	1.5
6.67	齿数	Z_2	34
6.67	齿形角	α	20°
6.67	精度等级	JB179−83	8−7−7HK
6.67	齿圈径向跳动	F_r	0.063
6.67	公法线长度公差	F_w	0.028
6.67	基节极限偏差	f_{pb}	0.013
6.67	齿形公差	f_f	0.011
6.67	跨齿数	n	4
	25	25	25

图 8-58　填写内容后的表格

② 调整列宽：选中第 1 列，在【特性】选项板的【单元】选项中，设置【单元宽度】为 50，如图 8-60 所示。

最后，使用【移动】命令，将表格放置在图框的右上角，结果如图 8-61 所示。

8.2.9　注写技术要求并填写标题栏

零件图中的技术要求，最好在图纸空间注写，这样不需要进行字高换算，可以直接按国标规定设置字高；另外，标题栏是属性块，也是在图纸空间插入的，因此填写标题栏也应在图纸空间进行。

① 切换到图纸空间。

② 注写文字：使用 Mtext 命令。其中"技术要求"四个文字选用 7 号字，其余文字及图样右上角"其余 6.3▽"选用 5 号字；结果如图 8-62 所示。

③ 填写标题栏：双击标题栏，在弹出的【增强属性编辑器】对话框的【属性】选项卡中（图 8-63），填写相应内容。

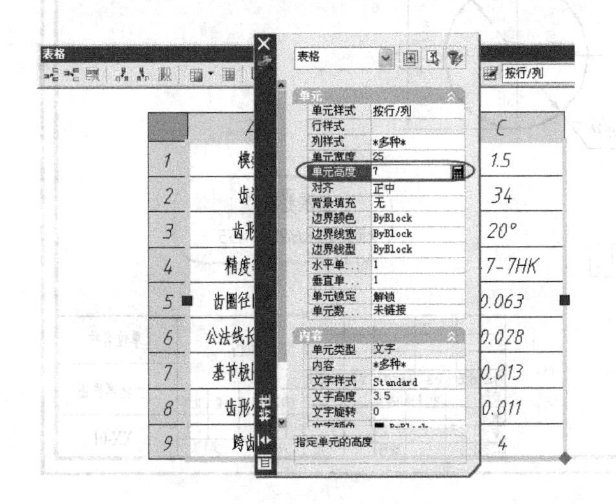

图 8-59　修改表格行高的过程

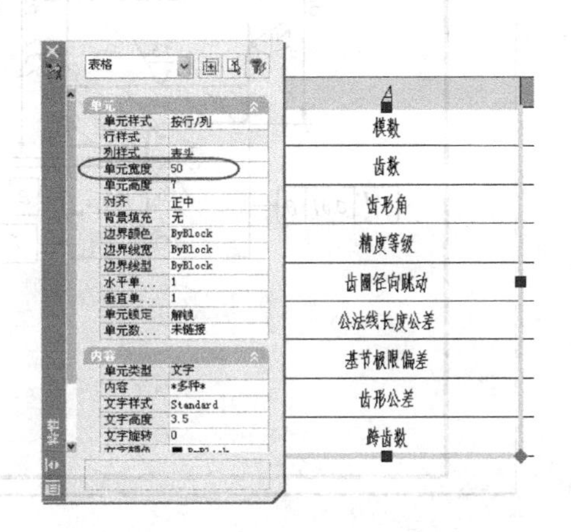

图 8-60　修改表格列宽的过程

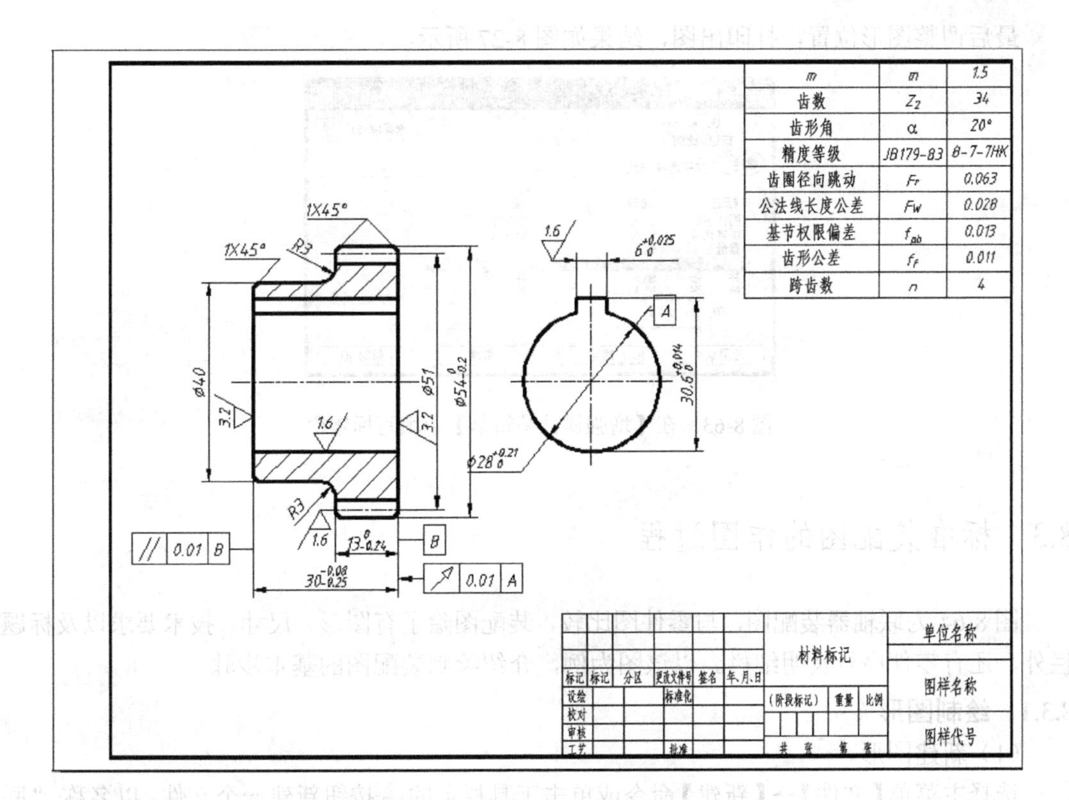

图 8-61　配置了参数表的图面

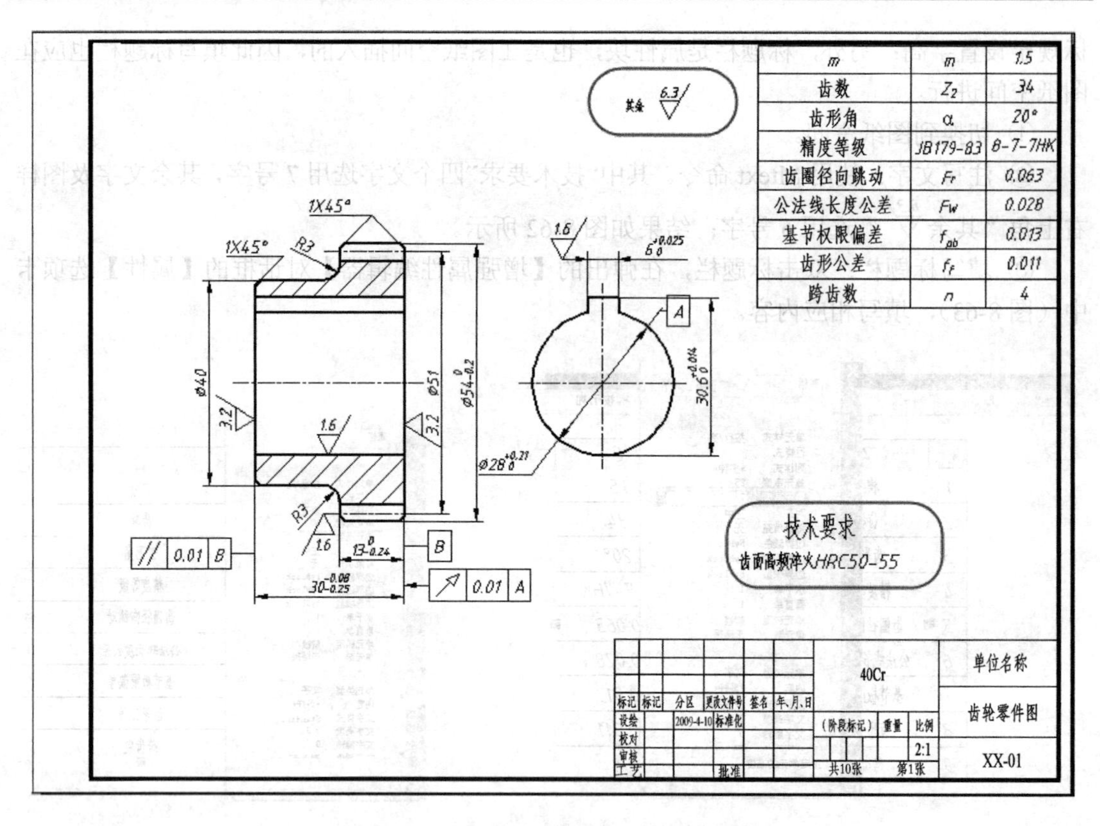

图 8-62 注写了技术要求后的齿轮零件图

最后调整图形位置，打印出图，结果如图 8-27 所示。

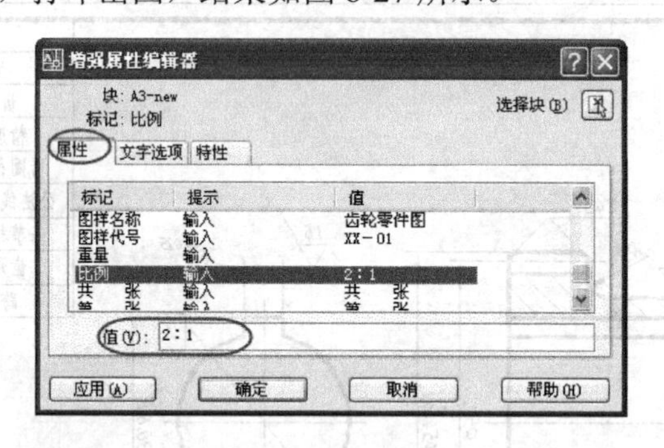

图 8-63 在【增强属性编辑器】中填写标题栏

8.3 标准装配图的作图过程

图 8-64 为联轴器装配图，与零件图比较，装配图除了有图形、尺寸、技术要求以及标题栏外，还有零件序号及明细栏。以该图为例，介绍绘制装配图的基本步骤。

8.3.1 绘制图形

（1）新建图形

选择主菜单【文件】→【新建】命令或单击工具栏上的按钮新建一个文件，以名称“联轴器装配图”保存在对应文件夹中，开始绘制图形。

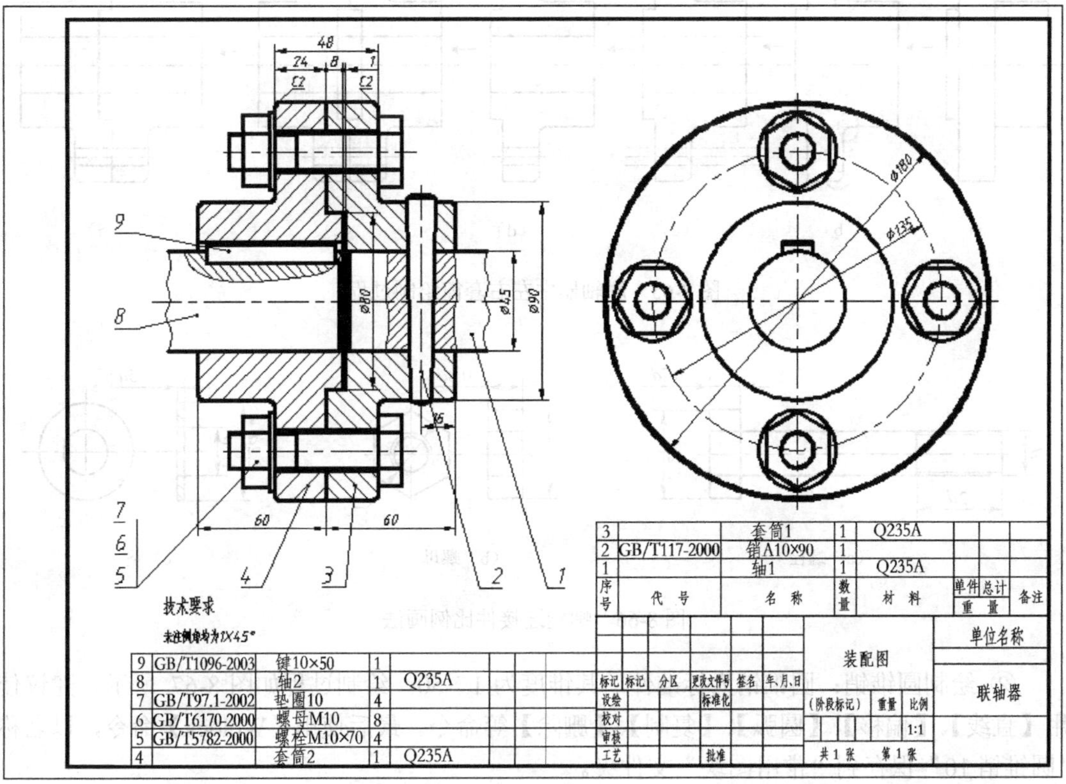
48
24
8
1
C2
C2
9
8
φ80
φ45
φ90
φ180
φ135
16
60
60
7
6
5
4
3
2
1
技术要求
未注倒角均为1X45°
3　　套筒1　1　Q235A
2　GB/T117-2000　销A10×90　1
1　　轴1　1　Q235A
序号　代号　名称　数量　材料　单件　总计　重量　备注
9　GB/T1096-2003　键10×50　1
8　　轴2　1　Q235A
7　GB/T97.1-2002　垫圈10　4
6　GB/T6170-2000　螺母M10　8
5　GB/T5782-2000　螺栓M10×70　4
4　　套筒2　1　Q235A
标记　标记　分区　更改文件号　签名　年.月.日
设绘　标准化
校对
审核
工艺　批准
装配图
(阶段标记)　重量　比例
1:1
共1张　第1张
单位名称
联轴器

图 8-64　联轴器装配图

（2）绘制左右套筒

① 绘制三个矩形：设置【粗实线】层为当前层，使用【矩形】命令分别绘制 8×70、24×150、36×80 矩形，使用【移动】命令使之对齐；设置【中心线】层为当前层，过其中点绘制一条中心线。如图 8-65（a）所示。

② 修剪外形：使用【修剪】命令，剪去多余线条，再分别使用【倒角】【圆角】命令进行尖角处理。如图 8-65（b）所示。

③ 绘制轴孔与螺栓孔：使用【偏移】命令，定出孔的位置及大小，如图 8-65（c）所示；再使用【修剪】命令剪去多余线条，结果如图 8-65（d）所示。

④ 绘制另一个套筒：使用【镜像】命令，按图 8-65（e）中指定图线为镜像线，得到右套筒；再使用【拉伸】命令，选择图 8-65（e）中所圈图线向右拉伸 17mm，结果如图 8-65（f）所示，左右套筒绘制完成。

（3）绘制各种标准件

根据图 8-64 中明细表所列型号规格，绘制图中的螺栓连接、键、销等标准件。

① 绘制 M10 螺栓连接件：按照比例画法（图 8-66），画出图形 d=M10 的螺栓连接件，并使用【wblock】命令，分别以“M10 螺栓”、“M10 螺母”、“M10 垫片”等名称保存到“常用图块”文件夹中。

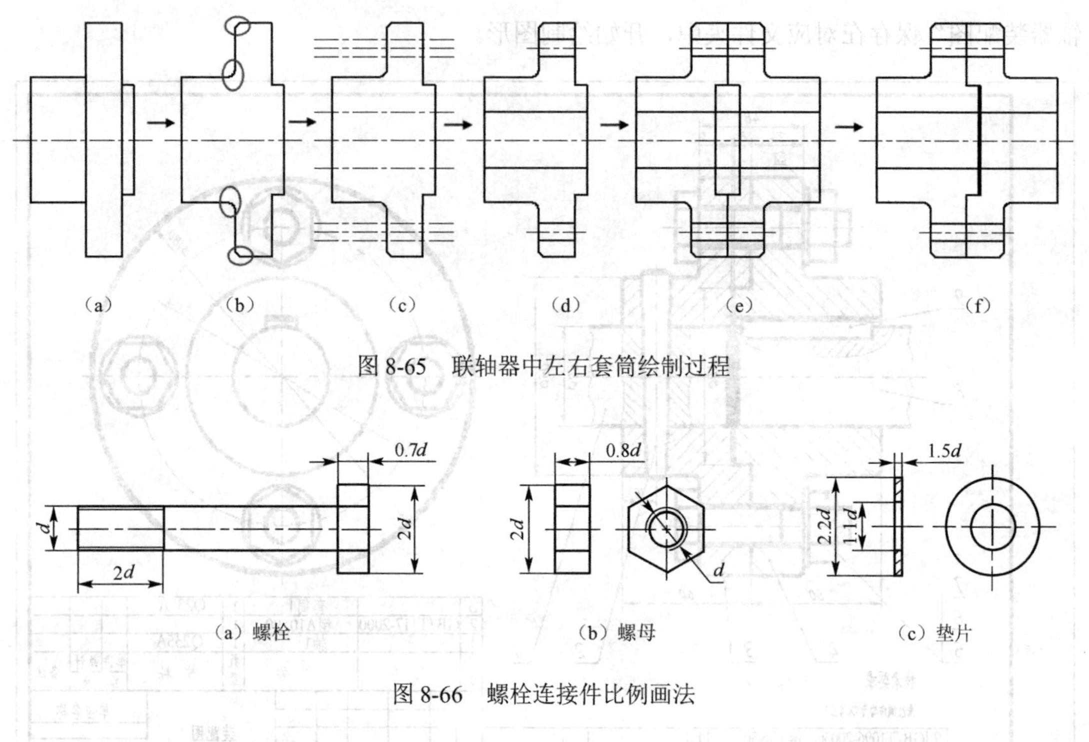

图 8-65　联轴器中左右套筒绘制过程

图 8-66　螺栓连接件比例画法

② 绘制圆锥销：圆锥销为标准件，其锥度为 1∶50，绘制过程如图 8-67 所示。建议使用【直线】、【偏移】、【圆弧】、【复制】、【删除】等命令。最后使用【Wblock】命令，以名称“圆锥销 10”保存到“常用图块”文件夹。

③ 绘制平键：查表得键的装配尺寸如图 8-68 所示。

（4）完成图形

① 插入螺栓连接件：分别使用【插入】、【移动】、【分解】、【修剪】等命令，将螺栓、垫片、螺母按图 8-69（a）所示装配起来；然后使用【镜像】命令得到另一侧图形。

② 插入圆锥销：使用【偏移】命令将右端辅助线左偏 16mm，再插入“圆锥销”图块，并【修剪】多余线条，如图 8-69（b）所示。

③ 画出左右连接轴：使用夹点操作，分别拉长左右套筒的轴孔线，使用【样条曲线】画出轴的断裂线（细实线）；再使用【倒角】命令分别将左右轴端部做 2×45° 倒角，结果如图 8-69（c）所示。

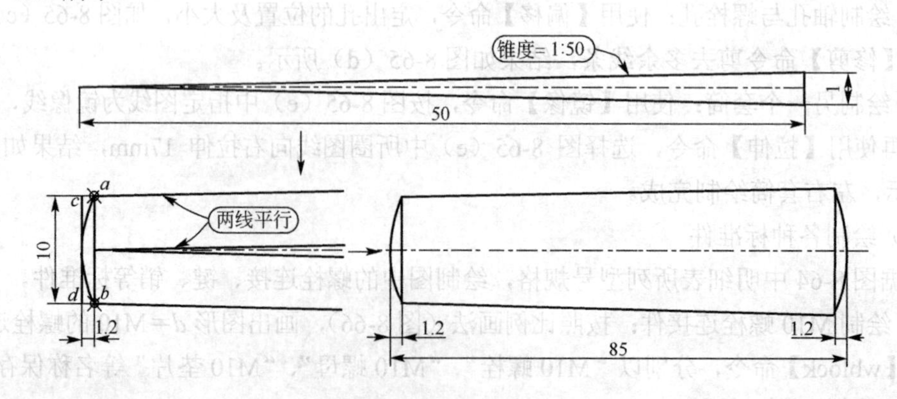

图 8-67　圆锥销绘图过程

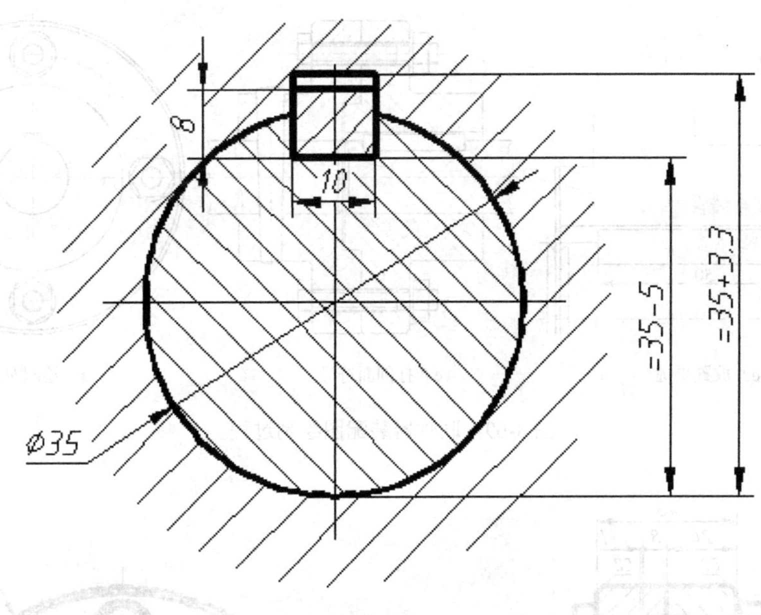

图 8-68　平键的装配关系

④ 加入平键：根据图 8-68 所示的装配关系，将平键放置在左侧的轴与套之间，如图 8-69（d）所示。

⑤ 打剖面线：采用剖视的装配图，同一个零件的剖面线在各视图中应保持间隔一致、方向相同；相邻零件的剖面线则必须不同（即：使其方向相反，或间隔不等）。根据该原则，首先画出左右轴局部剖的波浪线，然后使用【图案】填充命令，将不同零件分别打上剖面符号，结果如图 8-69（e）所示。

⑥ 绘制左视图：使用【阵列】命令得到四个均布的螺栓连接件，结果如图 8-69（f）所示。

至此，联轴器装配图的图形绘制完成。

8.3.2　标注尺寸

设置【尺寸线】层为当前层，标注所有尺寸，结果如图 8-70 所示。

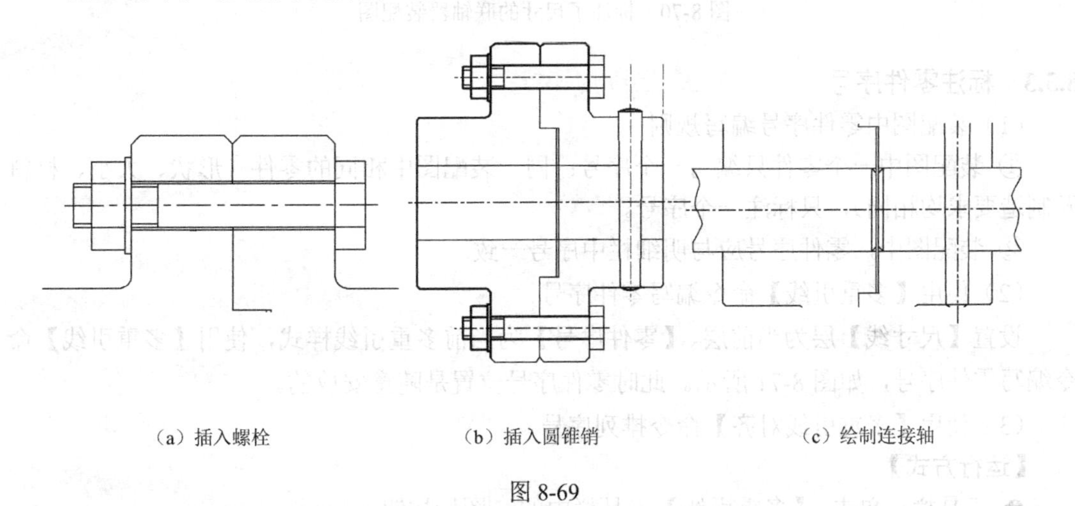

（a）插入螺栓　　（b）插入圆锥销　　（c）绘制连接轴

图 8-69

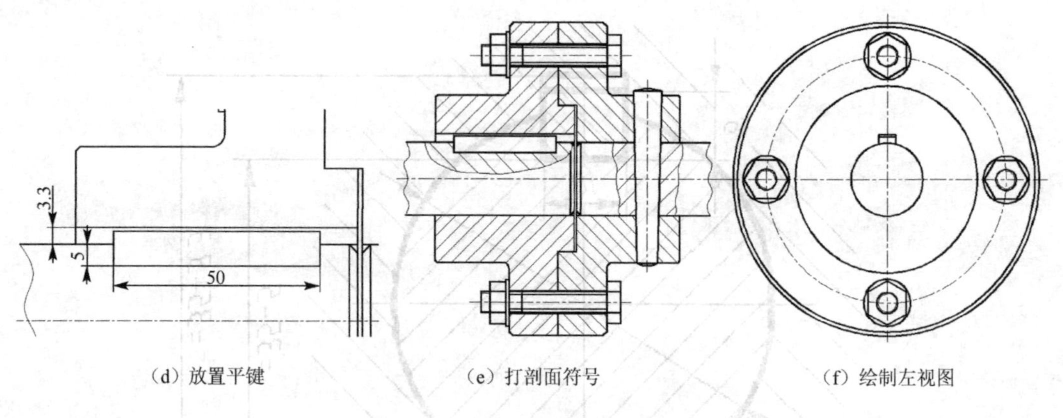

（d）放置平键　　（e）打剖面符号　　（f）绘制左视图

图 8-69　联轴器装配图绘制过程

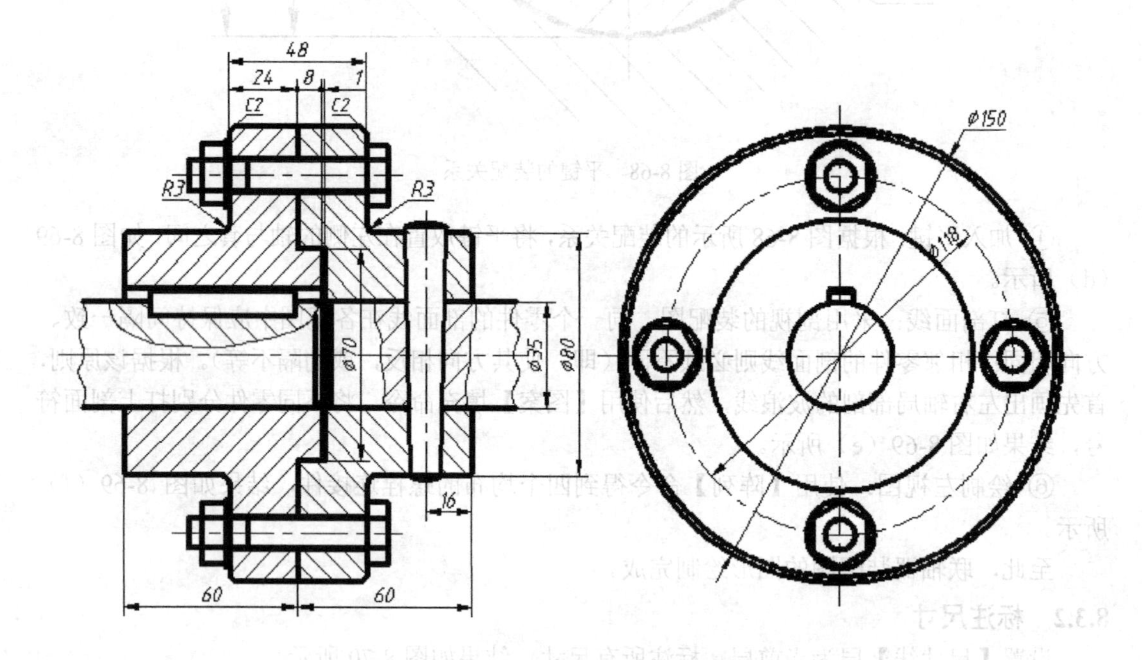

图 8-70　标注了尺寸的联轴器装配图

8.3.3　标注零件序号

（1）装配图中零件序号编写规则

① 装配图中一个零件只编写一个序号；同一装配图中相同的零件（形状、大小、材料及制造要求均相同），只标注一个序号。

② 装配图中，零件序号应与明细栏中序号一致。

（2）使用【多重引线】命令编写零件序号

设置【尺寸线】层为当前层、【零件序号】为当前多重引线样式，使用【多重引线】命令编写零件序号，如图 8-71 所示。此时零件序号位置是随意安放的。

（3）使用【多重引线对齐】命令排列序号

【运行方式】

- 工具栏：单击 【多重引线】工具栏中的图标按钮。

- 命令行：MLEADERALIGN 或 MLA。

【操作过程】

命令：mleaderalign↙（输入命令）

选择多重引线：以框选方式选择水平方向的零件序号（如图 8-72 所示）

找到 5 个

选择多重引线：↙（回车，结束对象选择）

当前模式：使用当前间距

选择要对齐到的多重引线或 [选项(O)]：选择序号“2”为要对齐对象

指定方向：水平移动光标，沿序号“2”的基线拉出一条水平线，如图 8-73 所示，此时，所选对象皆对齐于该线，按鼠标左键，结束操作，结果如图 8-74 所示。

重复以上操作对齐垂直方向的序号。

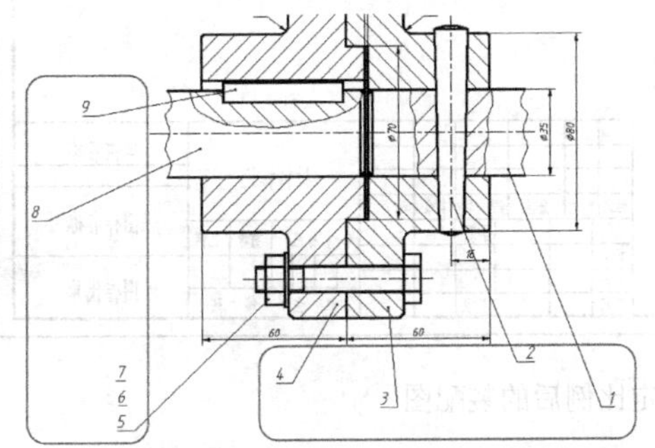

图 8-71　零件序号标注的初始状态

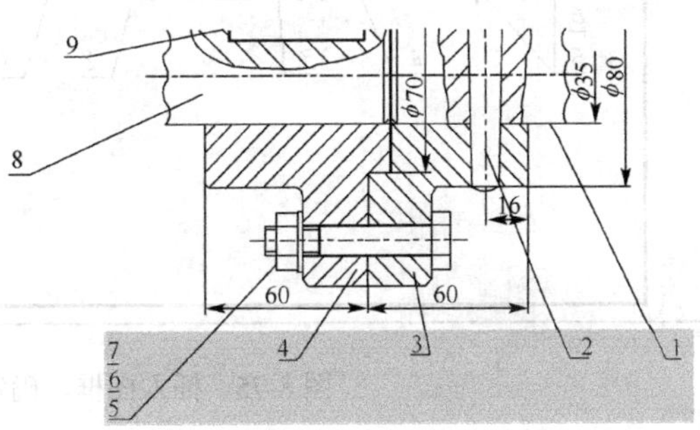

图 8-72　选择对齐对象

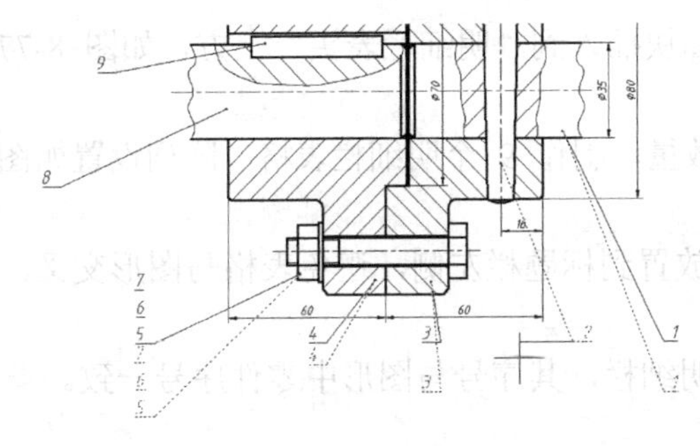

图 8-73　选择要对齐对象并指定对齐方向

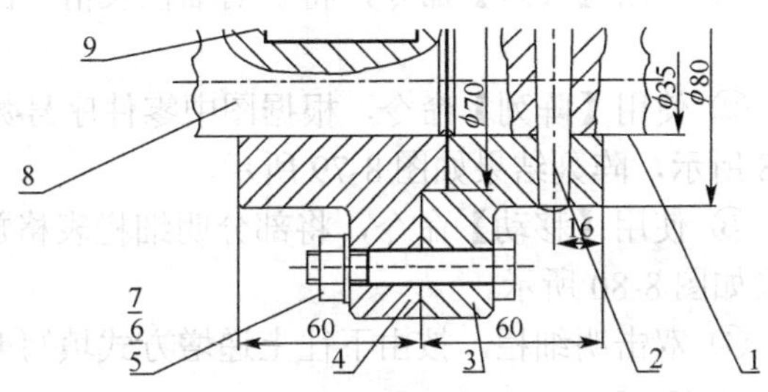

图 8-74　对齐后的序号显示

8.3.4　选图幅、插图框、定比例

切换至【布局】，启动【页面设置】对话框，从中选择打印机（本例选择 HP Color LaserJet 5550 PS.pc3）、图纸尺寸“A3”；然后，插入 A3 图框；使用【MVIEW】命令中的【布满】选项将图形调入。

使用【MSPACE】命令或单击状态栏中【模型或图纸空间】模型图标按钮，切换到模型空间状态，使用【ZOOM】或【视口】工具栏，确定输出比例为 1∶1。结果如图 8-75 所示。

8.3.5　编写明细栏

设置【0】层为当前层（注：在 0 层插入图块时，插入后的图块保持原来的特性）。

（1）插入“明细栏表头”图块

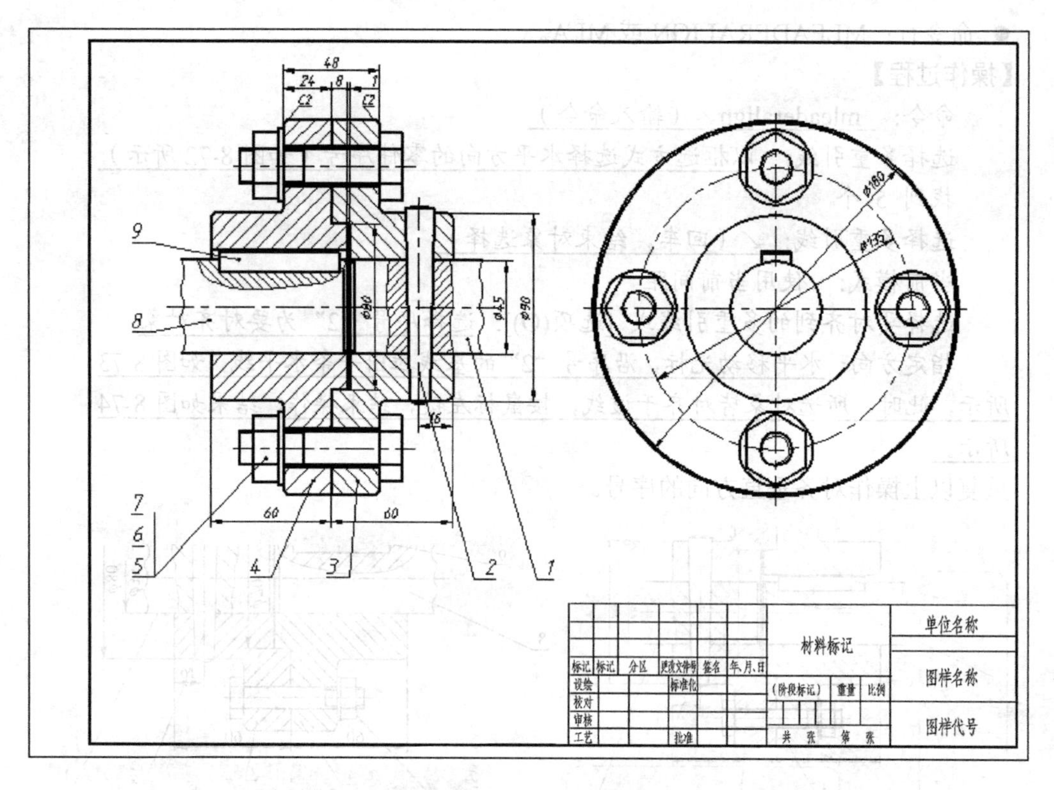

图 8-75　插入图框、确定比例后的装配图

使用【插入】命令，将“明细栏表头”图块插入到标题栏上方，如图 8-76 所示。

（2）制作明细栏

① 使用【插入】命令，将“明细栏表格”图块插入到“明细栏表头”上方，如图 8-77 所示。

② 使用【阵列】命令，根据图中零件序号数量，制作 9 个明细栏表格。阵列设置如图 8-78 所示，阵列结果如图 8-79 所示。

③ 使用【移动】命令，将部分明细栏表格放置到标题栏左侧，避免表格与图形交叉，结果如图 8-80 所示。

④ 双击明细栏，按由下往上递增方式填写明细栏，其序号与图形中零件序号一致。

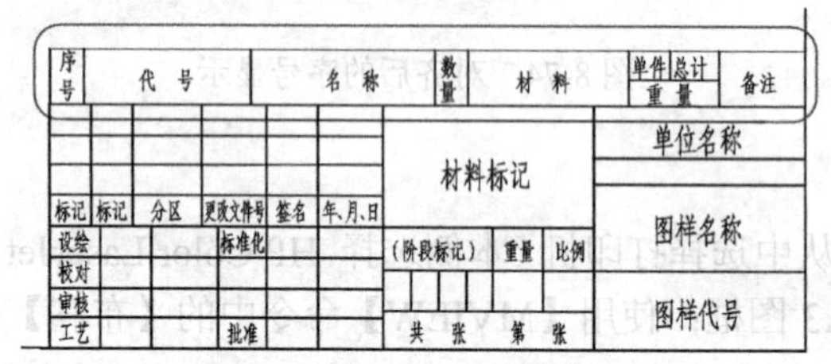

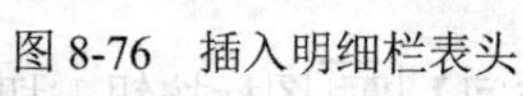
图 8-76　插入明细栏表头

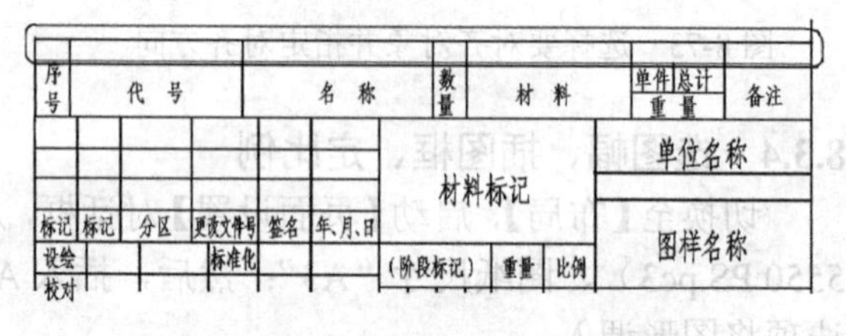

图 8-77　插入明细栏表格

8.3.6　整理图面、填写标题栏

使用【多行文字】注写技术要求，过程参见 8.2.9。

在布局中，切换至【模型空间】状态，使用 PAN 命令，移动屏幕使图形处于图框合适位置；再切换至【图纸空间】状态，填写标题栏。

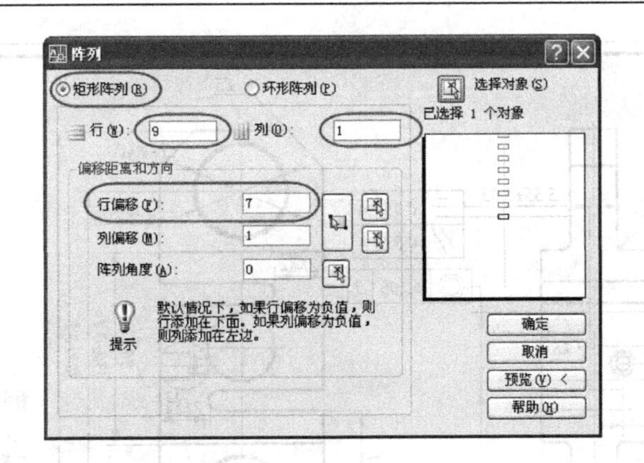

图 8-78　插入明细栏表头

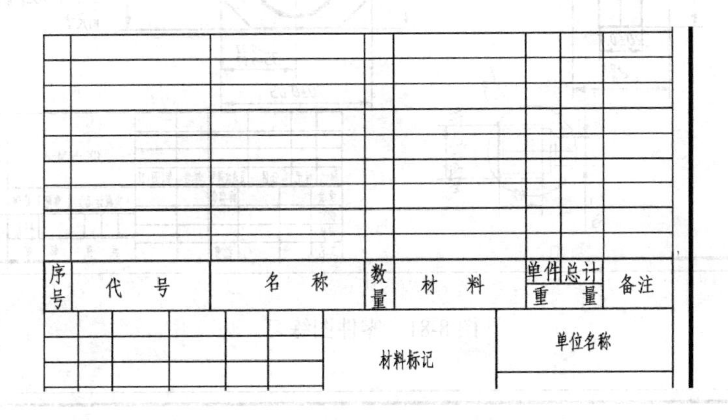

图 8-79　插入明细栏表格

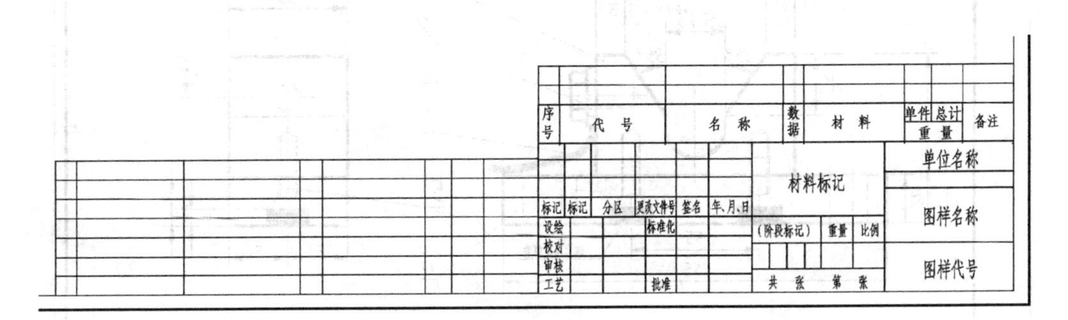

图 8-80　调整明细栏位置

注意：因为本例输出比例为 1∶1，因此尺寸标注与多重引线标注样式中的对应参数不需修改。

最后【保存】图形。结果如图 8-64 所示。

8.4　习题

① 绘制零件图（图 8-81）并将其打印在 A3 图纸上。

② 绘制装配图（图 8-82）并将其打印在 A3 图纸上。

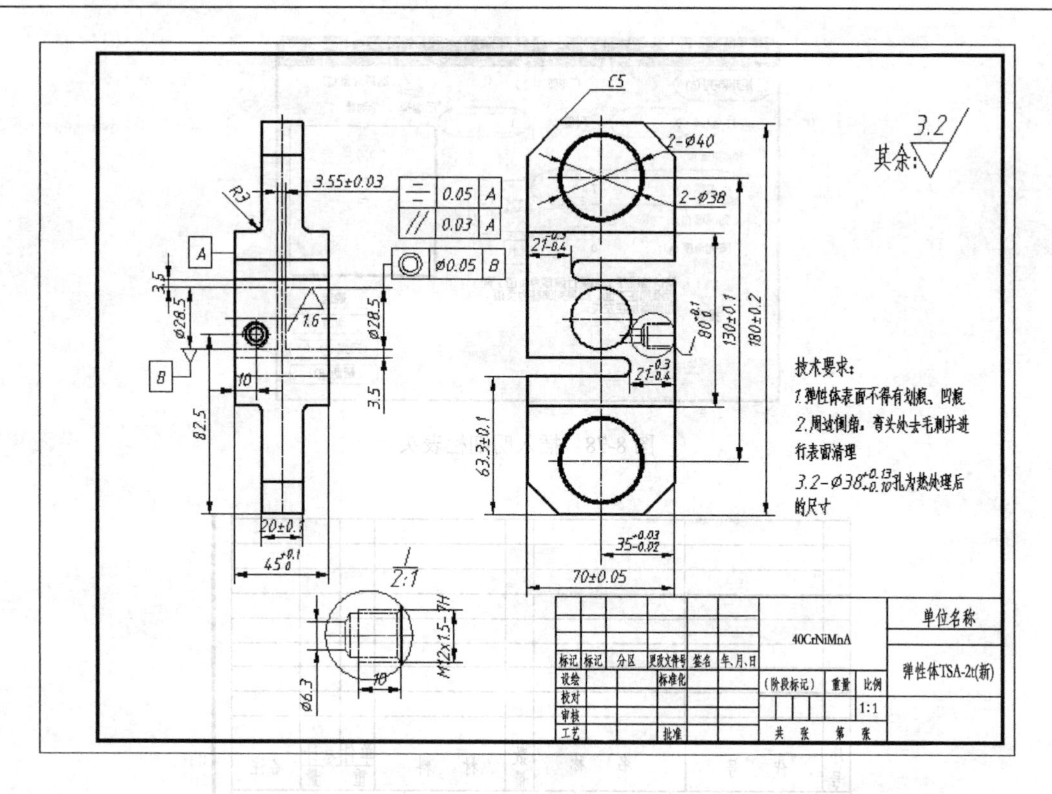

图 8-81 零件图练习

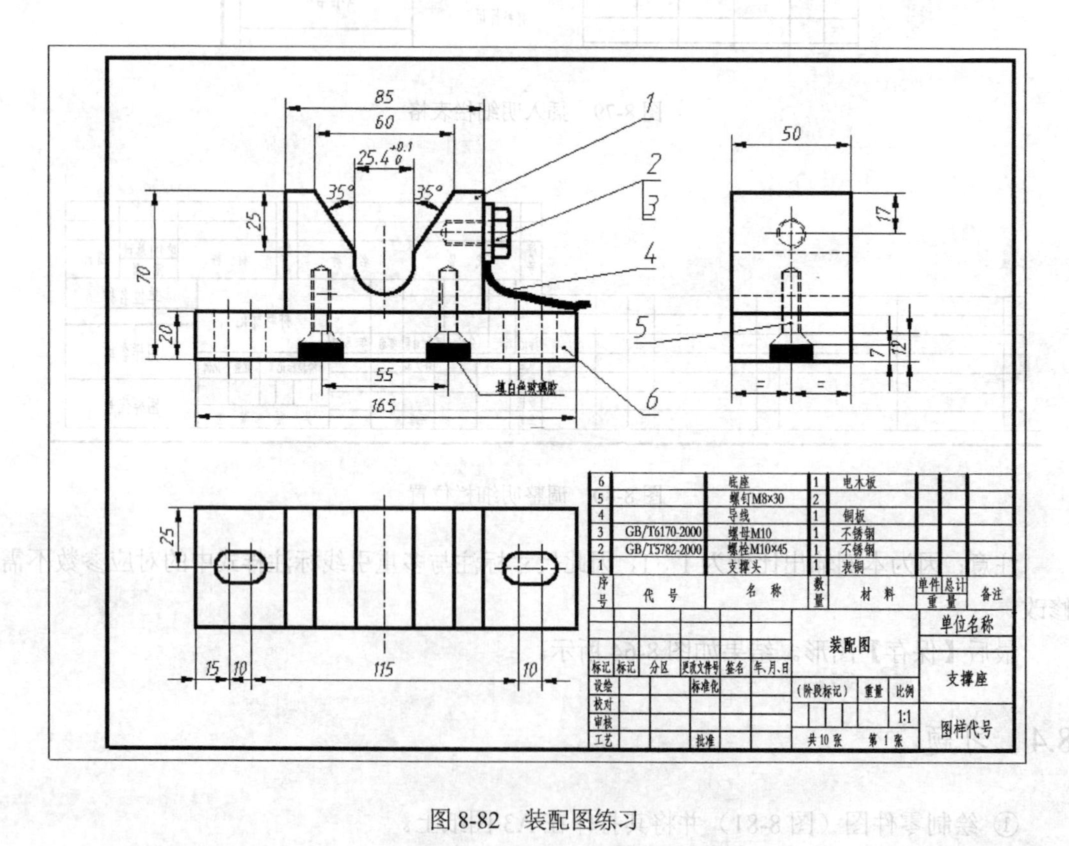

图 8-82 装配图练习

附录　AutoCAD 2008 快捷键命令汇总

一、字母类

1．对象特性

ADC　ADCENTER（设计中心“Ctrl＋2”）
CH 或 MO　PROPERTIES（修改特性“Ctrl＋1”）
MA　MATCHPROP（属性匹配）
ST　STYLE（文字样式）
COL　COLOR（设置颜色）
LA　LAYER（图层操作）
LT　LINETYPE（线形）
LTS　LTSCALE（线形比例）
LW　LWEIGHT （线宽）
UN　UNITS（图形单位）
ATT　ATTDEF（属性定义）
ATE　ATTEDIT（编辑属性）
BO　BOUNDARY（边界创建，包括创建闭合多段线和面域）
AL　ALIGN（对齐）
EXIT　QUIT（退出）
EXP　EXPORT（输出其他格式文件）
IMP　IMPORT（输入文件）
OPPR　OPTIONS（自定义 CAD 设置）
PRINT　PLOT（打印）
PU　PURGE（清除垃圾）
R　REDRAW（重新生成）
REN　RENAME（重命名）
SN　SNAP（捕捉栅格）
DS　DSETTINGS（设置极轴追踪）
OS　OSNAP（设置捕捉模式）
PRE　PREVIEW（打印预览）
TO　TOOLBAR（工具栏）
V　VIEW（命名视图）
AA　AREA（面积）

DI	DIST（距离）
LI	LIST（显示图形数据信息）

2．绘图命令

PO	POINT（点）
L	LINE（直线）
XL	XLINE（射线）
PL	PLINE（多段线）
ML	MLINE（多线）
SPL	SPLINE（样条曲线）
POL	POLYGON（正多边形）
REC	RECTANGLE（矩形）
C	CIRCLE（圆）
A	ARC（圆弧）
DO	DONUT（圆环）
EL	ELLIPSE（椭圆）
REG	REGION（面域）
MT	MTEXT（多行文本）
T	MTEXT（多行文本）
B	BLOCK（块定义）
I	INSERT（插入块）
W	WBLOCK（定义块文件）
DIV	DIVIDE（等分）
H	BHATCH（填充）

3．修改命令

CO	COPY（复制）
MI	MIRROR（镜像）
AR	ARRAY（阵列）
O	OFFSET（偏移）
RO	ROTATE（旋转）
M	MOVE（移动）
E 或 DEL 键	ERASE（删除）
X	EXPLODE（分解）
TR	TRIM（修剪）
EX	EXTEND（延伸）
S	STRETCH（拉伸）

LEN	LENGTHEN（直线拉长）
SC	SCALE（比例缩放）
BR	BREAK（打断）
CHA	CHAMFER(倒角)
F	FILLET（倒圆角）
PE	PEDIT（多段线编辑）
ED	DDEDIT（修改文本）

4．视窗缩放

P	PAN（平移）
Z＋空格＋空格	实时缩放
Z	局部放大
Z+P	返回上一视图
Z＋E	显示全图

5．尺寸标注

DLI	DIMLINEAR（直线标注）
DAL	DIMALIGNED（对齐标注）
DRA	DIMRADIUS（半径标注）
DDI	DIMDIAMETER（直径标注）
DAN	DIMANGULAR（角度标注）
DCE	DIMCENTER（中心标注）
DOR	DIMORDINATE（点标注）
TOL	TOLERANCE（标注形位公差）
LE	QLEADER（快速引出标注）
DBA	DIMBASELINE（基线标注）
DCO	DIMCONTINUE（连续标注）
D	DIMSTYLE（标注样式）
DED	DIMEDIT（编辑标注）
DOV	DIMOVERRIDE（替换标注系统变量）

二、常用 CTRL 快捷键

【CTRL】＋1	PROPERTIES（修改特性）
【CTRL】＋2	ADCENTER（设计中心）
【CTRL】＋O	OPEN（打开文件）
【CTRL】＋N、M	NEW（新建文件）
【CTRL】＋P	PRINT（打印文件）
【CTRL】＋S	SAVE（保存文件）
【CTRL】＋Z	UNDO（放弃）

【CTRL】+X	CUTCLIP（剪切）
【CTRL】+C	COPYCLIP（复制）
【CTRL】+V	PASTECLIP（粘贴）
【CTRL】+B	SNAP（栅格捕捉）
【CTRL】+F	OSNAP（对象捕捉）
【CTRL】+G	GRID（栅格）
【CTRL】+L	ORTHO（正交）
【CTRL】+W	（对象追踪）
【CTRL】+U	（极轴）

三、常用功能键

【F1】	HELP（帮助）
【F2】	（文本窗口）
【F3】	OSNAP（对象捕捉）
【F7】	GRIP（栅格）
【F8】	ORTHO（正交）

参 考 文 献

[1] 刘善淑. AutoCAD 机械设备绘制技巧. 北京：化学工业出版社，2005.

[2] 刘善淑. AutoCAD 2006 化工机械图形设计. 南京：南京大学出版社，2007.

[3] 王琳，陈芙. 中文版 AutoCAD 2007 机械图形设计. 北京：清华大学出版社，2006.

[4] 施昱，胡爱萍. AutoCAD 初级实用教程. 北京：化学工业出版社，2006.

[5] 杨雨松. AutoCAD 2008 中文版实用教程. 北京：化学工业出版社，2009.

[6] 胡建生. AutoCAD 绘图及应用教程. 北京：机械工业出版社，2004.

[7] 文艳，成斌，陈良等. 中文 AutoCAD 绘图基础（AutoCAD 2006 版）. 北京：清华大学出版社，2006.

[8] 蒋晓. 中文 AutoCAD 2006 机械设计实例培训教程. 北京：机械工业出版社，2006.